职业教育电气设备运行与控制专业系列教材

机床电气控制

（第二版）

主　编　潘　毅　翟恩民　游　建
副主编　于　磊　陈贤通

科学出版社
北　京

内 容 简 介

本书为职业教育电气设备运行与控制专业系列教材之一，内容包括典型低压电器拆装、检修及调试，三相异步电动机基本控制线路安装、调试及故障处理，双速异步电动机控制线路安装、调试及故障处理，绕线式异步电动机控制线路安装、调试及故障处理，典型机床线路调试及故障处理5个项目。

本书可供技师学院、高级技工学校、中等职业学校相关专业及相关职业培训教学、鉴定培训使用，也可供相关行业初、中级工自学使用。

图书在版编目(CIP)数据

机床电气控制/潘毅等主编. —2版.—北京：科学出版社，2022.7

ISBN 978-7-03-067882-9

Ⅰ.①机… Ⅱ.①潘… Ⅲ.①机床-电气控制 Ⅳ.①TG502.35

中国版本图书馆CIP数据核字（2020）第270810号

责任编辑：陈砺川 赵玉莲 / 责任校对：马英菊

责任印制：吕春珉 / 封面设计：东方人华平面设计部

科学出版社 出版

北京东黄城根北街16号

邮政编码：100717

http://www.sciencep.com

廊坊市都印印刷有限公司 印刷

科学出版社发行 各地新华书店经销

*

2009年4月第 一 版 开本：787×1092 1/16

2022年7月第 二 版 印张：15 1/4

2026年2月第十八次印刷 字数：358 000

定价：46.00元

（如有印装质量问题，我社负责调换）

销售部电话 010-62136230 编辑部电话 010-62137154（ST03）

第二版前言

随着机械制造行业的高速发展，用工企业对技术工人的要求逐渐提高，传统的灌输式教学方法已不能完全适应现代的职业院校教学，为此，编者结合工作实践和相关教学标准编写了本书。编者在编写本书的过程中始终把突出职业能力和职业素养的培育作为根本人才培养目标，同时注重教材内容与职业标准的对接、教学过程与生产过程的对接。本书坚持以工作过程导向的项目进行教学，注重“做中学、做中教”的教学活动设计和安排。

本书在第一版的基础上，对使用过程中发现的错漏之处进行了更改和补充，并不断完善体例，使其更加方便读者阅读。为使书本内容更直观易懂，编者将操作步骤或工艺过程以大量图表，并辅助一些必要的说明文字的形式来讲解。本书的教学项目与具体实践或工作任务相结合，培养读者的工程思维，更加符合职业教育的需求。

本书编写分工如下：潘毅编写了项目 1 的部分内容、项目 2 的大部分内容及全书各项目的工作流程设计；翟恩民编写了项目 2 的部分内容；游建编写了项目 1 的大部分内容、项目 5 的任务 1 和任务 2；陈贤通编写了项目 3 和项目 4；于磊编写了项目 5 的任务 3 和任务 4；杨先修订了项目 5 的任务 5 和任务 6。

由于编者的经验和时间有限，书中不足之处在所难免，期望各位同人批评指正。

编　者

2022 年 3 月

第一版前言

职业教育发展至今，传统的灌输式教学方法已不能完全适应现代的职业院校教学，这也是从事职业教育的广大教师在工作实践中所得到的共识。为此，“以行动为导向”“任务引领”“项目驱动”等教学方法应运而生，并在广大教师的积极探索和实践中得到不断丰富和完善，已成为现代职业教育的主流发展趋势而被职业院校所推广。正因为如此，我们编写了与此相适应，并具有创新特色的教材。

本书在编写过程中坚持以职业活动为导向的职业教育目标，坚持以能力本位为依据，始终坚持贯彻落实“以行动为导向”教学方法的理念和技术。本书在教学编排上克服了传统学科所要求的以知识为先导的编写思路，从“做”入手，力求使学生在完成相应“工作任务”中实现“做学合一”的效果。本书还特别设计引入了工作任务流程表，以期为学生在实施工作任务时如何准备、如何工作提供指南。

本书结合编写者的工作实践和《上海市中等职业学校电气运行与控制专业教学标准》编写而成，其中潘毅编写了项目 1 的部分内容，项目 2 的大部分内容及全书各项目的工作流程设计；翟恩民编写了项目 2 的部分内容，并对教材整体编排模式进行了设计；游建编写了项目 1 的大部分内容，项目五的第 1 和第 2 个任务的内容；于磊编写了项目 5 的第 3 和第 4 个任务的内容；黎磐安编写了项目 5 的第 5 和第 6 个任务的内容；陈贤通编写了项目 3 和项目 4 内容。

本书在编写过程中，得到了广州市高级技工学校骆子石校长、杨八妹副主任的大力支持和指导，并得到了彭智湘、陈勇生、寇长友、李艳等几位老师的大力支持，在此一并表示感谢。

由于编写者的经验和时间有限，教材中不足之处在所难免，希望各位同人批评指正。

编　者

2009 年 1 月

目 录

项目 1 典型低压电器拆装、检修及调试 …… 1

任务 1 认识并拆装典型低压配电电器 …… 2
任务 2 认识并拆装典型低压控制电器 …… 11
巩固训练 …… 20
思考与练习 …… 21
学习检测 …… 21
知识拓展与链接 …… 22

项目 2 三相异步电动机基本控制线路安装、调试及故障处理 …… 25

任务 1 点动、连续运转控制线路安装及调试 …… 26
任务 2 正反转控制线路安装及调试 …… 36
任务 3 工作台自动往返控制线路安装、调试及故障处理 …… 48
任务 4 电动机串电阻降压起动控制线路安装、调试及故障处理 …… 58
任务 5 两台电动机顺序起动逆序停止控制线路安装、调试及故障处理 …… 69
任务 6 时间继电器自动控制 Y-△降压起动控制线路安装、调试及故障处理 …… 77
任务 7 电动机反接制动控制线路安装、调试及故障处理 …… 90
巩固训练 …… 99
思考与练习 …… 101
学习检测 …… 102
知识拓展与链接 …… 104

项目 3 双速异步电动机控制线路安装、调试及故障处理 …… 108

任务 1 按钮和时间继电器控制双速异步电动机变速控制线路安装、调试及故障处理 …… 109
巩固训练 …… 120
思考与练习 …… 121
学习检测 …… 121
知识拓展与链接 …… 122

项目4 绕线式异步电动机控制线路安装、调试及故障处理 …… 124

任务1 绕线式异步电动机串频敏变阻器自动起动控制线路安装、调试及故障排除 …… 125

巩固训练 …… 135

思考与练习 …… 136

学习检测 …… 136

知识拓展与链接 …… 137

项目5 典型机床线路调试及故障处理 …… 140

任务1 Z3050摇臂钻床控制线路调试及故障处理 …… 141

任务2 MY7132A平面磨床控制线路调试及故障处理 …… 154

任务3 T68镗床控制系统调试及故障处理 …… 167

任务4 20/5t桥式起重机控制系统调试及故障处理 …… 183

任务5 X62W万能铣床控制线路调试及故障处理 …… 197

任务6 G-CNC6135数控车床控制线路调试及故障处理 …… 210

巩固训练 …… 224

思考与练习 …… 225

学习检测 …… 226

知识拓展与链接 …… 227

参考文献 …… 235

项目1

典型低压电器拆装、检修及调试

教学目标

了解典型低压电器的种类、型号，掌握典型低压电器的拆装、检修，熟悉典型低压电器的功能、结构，熟记典型低压电器的图形符号和文字符号。

安全规范

1. 低压电器的安装，应按国家标准进行施工。
2. 低压电器均应符合国家现行技术标准的规定，并应有合格证件；设备应有铭牌。
3. 低压电器铭牌、型号、规格应与被控制线路或设计相符。
4. 灭弧罩、瓷件、胶木电器应无裂纹和伤痕。
5. 低压电器安装高度应符合设计规定。

技能要求

1. 能根据三相异步电动机铭牌数据正确选用低压电器的型号和规格。
2. 能根据低压电器的外形结构识别各种电器。
3. 能熟练拆装典型低压电器。
4. 能熟练检修典型低压电器。
5. 能正确调试典型低压电器的各种参数。

素养目标

1. 培养学生小组合作、自主探究的能力。
2. 通过了解国内外低压电器品牌，对比同类型产品的异同及优缺点，培养学生追求卓越的精神。
3. 学生按照“6S”管理规定，整理工具、清理施工现场，以培养良好的职业习惯。

任务1 认识并拆装典型低压配电电器

场景描述

你见过图1.1中的电器吗？你知道它们有什么作用吗？在工厂或企业加工车间的机床或控制柜上可以找到它们，这些就是本任务要介绍的典型低压配电电器。

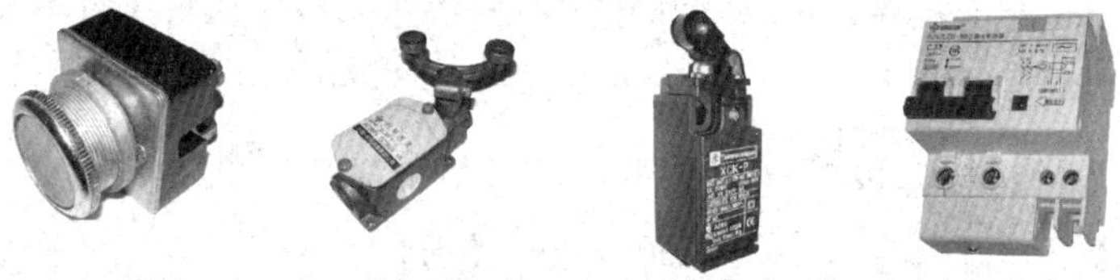

(a) 按钮　(b) 双轮行程开关　(c) 单轮行程开关　(d) 断路器

图1.1　常见的典型低压配电电器

任务目标

技能点：1. 能识别和拆装各种典型低压配电电器。
　　　　2. 会正确使用常用电工工具。

知识点：1. 熟悉典型低压配电电器的功能、型号和文字图形符号。
　　　　2. 了解典型低压配电电器的工作原理。

工作任务

本任务流程如图1.2所示。

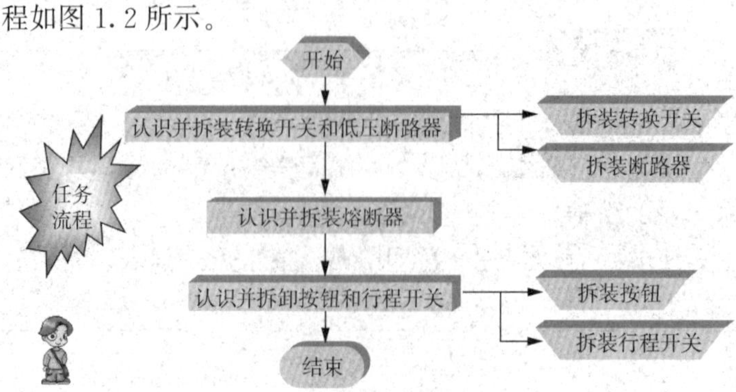

图1.2　工作任务流程图

实践操作

活动 1　认识并拆装转换开关和低压断路器

1. DZ47 断路器和 HZ10 转换开关

DZ47 断路器和 HZ10 转换开关如图 1.3 所示。

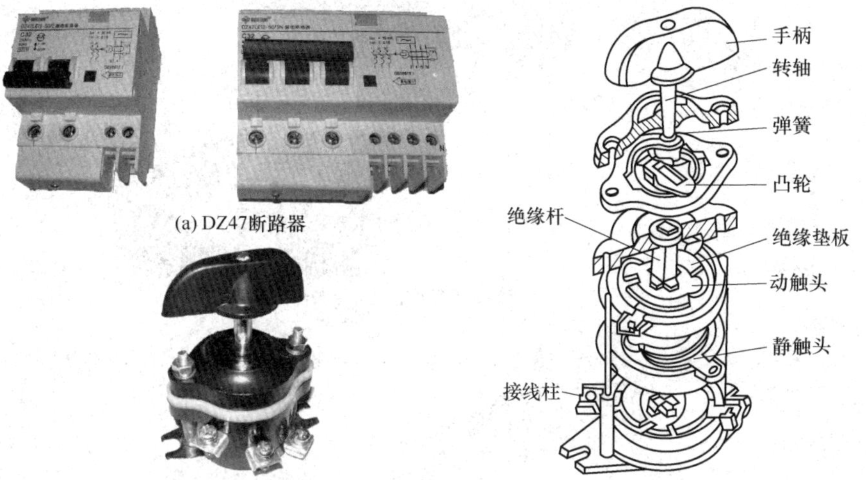

(a) DZ47断路器　(b) HZ10转换开关　(c) HZ10转换开关结构

图 1.3　DZ47 断路器和 HZ10 转换开关

2. 转换开关的拆装

转换开关的拆卸操作过程如图 1.4 所示。

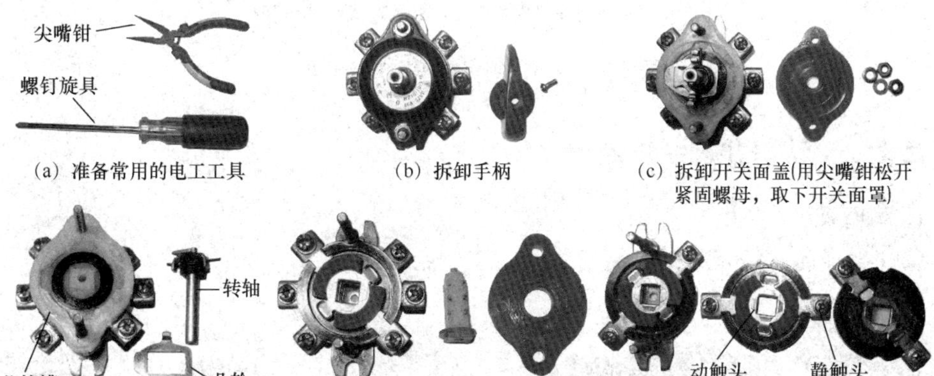

(a) 准备常用的电工工具　(b) 拆卸手柄　(c) 拆卸开关面盖(用尖嘴钳松开紧固螺母，取下开关面罩)

(d) 取下转轴、凸轮　(e) 取下凸轮槽（白色）、绝缘杆（白色）和第一层绝缘垫板（黑色）　(f) 依次拆卸每层的动触头、静触头

图 1.4　转换开关的拆卸操作过程

注意：拆卸的顺序为从上到下，元件拆卸下来后，按照顺序摆放，否则容易出现

混乱。安装顺序则与拆卸顺序相反。另外，在拆卸过程中，组合开关的零件比较零散，应注意它的组合方式，不清楚的话勿拆卸得过于零散。

3. DZ47 断路器的拆装

DZ47 断路器的拆卸操作过程如图 1.5 所示，安装顺序与拆卸顺序相反。

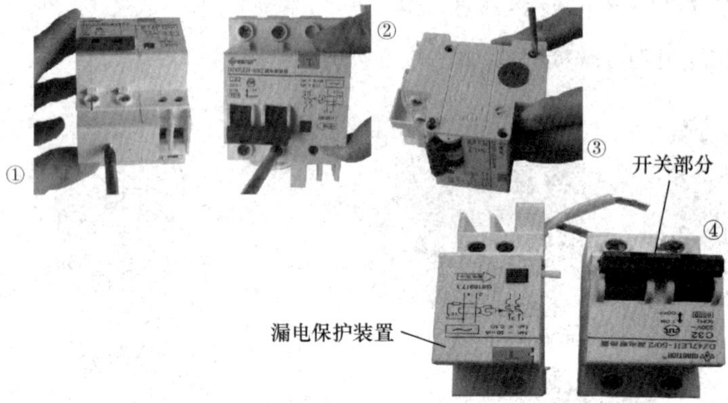

(a) 拆卸漏电保护装置与开关部分

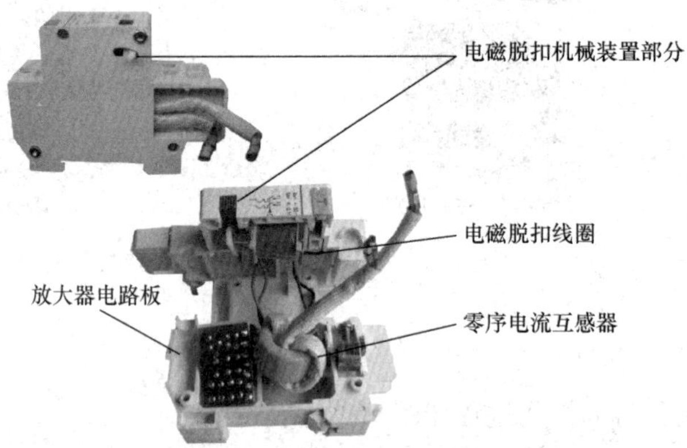

(b) 拆卸漏电保护装置（正反两面均有螺钉须拆卸）

图 1.5　DZ47 断路器的拆卸操作过程

活动 2　认识并拆装熔断器

1. 熔断器

常见熔断器外形和结构如图 1.6 和图 1.7 所示。

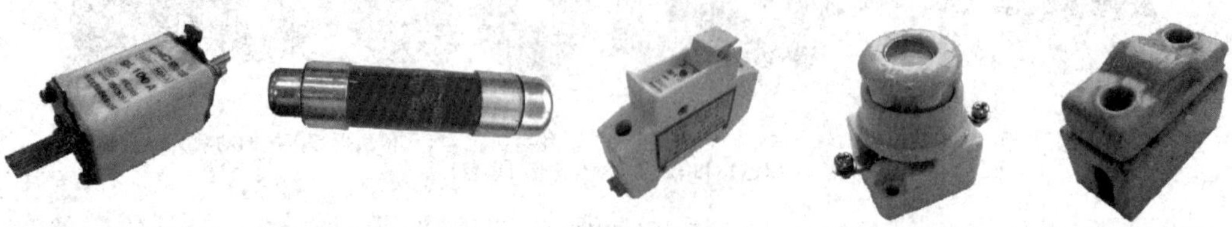

(a) RTO型　(b) RM10型　(c) RT18型　(d) RL1型　(e) RC1A型

图 1.6　常见熔断器外形

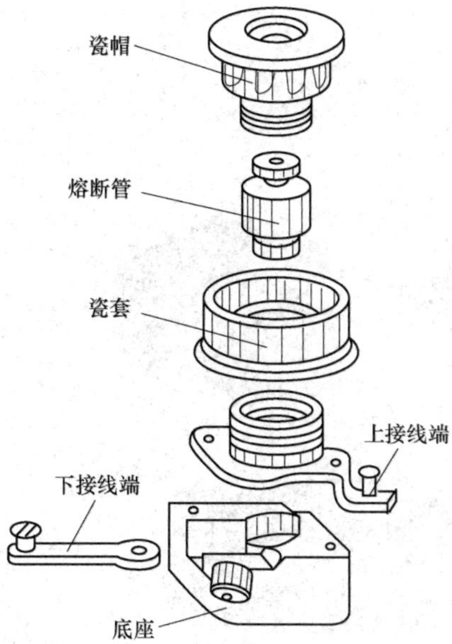

(a) RL1型熔断器结构

(b) RT18型熔断器结构

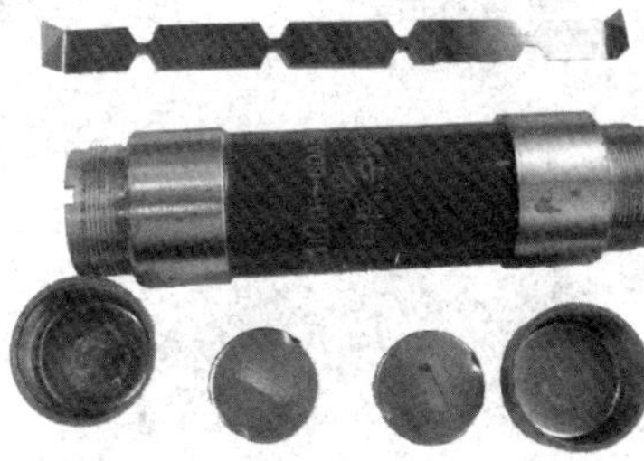

(c) RM10型熔断器结构

图 1.7　常见熔断器结构

2. RL1 型熔断器的拆卸

RL1 型熔断器的拆卸操作过程如图 1.8 所示，安装顺序与拆卸顺序相反。

(a) 取下瓷帽

(b) 取出熔断管（熔体）

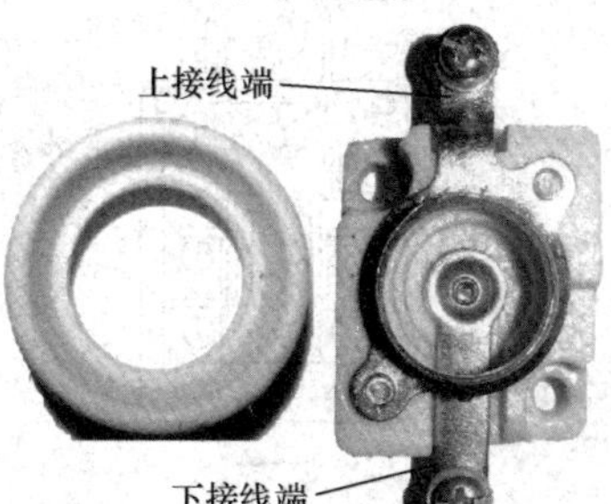

(c) 旋出瓷套

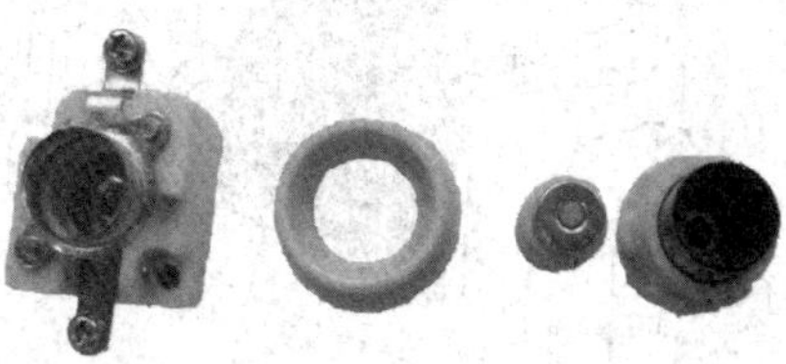

(d) 拆卸完成的RL1型熔断器

图 1.8　RL1 型熔断器的拆卸操作过程

活动 3　认识并拆卸按钮和行程开关

1. 常见按钮和行程开关外形

常见按钮和行程开关的外形如图 1.9 所示。

(a) LA38型按钮　(b) LA18型按钮　(c) LA2型按钮

(d) LA4型防腐蚀按钮　(e) LA10型按钮

(f) YBLX-1型行程开关　(g) XCK-P型行程开关　(h) JLXK1型行程开关

图 1.9　常见按钮和行程开关的外形

2. 行程开关结构

行程开关结构如图 1.10 所示。

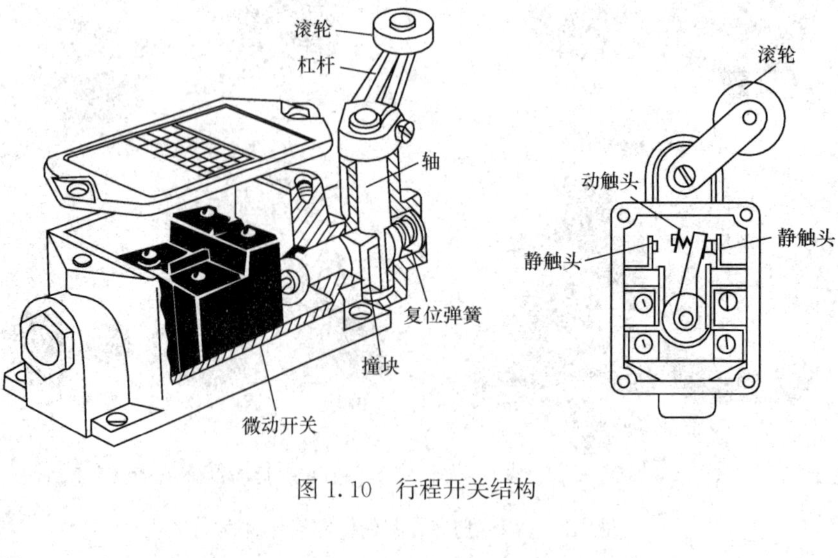

图 1.10　行程开关结构

3. 行程开关的拆卸

行程开关的拆卸操作过程如图 1.11 所示，拆卸端盖面板后，就可以看见行程开关的接线端子。通常接线端子中有一对常开触头和一对常闭触头，若不清楚则也可用万用表进行测量。安装顺序与拆卸顺序相反。

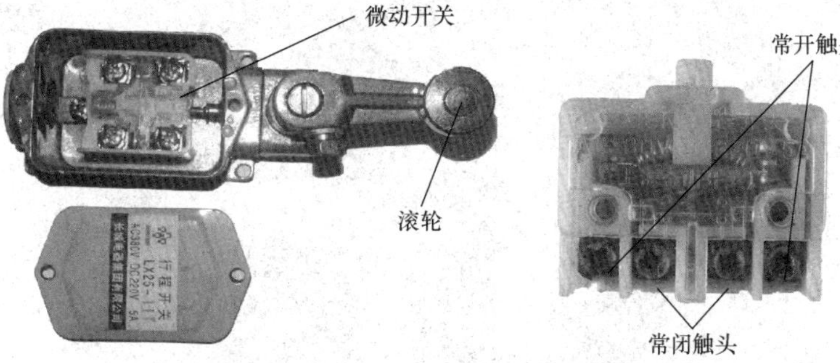

(a) 拆卸端盖面板　　(b) 拆卸微动开关

图 1.11　行程开关的拆卸操作过程

4. LA10 型按钮的拆卸

LA10 型按钮的拆卸操作过程如图 1.12 所示，按住按钮帽，稍微向上提，将按钮帽顺时针旋转一定角度，即可将按钮帽从按钮座中取出来。安装顺序与拆卸顺序相反。

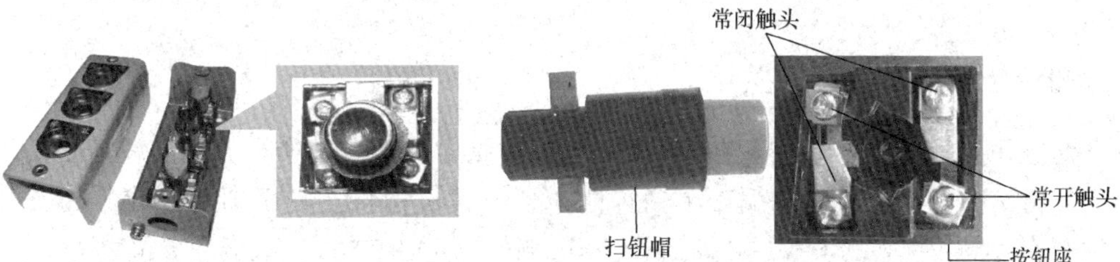

(a) 取下按钮面罩　　(b) 取出按钮帽

图 1.12　LA10 型按钮的拆卸操作过程

5. LA38 型按钮的拆卸

LA38 型按钮的拆卸操作过程如图 1.13 所示。安装顺序与拆卸顺序相反。

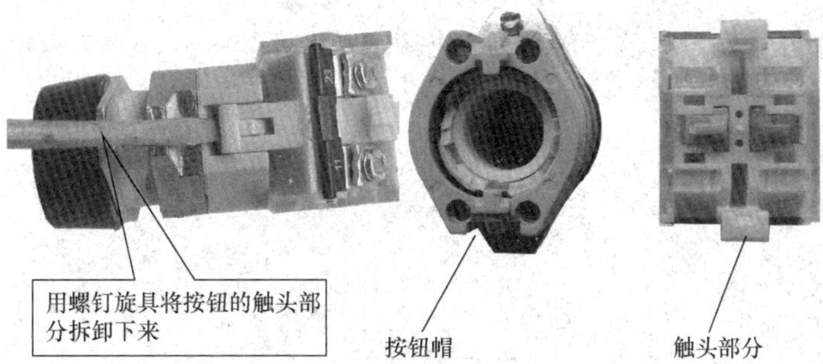

(a) 分开按钮帽与触头部分

图 1.13　LA38 型按钮的拆卸操作过程

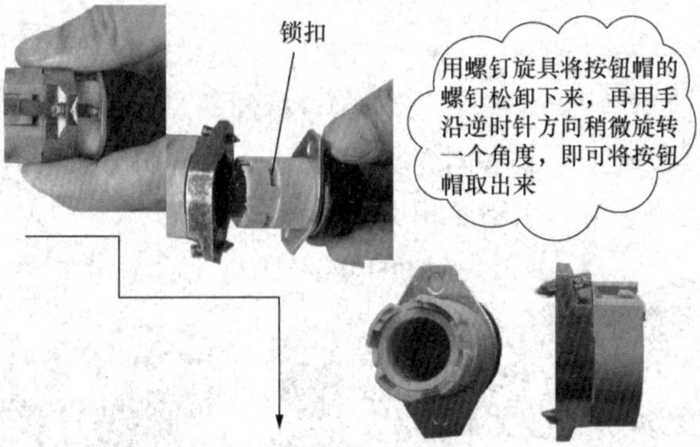

(b) 按钮帽拆分

(c) 拆卸后的LA38型按钮

图 1.13（续）

相关理论知识

知识 1　常用低压开关

低压开关是日常使用最频繁的开关电器，包括刀开关、转换开关、低压断路器等。转换开关又称为组合开关，属于手动控制电器，其机构特点是用动触片代替刀开关；以左右旋转操作代替刀开关的上下分合操作。转换开关有单极、双极和多极之分。

用途：常用来作为电源引入开关，也可以直接起动和停止小容量笼型电动机或使电动机正反转，此外，还可以控制局部照明电路。

选用：选用组合开关应根据电源种类、电压等级、所需触头数、接线方式和负载容量进行选用。转换开关额定电流一般为

$$I=(1.5\sim2.5)I_e$$

式中，I 为转换开关额定电流；I_e为电动机额定电流。

电气符号：

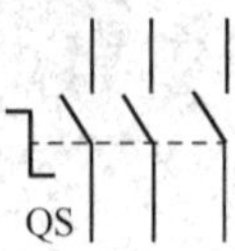

型号及含义：

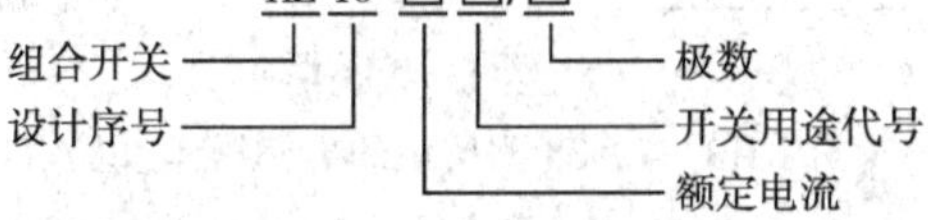

知识 2　常用熔断器

熔断器是低压配电网络和电力拖动系统中的保护电器。常用的熔断器有瓷插式、螺旋式、无填料封闭管式、有填料封闭管式等。

用途： 常用来作为电路中短路或严重过载时的保护。

选用： 熔断器的选择分为两步。

1. 选择熔断器的类型

熔断器类型是根据负载的保护特性、短路电流的大小和使用环境来选择的。瓷插式熔断器常用于容量较小的照明电路中，螺旋式熔断器常用于机床控制线路中，无填料封闭管式熔断器常用于开关柜或配电屏中，有填料封闭管式熔断器常用于短路电流特别大或有易燃气体的地方。

2. 选择熔体电流 I_N

1）对一台不经常起动且起动时间不长的电动机的短路保护，应有

$$I_N \geqslant (1.5 \sim 2.5) I_e$$

式中，I_e为电动机的额定电流。

2）对多台电动机的短路保护，应有

$$I_N \geqslant (1.5 \sim 2.5) I_{emax} + \sum I_e$$

式中，I_{emax}为电动机的最大额定电流。

电气符号：

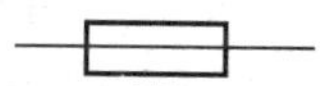

FU

型号及含义：

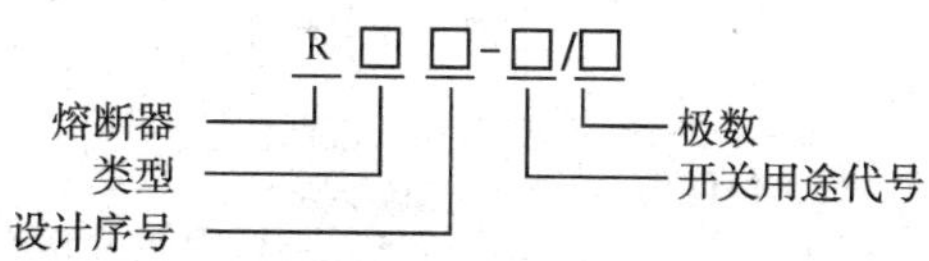

其中，类型：C——插入式；L——螺旋式；M——无填料封闭管式；T——有填料封闭管式。

知识 3　常用主令电器

主令电器是用作接通或断开控制电路，以发出指令或程序控制的开关电器。常用主令电器有按钮、行程开关、万能转换开关和主令控制器等。本任务只介绍机床上常用的按钮和行程开关。

1. 按钮

按钮是一种人工控制的主令电器，主要用来发布操作命令，接通或断开控制电路。

它的触头允许通过的电流一般不超过5A。

用途：用于接通和断开电路的一种控制电器。

选用：主要根据使用场合、具体用途来选择按钮种类，根据控制回路需要选择按钮的数量。

电气符号：

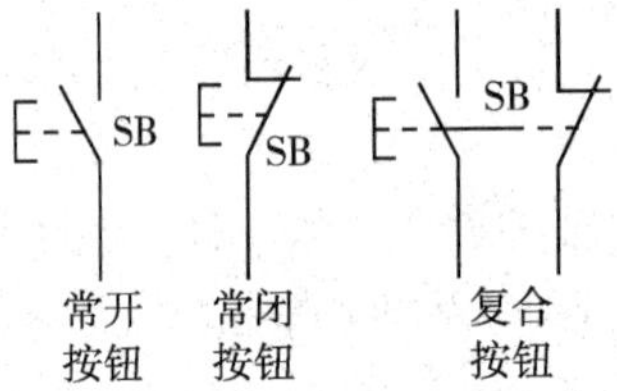

型号及含义：

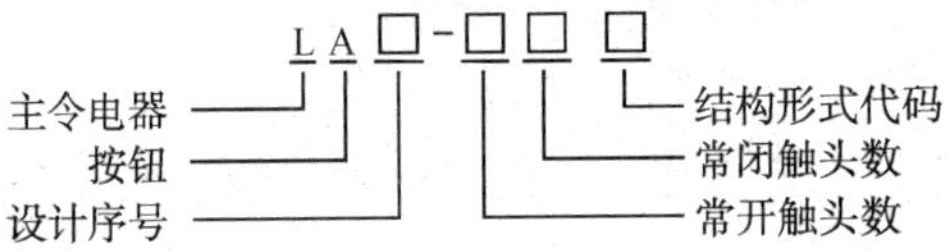

2. 行程开关

行程开关是反映工作机械的行程，发出命令控制其运动方向和行程大小的开关。

用途：常用于限制机械运动的位置或行程，使运动机械按一定的位置或行程实现自动运行、反向或变速等运动。

选用：根据动作要求、安装位置及触头数量来选择。

电气符号：

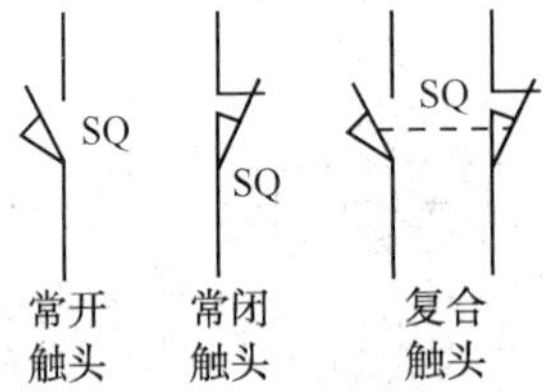

型号及含义：

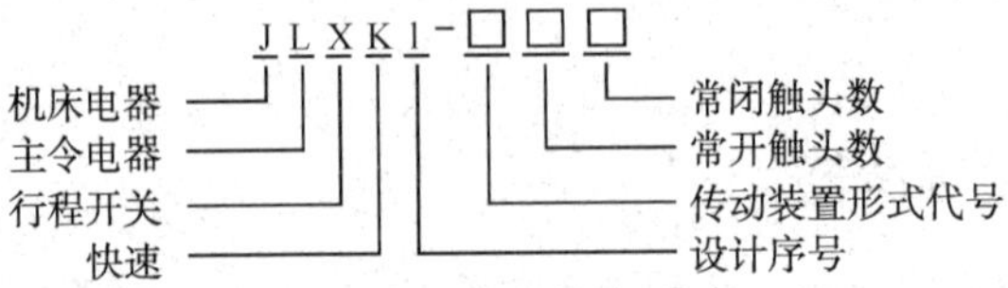

其中，传动装置形式代号：1——单轮转动式；2——双轮转动式；3——直动不带轮；4——直动带轮。

任务2　认识并拆装典型低压控制电器

场景描述

在工厂里，通常会使用交流接触器和继电器来组成电气控制电路，这些元件的结构和工作方法很大程度上会决定整个电气控制电路的工作可靠性和耐用性。下面将要学习典型的交流接触器和继电器（图1.14）。

图1.14　典型的交流接触器和继电器

本任务通过对典型的低压电器进行拆卸和装配，使读者了解低压电器的内部结构和工作原理，并且能正确地调整常用的继电器的相关参数。

任务目标

技能点：1. 会使用常用电工工具。

2. 能识别和拆装典型低压电器。

3. 会检修和调试典型低压电器。

知识点：了解常用低压电器的工作原理。

工作任务

本任务流程如图1.15所示。

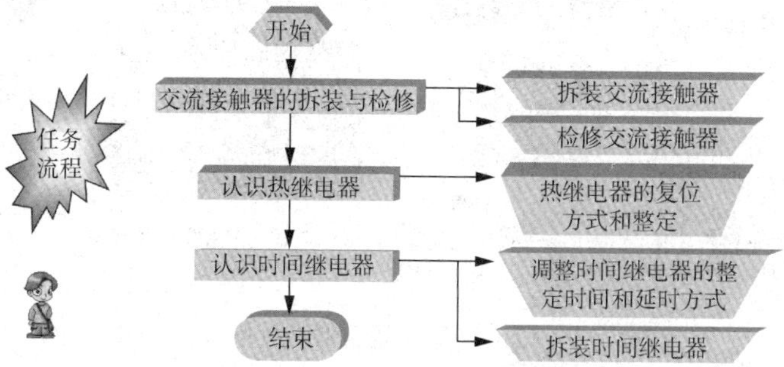

图1.15　工作任务流程图

实践操作

活动 1　交流接触器的拆装与检修

1. 常见的交流接触器

常见的交流接触器如图 1.16 所示。

(a) CJ10型　(b) CG1型　(c) CJX2型

图 1.16　常见的交流接触器

2. CJ10 型交流接触器的拆装

CJ10 型交流接触器的拆卸操作步骤如图 1.17 所示。安装顺序与拆卸顺序相反。

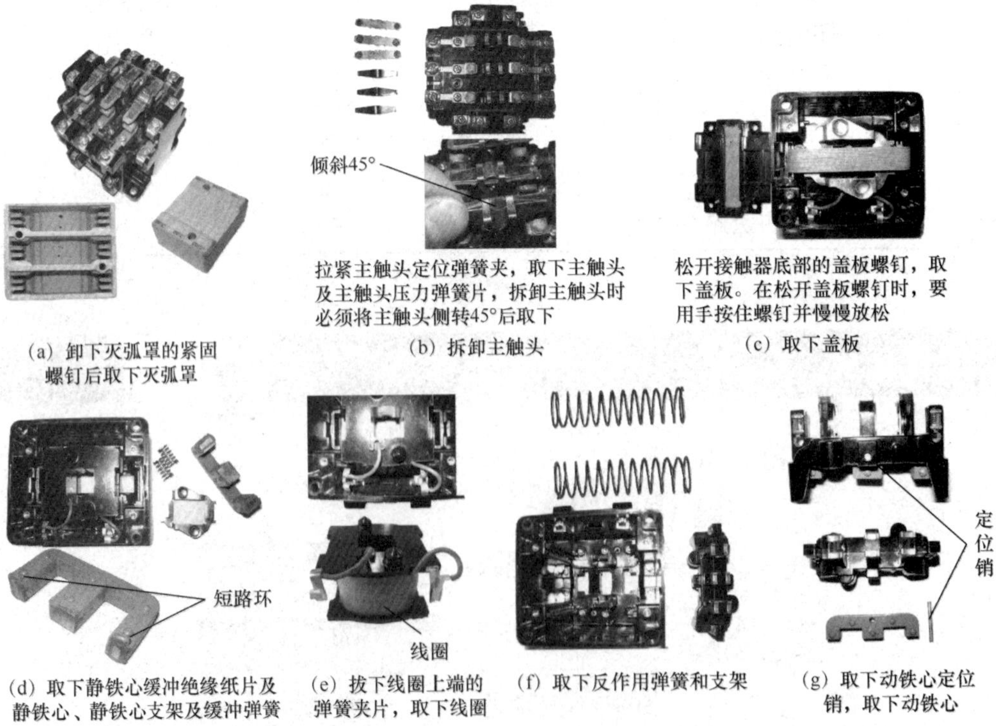

(a) 卸下灭弧罩的紧固螺钉后取下灭弧罩

拉紧主触头定位弹簧夹，取下主触头及主触头压力弹簧片，拆卸主触头时必须将主触头侧转45°后取下

(b) 拆卸主触头

松开接触器底部的盖板螺钉，取下盖板。在松开盖板螺钉时，要用手按住螺钉并慢慢放松

(c) 取下盖板

(d) 取下静铁心缓冲绝缘纸片及静铁心、静铁心支架及缓冲弹簧

(e) 拔下线圈上端的弹簧夹片，取下线圈

(f) 取下反作用弹簧和支架

(g) 取下动铁心定位销，取下动铁心

图 1.17　CJ10 型交流接触器的拆卸操作步骤

3. 交流接触器的检修

1）检查灭弧罩有无破裂或烧损，将灭弧罩内的金属飞溅物清除。

2）检查触头（图1.18）的磨损程度，磨损严重时应更换触头。若不需要更换，则清除触头表面上的金属颗粒异物。

3）清除铁心（图1.19）端面的油垢，检查铁心有无变形及端面接触是否平整。铁心端面的油污或铁心端面接触不良会影响动、静铁心的吸合，使交流接触器发出“嗡嗡”的响声，严重时可能导致线圈被烧毁。

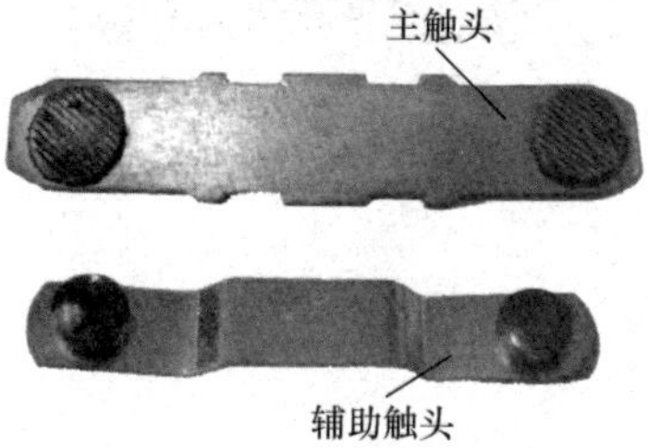

图1.18 CJ10型交流接触器的触头

图1.19 CJ10型交流接触器的铁心

4）检查触头压力弹簧及反作用弹簧是否变形或弹力不足，如有则需要更换弹簧。

检查触头压力弹簧方法：将一张小纸条放在交流接触器的动、静触头间，然后线圈通电吸合，用手拉住小纸条，若稍用力能将纸条拉出来，则触头压力合适；否则需要进行调整，如图1.20所示。

图1.20 测试CJ10型交流接触器的触头压力弹簧

检查反作用弹簧方法：可以将反作用弹簧拆出来，从外表观察是否变形，也可以用手压弹簧，感觉反作用力是否还比较强，若有弹簧变形或反作用力太弱，则考虑更换弹簧。图1.21所示为CJ10型交流接触器的弹簧。

5）检查电磁线圈是否有短路、断路及发热变色现象。

① 将万用表转换开关调整到欧姆挡 $R\times100$ 挡，然后将表笔短接，进行调零，如图1.22所示。

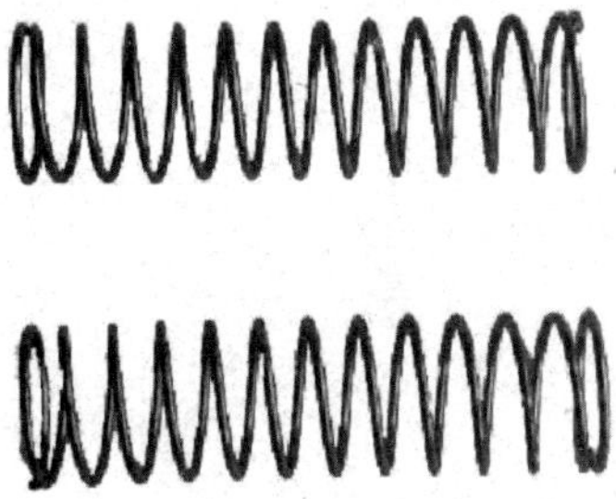

图1.21 CJ10型交流接触器的弹簧

图1.22 万用表欧姆调零

② 用万用表欧姆挡检测电磁线圈（图 1.23）。若测量的线圈直流电阻值在 600Ω 到几千欧姆之间，则可判断为正常；若读数为几十欧姆或为零，则线圈可能存在匝间短路；若指针读数为无穷大，则可断定线圈断路。

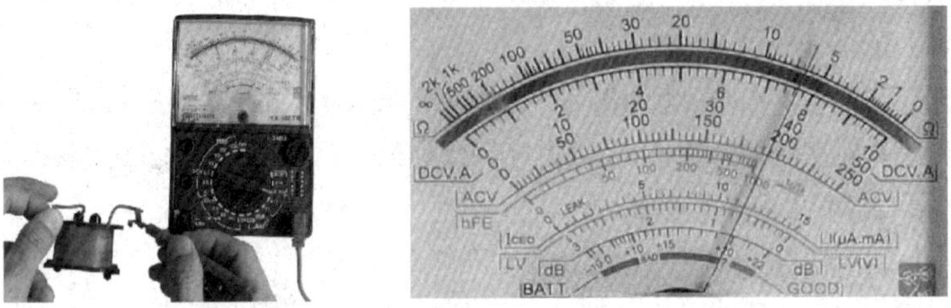

图 1.23　用万用表欧姆挡检测电磁线圈

4. CJX2 型交流接触器的拆卸

CJX2 型交流接触器的拆卸操作步骤如图 1.24 所示。

(a) 拆卸辅助触头

(b) 拆卸紧固螺钉（两边各有 1 个螺钉）

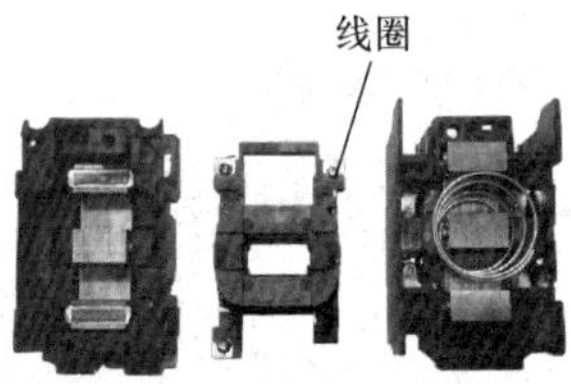

(c) 拆卸接触器上、下两部分，并将线圈取下

(d) 取下反作用弹簧

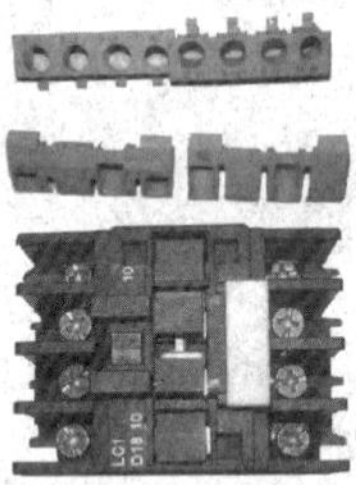

(e) 拆卸接触器上部分的塑料标志

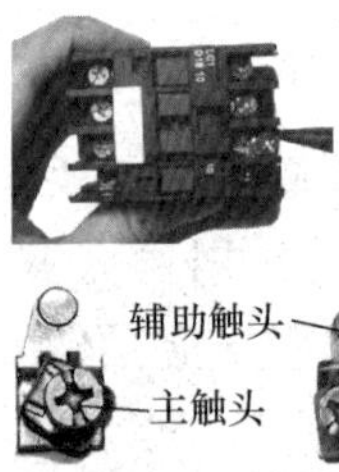

(f) 用螺钉旋具松开各端子螺钉，并用尖嘴钳将触头连同螺钉拔出来

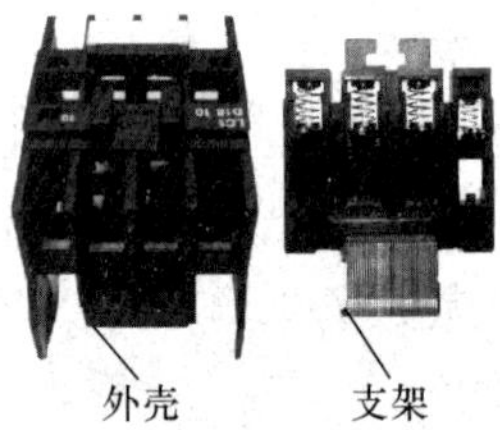

(g) 将动触头支架连同动触头、动铁心取出

图 1.24　交流接触器的拆卸操作步骤

活动 2　认识热继电器

1. 常见的热继电器

常见的热继电器如图 1.25 所示。

2. JR16 型热继电器内部结构

JR16 型热继电器内部结构如图 1.26 所示。

将热继电器的后绝缘盖板卸下，仔细观察它的结构，指出其热元件，内导板，传动机构，电流整定装置，复位按钮及辅助常开、常闭触头的位置。

(a) JR16型　　(b) JRS4-D型

图 1.25　常见的热继电器

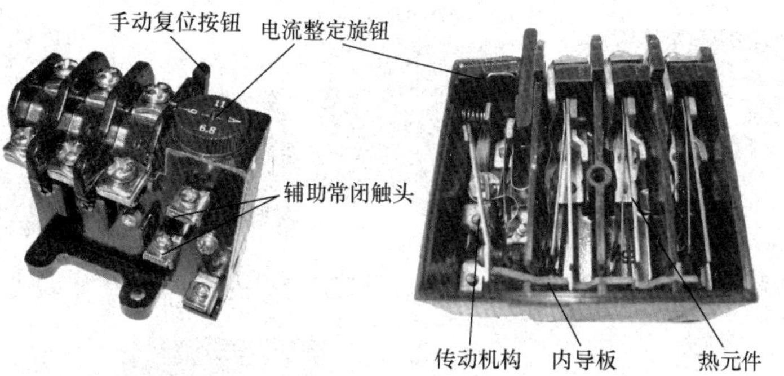

图 1.26　JR16 型热继电器内部结构

3. 调整热继电器的复位方式和整定值

热继电器复位方式的调整：热继电器出厂时，一般为手动复位方式，若需要调整为自动复位方式，可将复位调节螺钉顺时针旋进。自动复位时应在时间继电器动作后 5min 内自动复位；手动复位时，在动作 2min 后，按下手动复位按钮，热继电器应复位。

可用小号一字螺钉旋具在图 1.27 所示处旋进限位调节螺钉，改变热继电器复位方式。若需要手动复位，则可按下手动复位按钮。

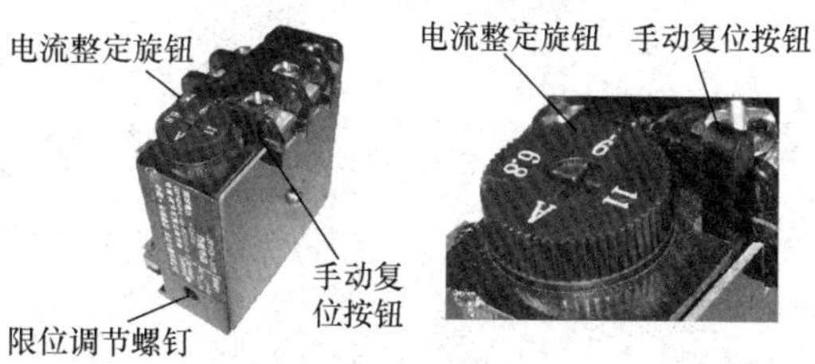

图 1.27　JR16 型热继电器复位和整定

热继电器动作时间的整定：按照 (0.95～1.05) I_e（I_e为电动机的额定电流）计算出整定电流，然后旋转电流整定旋钮到对应刻度处即可。

活动 3　认识时间继电器

典型的时间继电器如图 1.28 所示。

1. 拆装 JS7-A 型时间继电器

JS7-A 型时间继电器拆装操作步骤如图 1.29 所示。安装顺序与拆卸顺序相反。

(a) JS7-A型　　(b) AH3-3型

图 1.28　典型的时间继电器

(a) 用螺钉旋具松开气囊面盖的螺钉　　(b) 均匀用力地缓慢撬动并取下气囊盖

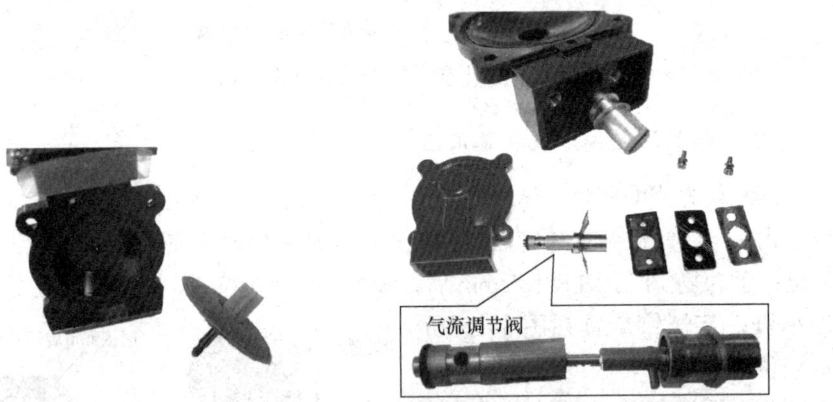

(c) 小心旋下气囊橡胶垫　　(d) 用螺钉旋具松卸气囊面盖的螺钉后将气流调节阀取出

图 1.29　JS7-A 型时间继电器拆装操作步骤

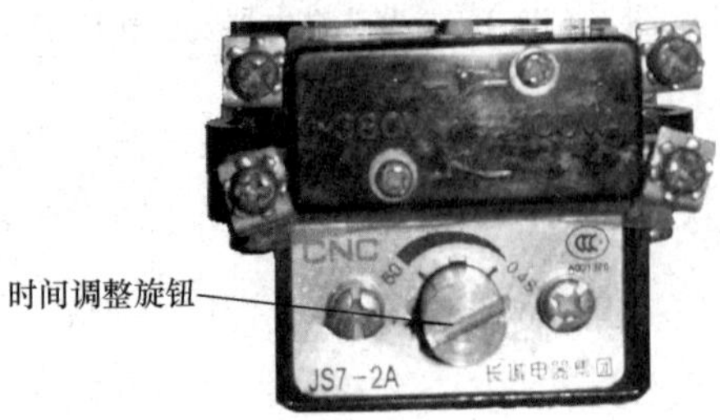

图 1.30　时间调整旋钮

2. 调整时间继电器的延时时间和延时方式

1）时间继电器定时时间的调整方法：如图 1.30 所示，用一字螺钉旋具旋转时间调整旋钮即可调节时间继电器的定时时间。顺时针为缩短时间，逆时针为延长时间。

2）延时方式的调整方法：如图 1.31

所示，将时间继电器线圈的固定螺钉拆卸下来，拆卸后的线圈调转180°后再安装上，即可改变时间继电器的延时方式。

(a) 断电延时方式　　(b) 通电延时方式

图1.31　延时方式的调整

两种延时方式的重要区别在于线圈的位置（朝向）不同。通电延时方式的线圈动铁心向内，断电延时方式的线圈动铁心则向外。当延时方式由通电延时变为断电延时时，其对应的延时触头会发生改变：原通电延时闭合触头会改为通电瞬时断开、断电延时闭合触头；原通电延时断开触头会改为通电瞬时闭合、断电延时断开触头。

3. 了解AH3-3型时间继电器

AH3-3型时间继电器的外形如图1.32所示，内部结构如图1.33所示。

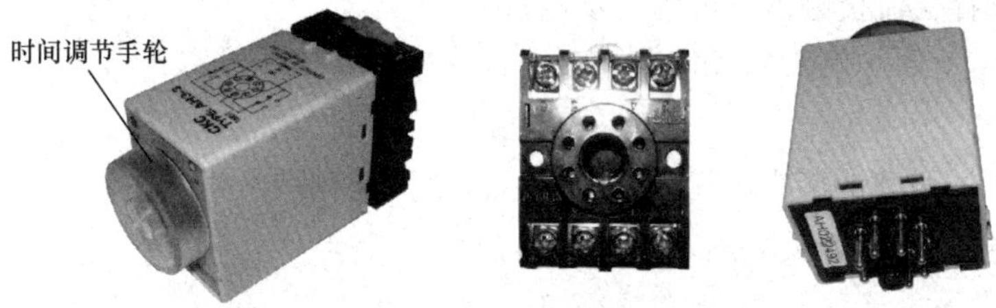

(a) 侧面图　　(b) 接线底座　　(c) 背面图

图1.32　AH3-3型时间继电器的外形

注意：由于该型号时间继电器采用电子元器件组合而成，因此在拆卸过程中不要拆卸得过于零数，能见到内部结构即可。

AH3-3型时间继电器的时间调整方法：只需要将面板前面的时间调节旋钮旋转到指定的时间刻度处即可完成时间的定时调整。

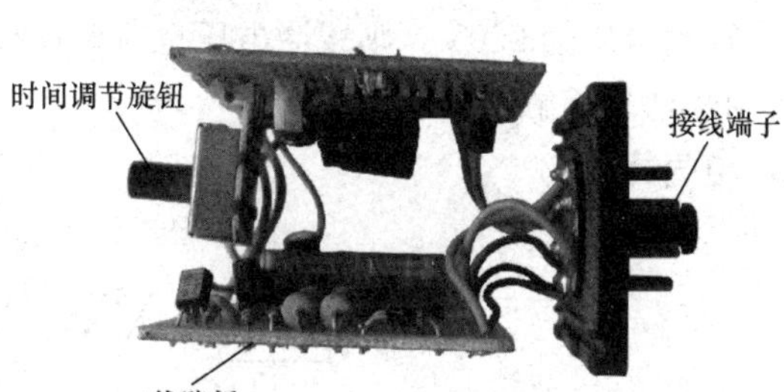

图1.33　AH3-3型时间继电器的内部结构

4. 了解JY1型速度继电器

JY1型速度继电器外形如图1.34所示；JY1型速度继电器的内部接线端子如图1.35所示。

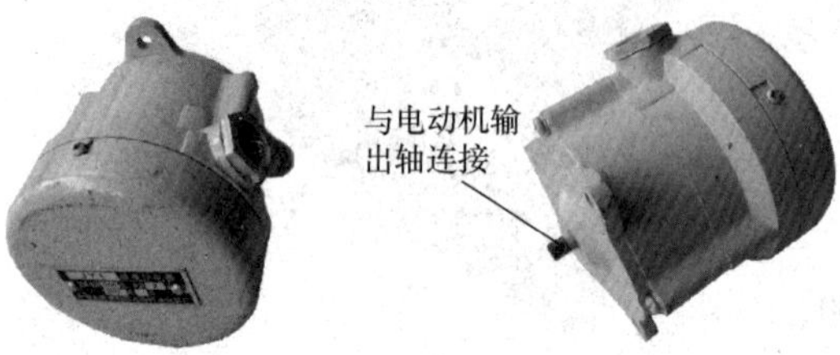

图1.34 JY1型速度继电器外形

图1.35 JY1型速度继电器的内部接线端子

相关理论知识

知识1 交流接触器

交流接触器是一种自动的电磁式开关。

用途：适用于远距离频繁地接通和断开交流主电路及大容量控制电路。控制对象通常为电动机，也可以是其他负载。

选用：选择交流接触器可分为4步进行。

1）选择接触器主触头的额定电压U_N。

$$U_N \geqslant U_e$$

式中，U_e为控制线路的额定电压。

2）选择接触器主触头的额定电流I_N。

$$I_N \geqslant I_e$$

式中，I_e为电动机的额定电流。

3）选择接触器线圈电压。接触器线圈电压应根据控制线路的电压等级来选择。例如，控制电压为220V，则线圈电压也应该选择220V。

4）选择接触器的触头数量。

电气符号：

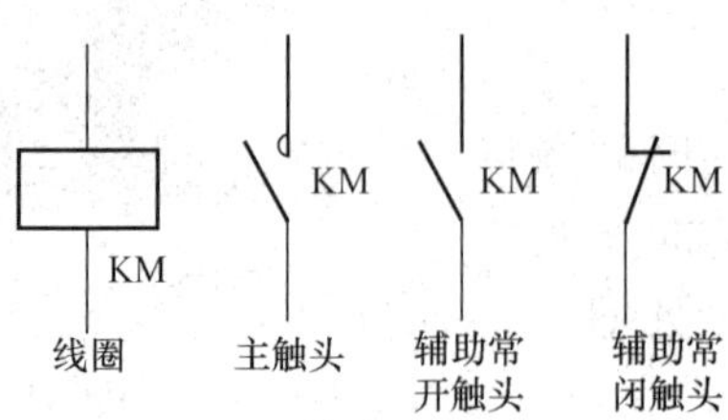

说明：上述电气符号中的文字符号都用 KM 表示，说明是同一个电器的不同元件，在电气原理图中会根据不同功能放置在不同的位置。例如，主触头放置在主电路中，线圈、辅助常开/常闭触头放置在控制电路中。

型号及含义：

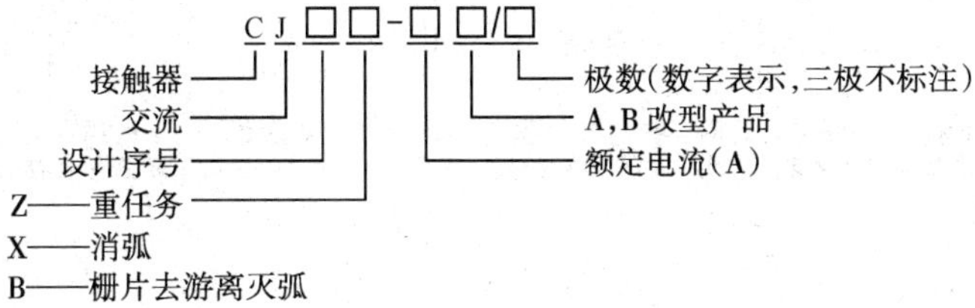

知识 2　继电器

1. 热继电器

热继电器是利用电流所产生的热效应而反时限动作的继电器。

用途：常用于电动机的过载保护。

选用：热继电器的选用取决于以下 3 个方面。

1）根据电动机额定电流 I_e 选择。

$$I \geqslant I_e$$

2）根据整定电流选择。整定电流为（0.95～1.05）I_e。

3）根据电动机定子绕组的连接方式选择。若电动机定子绕组为 Y 连接，可用普通的热继电器；若电动机定子绕组为△连接，则选用带断相保护装置的热继电器。

电气符号：

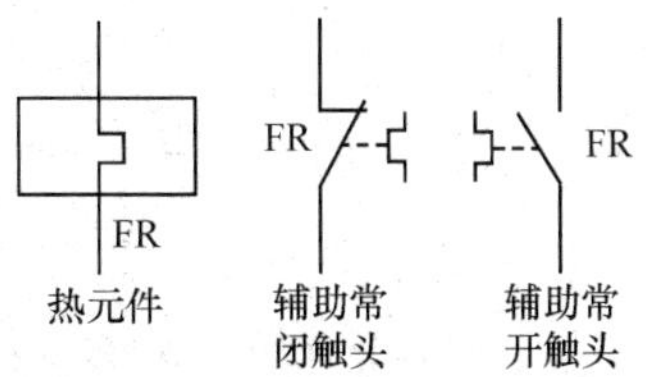

型号及含义：

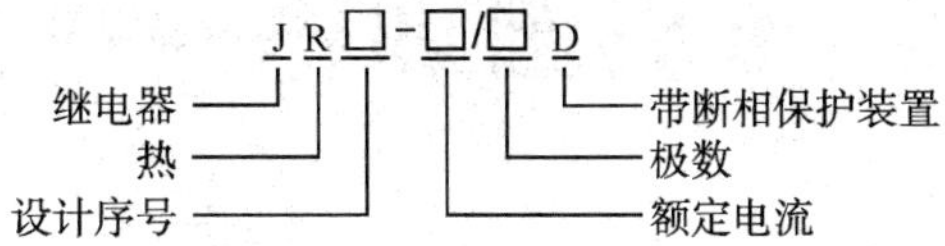

2. 时间继电器（空气阻尼式）

时间继电器是利用电子、电磁原理或机械动作原理实现触头延时动作的自动控制电器。

用途：常用于需要按照时间顺序进行控制的电气控制电路中。

选用：根据控制线路的要求选择时间继电器的延时方式（通电延时或断电延时），

根据控制线路电压来选择时间继电器的线圈电压。

电气符号：

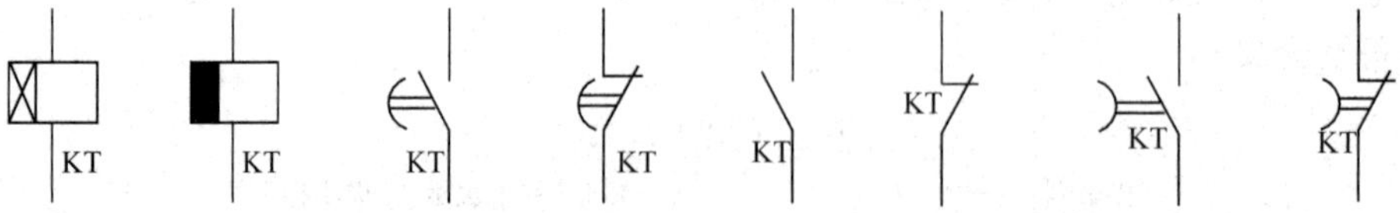

通电延时线圈　断电延时时线圈　瞬时断开延时闭合常开触头　瞬时闭合延时断开常闭触头　瞬时常开触头　瞬时闭合触头　瞬时闭合延时断开常开触头　瞬时断开延时闭合常闭触头

型号及含义：

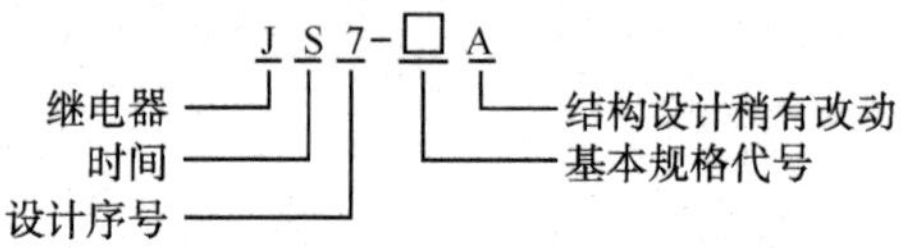

其中，基本规格代号：1——通电延时，无瞬时触头；2——通电延时，有瞬时触头；3——断电延时，无瞬时触头；4——断电延时，有瞬时触头。

3. 速度继电器

JY1 型速度继电器是利用电磁感应原理工作的感应式速度继电器，它能反映出速度和转向信息。

用途：主要用于生产机械运动部件的速度控制和实现对电动机的反接制动控制。

选用：速度继电器主要根据其所需控制的转速大小、触头电压和电流来选用。

电气符号：

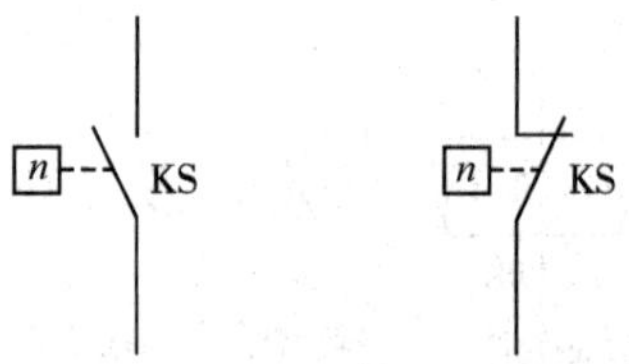

速度继电器常开触头　速度继电器常闭触头

巩固训练

1. 技能训练要求

1）能正确拆卸、组装常用低压电器。

2）能正确识别常用低压电器，熟练掌握常用低压电器的功能和作用。

3）能根据控制要求正确选择低压电器。

4）训练时间：每项训练内容 30min。

2. 技能训练内容

1）在规定时间内，拆装 CJX2 型交流接触器，并画出其电气符号，指出电气符号在交流接触器上所对应的具体位置。

2）在规定时间内，拆装 JS7-A 型空气阻尼式时间继电器，并画出其电气符号，指出电气符号在时间继电器上所对应的位置。

3）能根据电气控制要求，调整热继电器的整定值和热继电器的自动复位、手动复位方式，并画出其对应的电气符号。

思考与练习

1）请观察一下，在你所接触的机床中还有哪些低压电器。赶快行动起来吧，多些发掘，也许能发现许多书本上没有的知识。

2）请讨论一下交流接触器的工作原理，它的基本理论支撑是什么？（提示：回顾一下电工基础或电工学中的相关知识）

3）在用万用表欧姆挡测量交流接触器线圈时，为什么双手不能同时接触线圈？若双手同时接触，则万用表所测量的电阻值是交流接触器的线圈电阻值吗？

4）一名维修电工在检修一台车床时发现主轴不能起动，进一步检查发现是交流接触器线圈过热被烧毁了。若你是该电工，能否只简单地更换一个交流接触器？该如何处理？为什么？

5）一名维修电工在检修一台设备时，发现交流接触器发出较大的“嗡嗡”声响，但被控制的电动机并不旋转。此时该电工该采取什么措施来处理该故障？试分析该现象产生的可能原因。

6）为什么说定子绕组采用△连接的电动机，在选用热继电器时必须采用三相带断相保护装置的热继电器？

7）热继电器能否在机床控制电路中用作短路保护？为什么？

8）热继电器的结构中，双金属片起什么作用？

9）根据组合开关的结构，试分析组合开关可能出现的常见故障有哪些。

10）在安装和使用行程开关的过程中需要注意哪些问题？

11）一台用于控制某反应釜的电气控制柜采用了一台 JS7-A 时间继电器来控制其搅拌时间，但最近在使用过程中发现搅拌时间缩短了许多，试分析产生该现象可能的原因有哪些。

学习检测

实训考核标准见表 1.1。

表 1.1　典型低压电器拆装、检修及调试技能自我评分表

项目	技术要求		配分	评分细则	评分记录
低压电器的识别	按要求选择合适的低压电器		20 分	不能按要求选择合适的低压电器每次扣 10 分	
	正确写出名称、型号			写错或漏写名称、型号每次扣 5 分	
	正确写出符号			写错或漏写符号每次扣 5 分	
拆卸和装配典型低压电器	拆卸步骤和方法正确		30 分	不正确扣 5 分	
	不损坏其他零部件或塑料外壳			损坏其他零部件或塑料外壳每次扣 5 分	
	装配步骤和方法正确			不正确扣 5 分	
	正确使用测量仪器			不正确使用扣 10 分	
	在装配过程中不丢失螺钉等细小配件			每次丢失扣 5 分	
校验典型低压电器	了解校验方法		20 分	不了解扣 10 分	
	校验后合格			不合格扣 10 分	
继电器的整定	会调整热继电器的整定值		20 分	不会扣 5 分	
	会调节热继电器的复位方式			不会扣 5 分	
	会整定时间继电器的动作时间			不会扣 5 分	
	会调整时间继电器的延时方式			不会扣 5 分	
安全文明生产	无重大安全事故		10 分	凡在操作过程中发现考生有重大安全事故隐患时，立即制止，并中止考核，扣 10 分	
定额时间				超时酌情扣分	
实训起止时间	开始时间：	结束时间：	本次成绩：		

知识拓展与链接

1. JRS4-D 型热继电器简介

JRS4-D 型热继电器结构如图 1.36 所示。拆卸 JRS4-D 型热继电器比较困难，而且该型号热继电器的机械结构紧凑、复杂，建议由教师演示，不要拆卸得过于零散，以了解其工作原理和结构、能正确应用为主，否则难以将其安装复原。

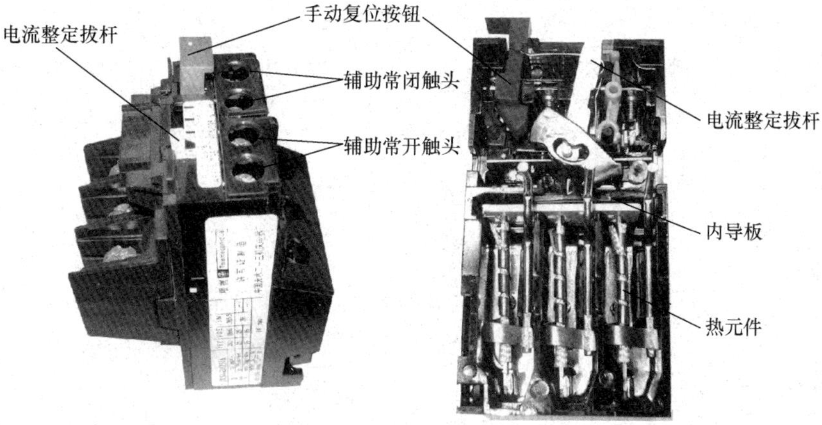

图1.36　JRS4-D型热继电器结构

2. CJX2型交流接触器与JRS4-D型热继电器的连接使用

将CJX2型交流接触器与JRS4-D型热继电器连接使用是常见的使用方式，这样不仅可以有效地减少导线的连接，而且能有效节约安装空间。在使用中需要将热继电器一端的接线端子面板拆卸下来，如图1.37所示。保留主回路接线柱，方便插入CJX2型交流接触器接线端子中。

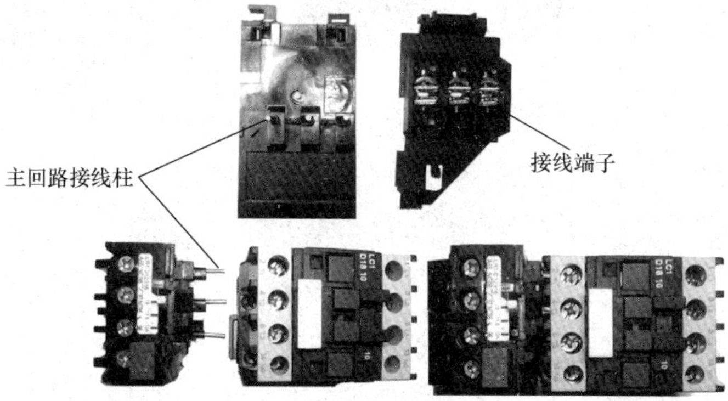

图1.37　CJX2型交流接触器与JRS4-D型热继电器的连接

3. 电磁式零序电流漏电保护器工作原理（图1.38）

在正常情况下，电路中没有漏电或没有按下试验按钮时，流过零序电流互感器一侧的电流相量和为零（流入电流恒等于流出电流），这时在零序电流互感器二次线圈中没有感生电流。此时电磁线圈没有电，断路器开关正常闭合。当电路中有漏电或按下试验按钮时，流过零序电流互感器的电流相量和不为零，此时在其二次侧线圈中感生出电流，该电流经过放大电路后直接驱动电磁线圈动作，经过电磁脱扣机械装置使断路器开关动作跳闸，达到保护的目的。

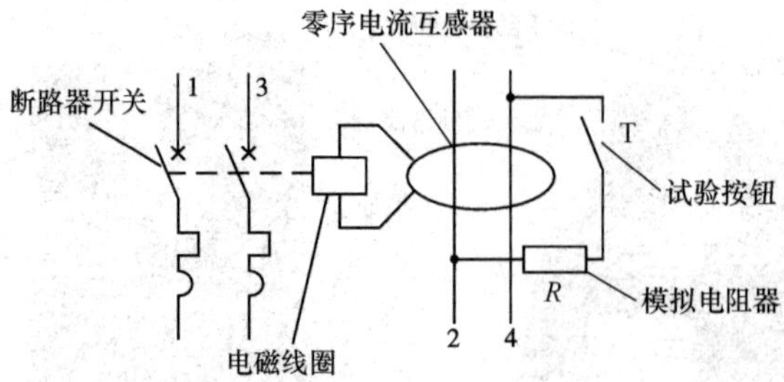

图1.38　电磁式零序电流漏电保护器工作原理示意图

4. 思考题

1）传感器也是机床电路中常用的一种信号检测装置，请同学们根据自己平时接触的范围，搜索出常用的传感器。看看它们是如何使用的。

2）试指出图1.39所示的传感器类型。

图1.39　传感器

项目2

三相异步电动机基本控制线路安装、调试及故障处理

教学目标

学会运用电工工具对三相异步电动机的点动、正转、正反转、顺序、降压、制动等控制线路进行安装、调试及维修；学会识读、绘制相关的电气原理图，并进一步了解其工作原理。

安全规范

1. 电气线路在未经验电笔确定无电前，一律视为有电，不可用手触摸，不可绝对相信其为绝缘体，应认为是有电操作。
2. 工作前应详细检查所用的工具是否安全可靠，穿戴好必需的防护用品，以防工作时发生意外。
3. 通电前必须认真检查线路，看其是否合乎要求并和有关人员联系好，方能通电。
4. 低压设备上必须进行带电工作时，要经过实训教师批准，并要有专人监护。
5. 要处理好工作中所有已拆除的电线，包好带电线头，防止触电。
6. 工作完毕后，必须拆除临时地线，所有材料、工具、仪表等归类放置，原有防护装置应随时安装好。

技能要求

1. 能识读三相异步电动机控制系统的电气原理图。
2. 能使用常用电工工具和电工仪表。
3. 能识别、标识、使用三相异步电动机控制系统元件和导线。
4. 能安装三相异步电动机基本电气控制线路。
5. 能分析、排除三相异步电动机控制系统线路常见故障。

素养目标

1. 培养学生小组合作、自主探究的能力。
2. 通过难度递进的任务学习，培养学生树立终身学习的意识。
3. 学生按照“6S”管理规定，整理工具、清理施工现场，以培养良好的职业习惯。

任务1

点动、连续运转控制线路安装及调试

场景描述

点动控制线路简单易懂。按下图2.1所示的MY7132A型平面磨床磨头快速上升按钮，磨头能快速上升；松开按钮，磨头能立即停止上升。磨头快速上升采用的是一种点动控制线路，它是通过按钮和接触器来实现线路自动控制的。

本任务由教师在控制板上进行安装、调试的示教，学生根据教师要求边听边练，然后独立操作，进行巩固训练，完成三相异步电动机点动、连续运转控制线路的安装及调试。

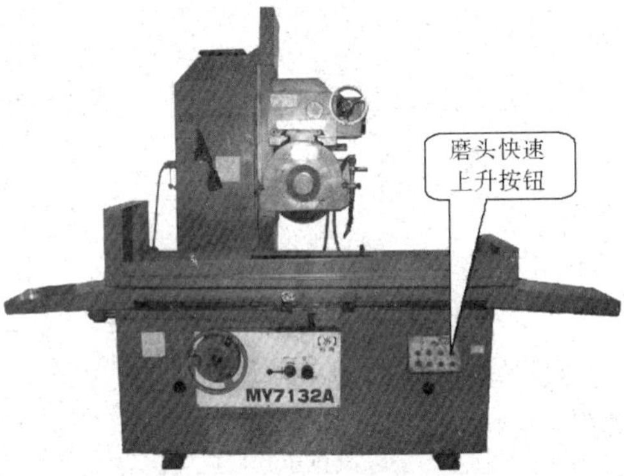

图2.1　MY7132A型平面磨床

任务目标

技能点：1. 会选择、安装及标识点动、连续运转控制线路的元件。
2. 能安装点动、连续运转控制线路。
3. 能调试点动、连续运转控制线路。

知识点：1. 理解点动、连续运转控制线路的构成及工作原理。
2. 掌握电气识图常识。

工作任务

本任务流程如图 2.2 所示。

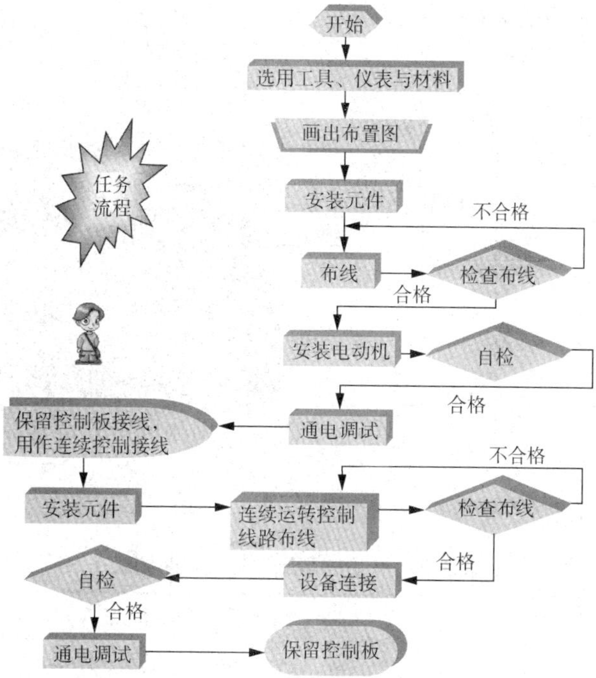

图 2.2　工作任务流程图

实践操作

活动 1　选用工具、仪表与材料

1. 工具与仪表选用

工具与仪表选用参见图 2.3。

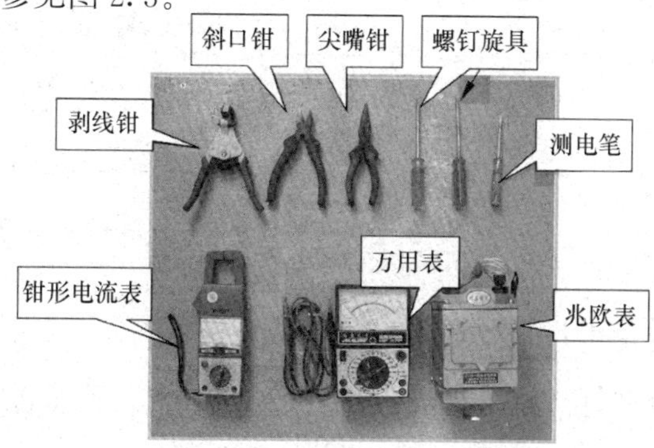

图 2.3　工具与仪表例图

2. 元件与材料选用

根据点动控制电气原理图（图 2.4）和点动控制安装图（图 2.5），选用如表 2.1 所示的元件与材料。

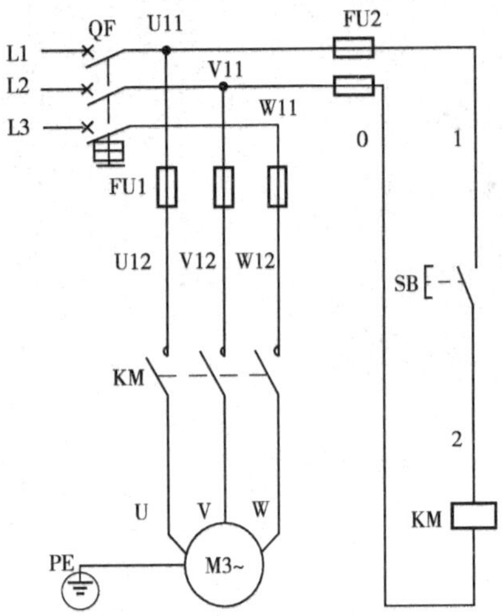

图 2.4　点动控制电气原理图

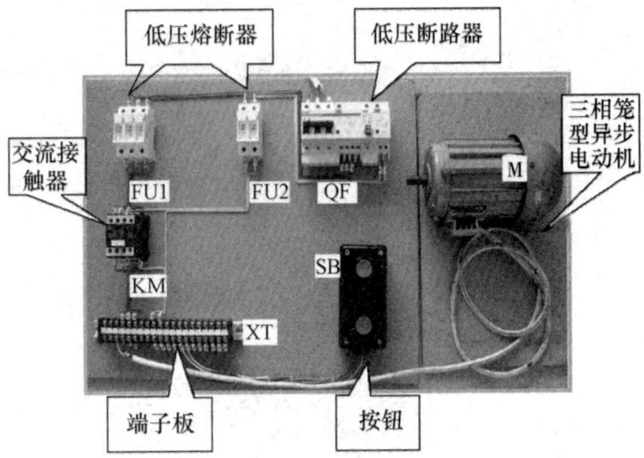

图 2.5　点动控制安装图

表 2.1　点动控制元件与材料明细表

名　称	代　号	型　号	规　格	数　量
三相笼型异步电动机	M	A07114	550W、380V、△连接、1.5A、1400r/min	1 台
漏电保护断路器（主电路）	QF	DZ47LEⅡ-50/3N	三极、400V、16A	1 个
熔断器	FU1	RT18-32/15	500V、32A、配熔体额定电流 15A	3 个
熔断器	FU2	RT18-32/2	500V、32A、配熔体额定电流 2A	2 个
交流接触器	KM	CJX2-0910	20A、线圈电压 380V	1 个
按钮	SB	LA4-3H	按钮数 3	1 个
端子板	XT	TD-2020	20A、20 节、380V	1 块
控制板			500mm×400mm×20mm	1 块
导线		BV	1.5m²（控制回路）、2.5m²（主回路）、1.5m²（黄绿双色）	若干
		BVR	1mm²	若干
紧固体和编码套管				若干

活动 2　画出布置图

根据图 2.6 点动控制线路布置图，在控制板上画出控制线路元件摆放图，注意位置摆放整齐、间距匀称合理，便于元件的更换。

活动 3　安装元件

按图 2.6 在控制板上安装元件，并贴上醒目的文字符号（文字符号应与电气原理图一致），各元件应布局合理，便于拆卸，如图 2.7 所示。

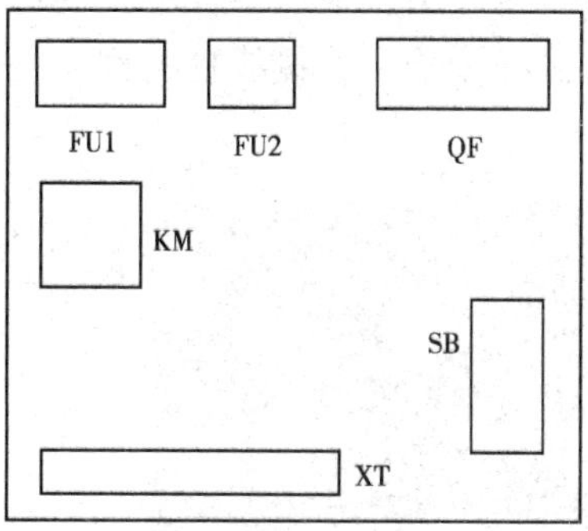

图 2.6　点动控制线路布置图

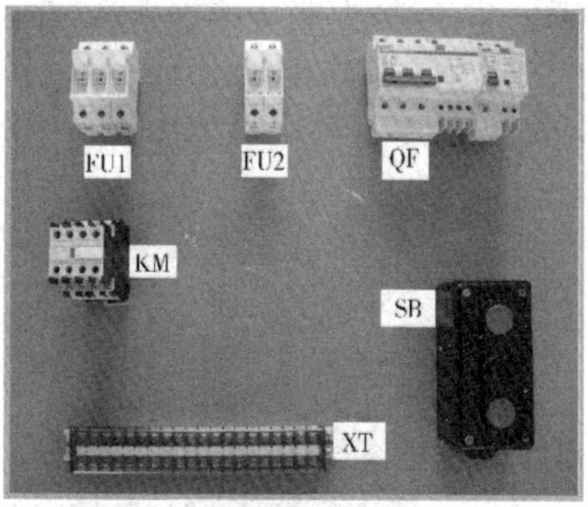

图 2.7　安装元件并贴上文字符号

工艺要求：紧固各元件时，用力要均匀，紧固程度适当。由于各元件的底座多易碎，应该用手按住元件一边轻轻摇动，一边用螺钉旋具旋紧对角线上的螺钉，直到手摇不动后，再适当加固旋紧即可。

注意：断路器、熔断器的进线端子应安装在控制板的外侧，对熔断器遵循“低进高出”的原则。

活动 4　布线

按图 2.8 和图 2.9 所示走线方法进行布线和套编码套管。

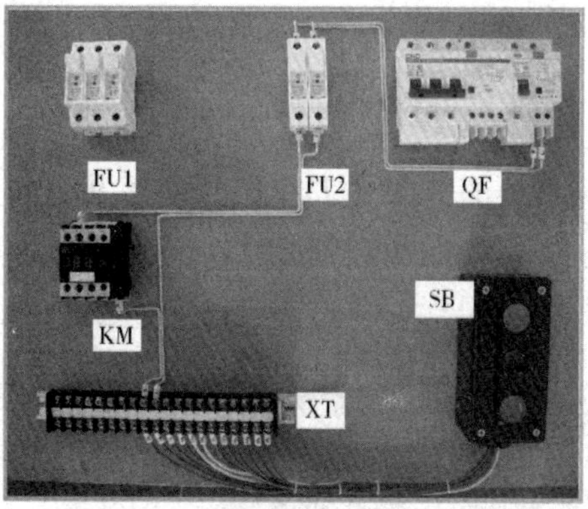

图 2.8　点动控制线路控制部分

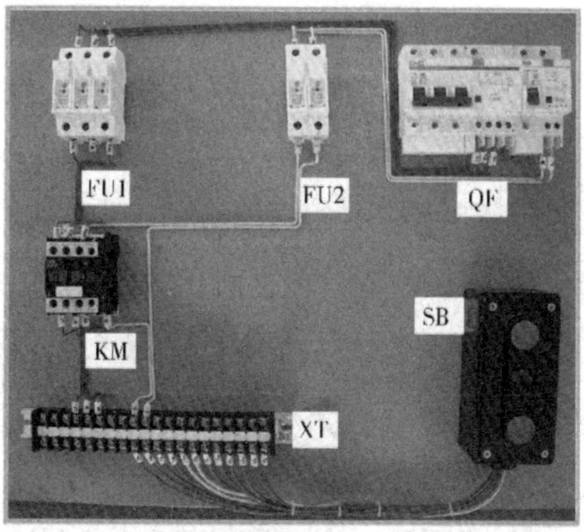

图 2.9　点动控制线路加入主电路部分

工艺要求：

1）布线应横平竖直，分布均匀，变换走向时应垂直转向。布线通道要尽可能少，同路并行导线按主、控电路分类集中，且导线单层平置、并行密排，紧贴控制板。

2）控制线路的导线应高低一致，但在元件的接线端处为满足走线合理，引出线可水平架空跨越板面导线。布线时严禁损伤线芯和导线绝缘。

3）布线一般按先控制电路、后主电路的顺序进行，以不妨碍后续布线为原则。

4）在每根剥去绝缘层导线的两端套上编码套管，编号方法采用从上到下，自左到右，逐列依次编号，每经一个接线端子，编号递增并遵循等电位同编号原则。

5）导线与接线端子或接线桩连接时，不得压绝缘层、不反圈及不露铜过长（一般露铜 2mm 左右为好），如图 2.10 所示。从一个接线端子（或接线桩）到另一个接线端子（或接线桩）的所有导线必须连续，中间无接头。

(a) 露铜过长

(b) 压绝缘层

图 2.10　错误接线方式

6）同一元件、同一回路的不同接点的导线间距离应保持一致。

7）一个元件接线端子上的连接导线不得多于两根，接线端子板上的连接导线一般只允许连接一根。

活动 5　检查布线

根据图 2.4 检查布线的正确性。检查线路的正确性与安装质量，在断电情况下首先用万用表欧姆挡 $R\times100$ 挡位检查线路是否有短路和开路。

活动 6　安装电动机

先连接电动机和按钮金属外壳的保护接地线，且保护电路中严禁使用开关和熔断器，然后连接电源、电动机等控制板外部的导线，如图 2.11 所示。

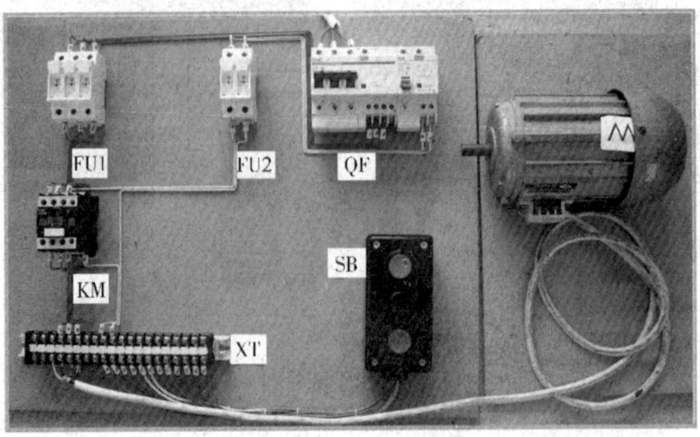

图 2.11　点动控制线路安装图

活动 7　自检

1）外观检查有无漏接和错接，导线的接点接触是否良好。如图 2.12 所示，用万用表欧姆挡检查，将表笔分别搭在 0、1 线端上。没有按下起动按钮 SB 时，读数应为 ∞；按下起动按钮 SB 时，读数应为交流接触器线圈的直流电阻值。

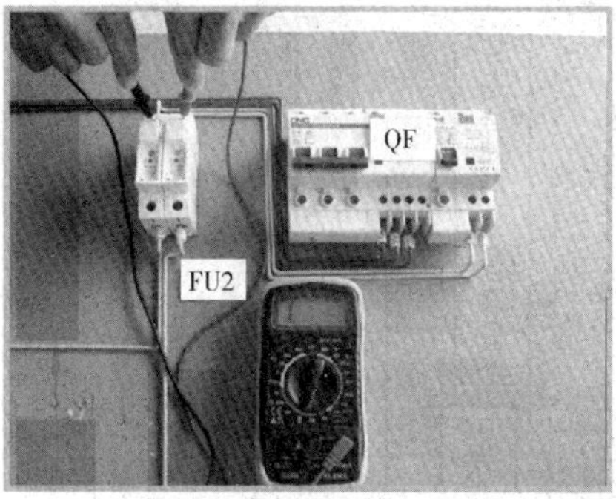

（a）没有按下起动按钮SB

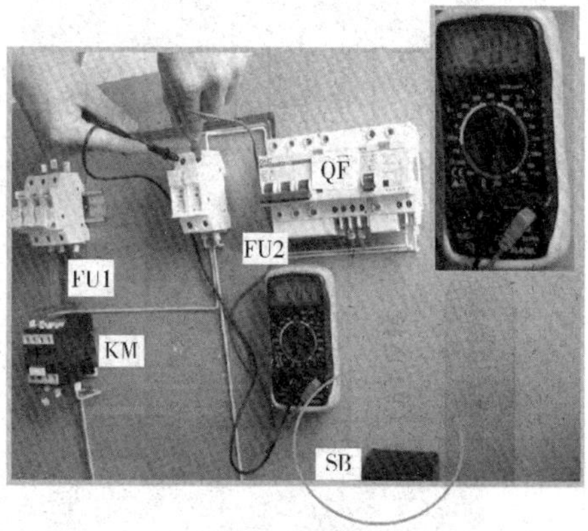

（b）按下起动按钮SB

图 2.12　万用表自检

2）断开控制电路，检查主电路有无开路或短路现象。可手动按下交流接触器 KM 的观察孔来模拟接触器通电进行检查，如图 2.13 所示。

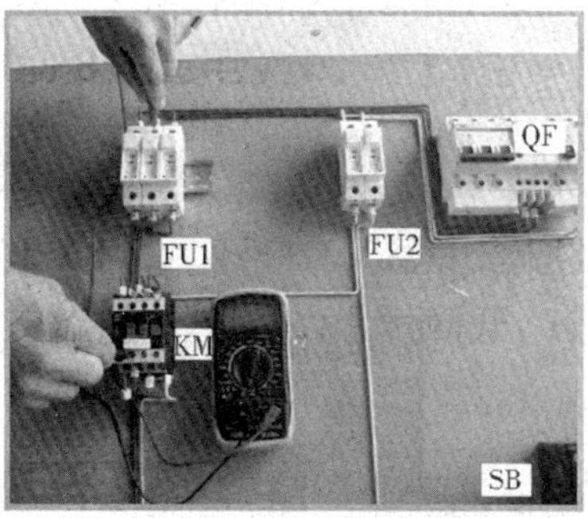

(a) 没有按下KM的视察孔

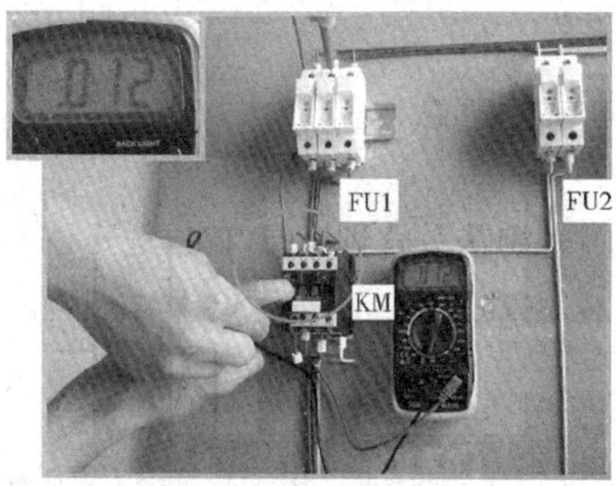

(b) 手动按下KM观察孔后测V11和V12间的电阻值

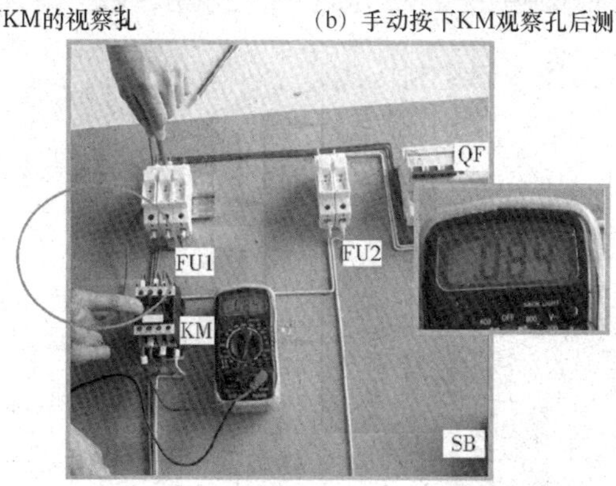

(c) 手动按下KM的观察孔后测V11和V间的电阻值

图 2.13　用万用表欧姆挡检查主电路

3）用兆欧表测量三相笼型异步电动机的绝缘电阻值应不小于 0.5MΩ，如图 2.14 所示。

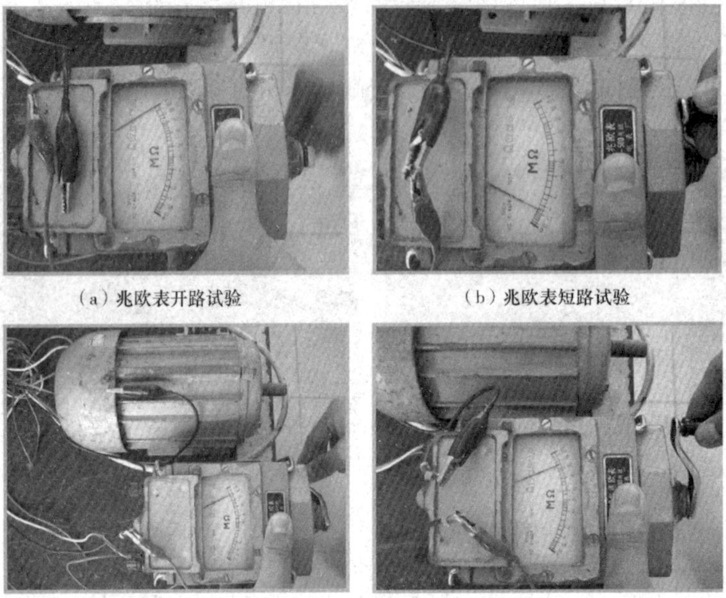

（a）兆欧表开路试验　（b）兆欧表短路试验

（c）测量三相笼型异步电动机相线对地绝缘电阻值　（d）测量三相笼型异步电动机相线间的绝缘电阻值

图 2.14　用兆欧表测量三相笼型异步电动机的绝缘电阻值

活动 8　通电调试

1）用手拨一下电动机转子，观察转子是否有堵转现象等。

2）在实训教师的监护下，合上电源开关 QF，按下 SB 持续 1～2s，随即松开，观察电动机运行是否正常（观察电动机运行是否平稳，听电动机的运转声音是否正常等）。

3）若电动机能正常地起动运行，则按下 SB 电动机旋转，松开 SB 电动机自由停止。

活动 9　保留控制板接线，用作连续控制接线

保留控制板接线，用作连续控制接线。

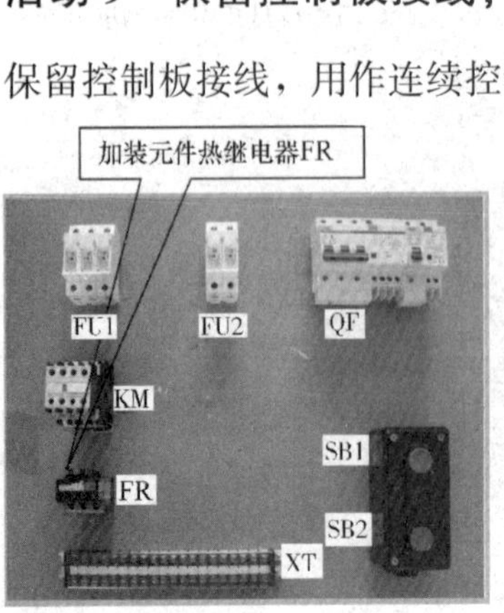

图 2.15　安装元件并贴上文字符号

活动 10　安装元件

在安装好的点动正转控制线路板上，拆下电线并按本次实训电路配齐所需规格的器材（热继电器 FR，型号为 JRS1-09314），在控制板上合理布置并安装热继电器 FR，要求安装牢固且符合要求，并按要求进行检验，如图 2.15 所示。注意选择正确的起动按钮和停止按钮的颜色。

活动 11　连续运转控制线路布线

确定连接负载的接线端子位置，并合理布置和敷设线路，敷设时注意导线的颜色及规格，按先控制电路、后主电路的顺序进行。要分清接触器的主触头，辅助常开、常闭触头，注意 KM 的自锁触头应并接在起动按钮两端，停止按钮串联在控制电路中，FR 的热元件串联在主电路中，它的常闭触头应接在控制电路中，如图 2.16 和图 2.17 所示。

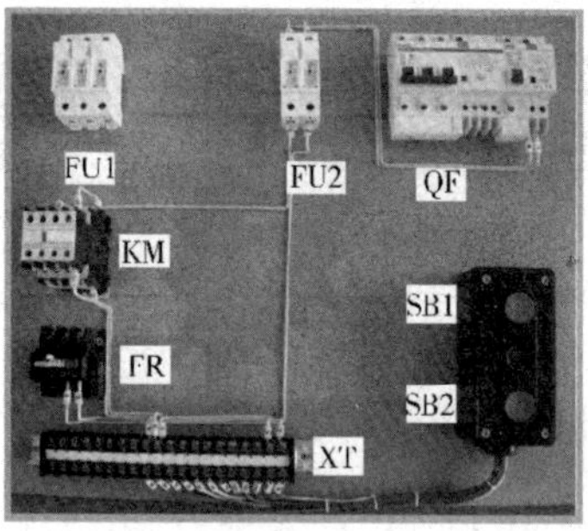

图 2.16　连续运转控制电路控制部分

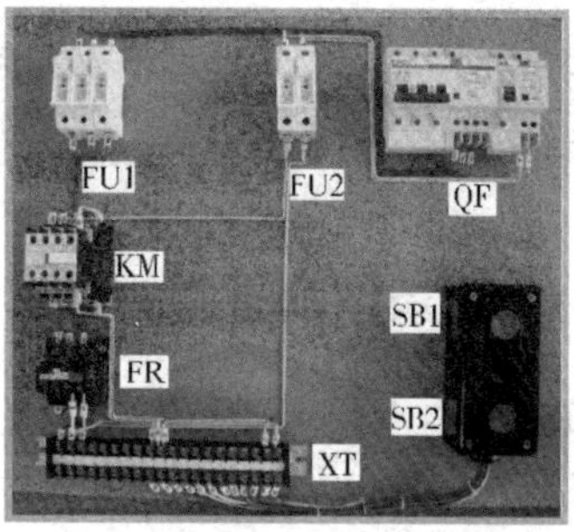

图 2.17　连续运转控制电路加入主电路

活动 12　检查布线

检查线路的正确性及安装质量，在断电情况下首先用万用表欧姆挡 $R\times 100$ 挡位，检查线路是否有短路或开路。

活动 13　设备连接

安装电动机及连接保护接地线；用电缆线将电动机与控制板连接，注意电动机的正确接法（图 2.18）。

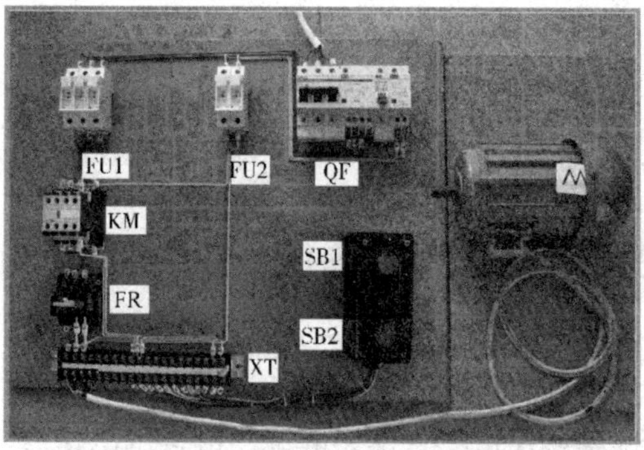

图 2.18　连续运转控制线路连接电源及电动机

活动 14　自检

参见点动控制实训自检步骤。

活动 15　通电调试

经实训教师检查无安全隐患后，连接好三相电源，再用手拨一下电动机转子，观察转子是否有堵转现象等。在实训教师的监护下，合上电源开关 QF，先按起动按钮 SB1，让电动机旋转起来，后立即按停止按钮 SB2，让电动机自由停止，观察电动机旋转是否顺畅。

相关理论知识

知识 1　点动控制线路的基本知识

按下按钮时电动机起动，松开按钮时电动机停止的控制方法，称为点动控制。点动控制线路电气原理图各组成部分如图 2.19 所示。

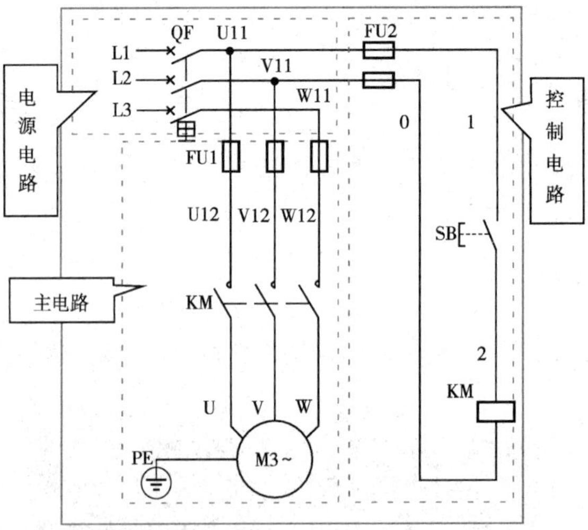

图 2.19　点动控制线路电气原理图各组成部分

知识 2　点动控制线路的工作原理

1）合上电源开关 QF，为电路起动做好准备。

2）按下按钮 SB，交流接触器 KM 线圈得电，主触头闭合，电动机起动。松开按钮 SB，交流接触器 KM 线圈失电，主触头断开，电动机停转。

知识 3　连续运转控制线路的基本知识

很多生产机械像机床、通风机等是需要连续工作的，这就需要采用电动机的连续运转控制线路。具有过载保护的连续运转控制线路电气原理图如图 2.20 所示。

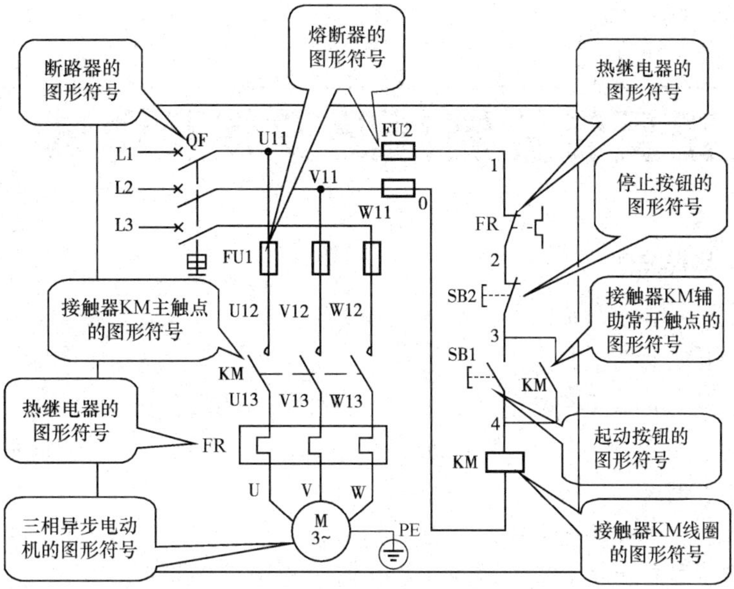

图 2.20　具有过载保护的连续运转控制线路电气原理图

知识 4　连续运转控制线路的工作原理

连续运转控制线路工作流程图如图 2.21 所示。

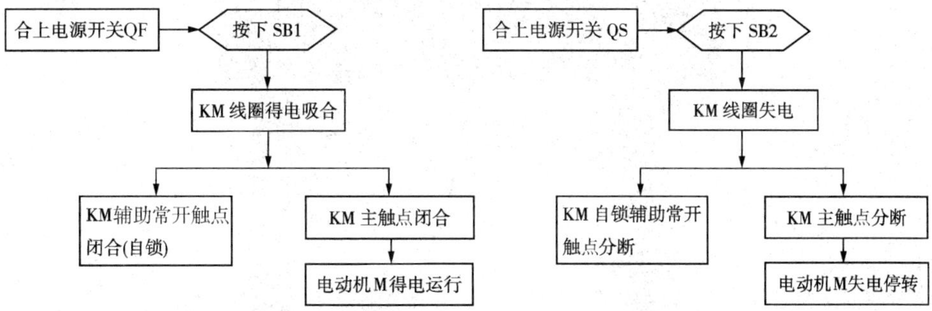

(a) 起动流程　　　　(b) 停止流程

图 2.21　连续运转控制线路工作流程图

电路的保护措施：熔断器 FU1、FU2 分别对主电路、控制电路实施短路保护；热继电器 FR 对电动机实施过载保护；断路器 QF 对电路有漏电保护作用；在电路中接触器 KM 具有失压、欠压保护作用。

电路特点：当松开 SB1，其常开触头恢复分断后，因为接触器 KM 的常开辅助触头闭合时已将 SB1 短接，控制电路仍保持接通，所以接触器 KM 线圈继续得电，电动机 M 实现连续运转。像这种当松开起动按钮 SB1 后，接触器 KM 线圈通过自身常开辅助触头保持通电状态的作用称为自锁，与起动按钮 SB1 并联起自锁作用的常开辅助触头称为自锁触头。

任务2 正反转控制线路安装及调试

场景描述

在实际生产中，机床工作台需要前进与后退；建筑工地上的卷扬机起吊重物时，吊钩需要上升与下降。要满足生产机械运动部件能向正、反两个方向运动，就要求电动机能实现正、反转控制。如图2.22所示，小型起重机的吊钩升降便是通过电动机的正反转控制。

本任务先由教师在控制板上进行安装、调试示教，然后学生根据教师的要求边听边练，最后由学生独立进行巩固训练操作，完成三相异步电动机正反转控制线路的安装及调试学习。

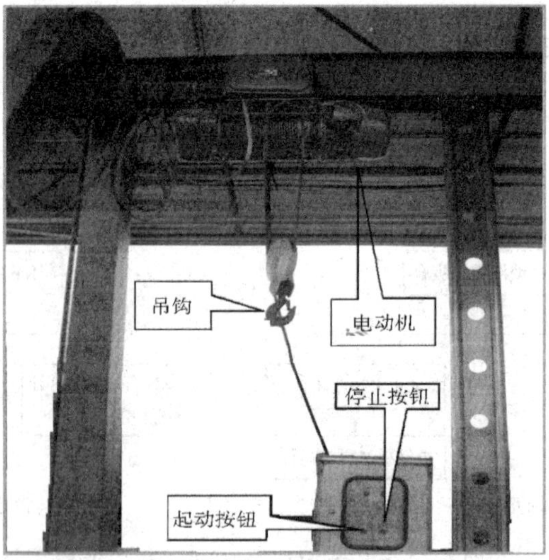

图2.22 小型起重机

任务目标

技能点：1. 会选择、安装及标识正反转控制线路的元件。

2. 能安装正反转控制线路。

3. 能调试正反转控制线路。

知识点：掌握正反转控制线路的构成及工作原理。

工作任务

本任务流程如图 2.23 所示。

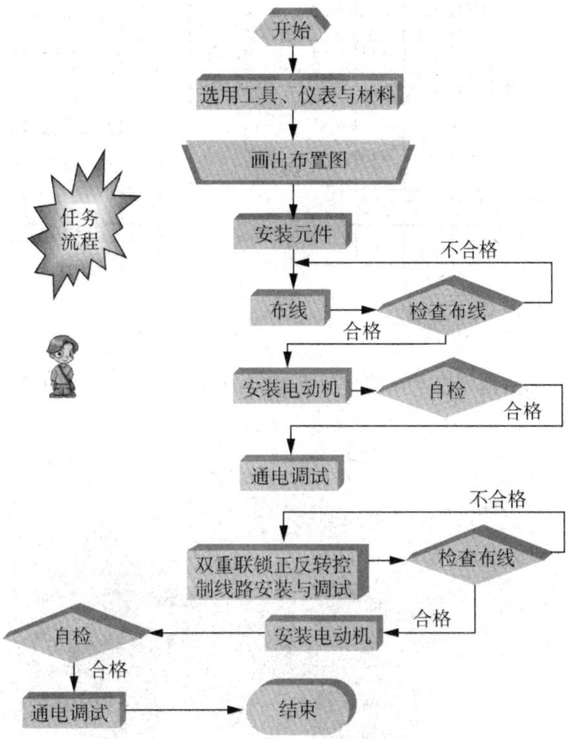

图 2.23　工作任务流程图

实践操作

活动 1　选用工具、仪表与材料

1. 工具与仪表选用

工具与仪表的选用见表 2.2。

表 2.2　工具与仪表

工具	测电笔、螺钉旋具、尖嘴钳、斜口钳、剥线钳、电工刀等电工常用工具
仪表	兆欧表、钳形电流表、万用表

2. 元件与材料选用

根据三相异步电动机接触器联锁的正反转控制线路电气原理图（图 2.24）和安装图(图 2.25)，选用如表 2.3 所示的元件与材料。

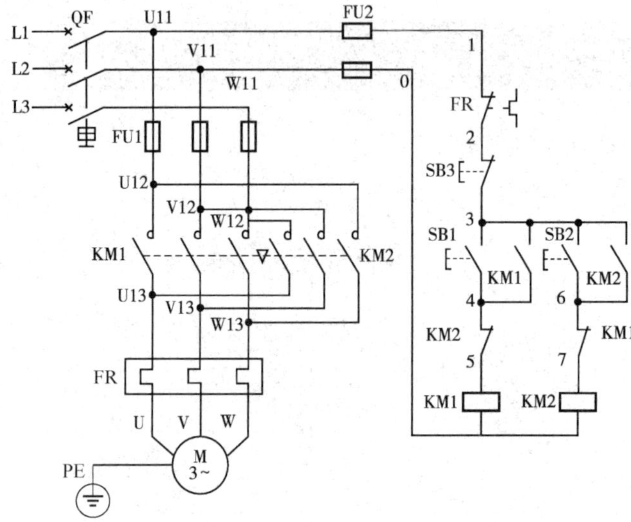

图 2.24　三相异步电动机接触器联锁的正反转控制线路电气原理图

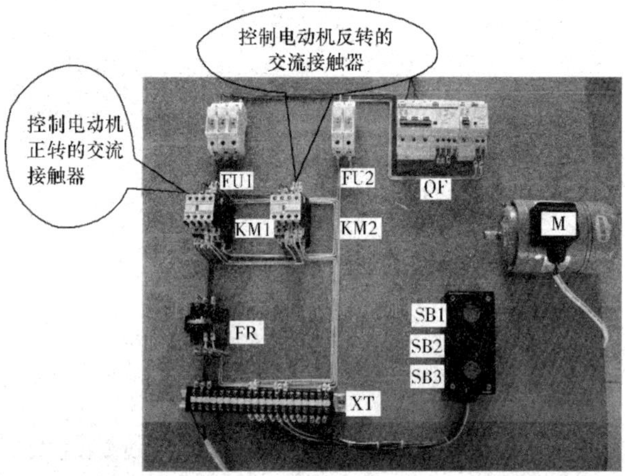

图 2.25　三相异步电动机接触器联锁的正反转控制线路安装图

表 2.3　正反转控制线路元件与材料明细表

名　称	代　号	型　号	规　格	数　量
三相笼型异步电动机	M	S5-L4	180W、380V、△连接、0.64A、1400r/min	1个
漏电保护断路器（主电路）	QF	DZ47LEⅡ-50/3N	三极、400V、16A	1个
熔断器	FU1	RT18-32/15	500V、32A、配熔体额定电流 15A	3个
熔断器	FU2	RT18-32/2	500V、32A、配熔体额定电流 2A	2个

续表

名　称	代　号	型　号	规　格	数　量
交流接触器	KM	CJX2-0910	10A、线圈电压 380V	1 个
热继电器	FR	JRS1-09314	三极、10A、整定电流 8.8A	1 个
按钮	SB	LA4-3H	按钮数 3	1 个
端子板	XT	TD-2020	20A、20 节、380V	1 块
控制板			500mm×400mm×20mm	1 块
导线		BV	1.5mm^2（控制回路）、2.5mm^2（主回路）、1.5mm^2（黄绿双色）	若干
		BVR	1mm^2	若干
紧固体和编码套管				若干

活动 2　画出布置图

根据图 2.25 在控制板上画出正反转控制线路布置图如图 2.26 所示。绘制过程中应注意位置整齐匀称、间距合理，便于元件的更换。

活动 3　安装元件

按图 2.26 在控制板上安装元件，并贴上醒目的文字符号，如图 2.27 所示。

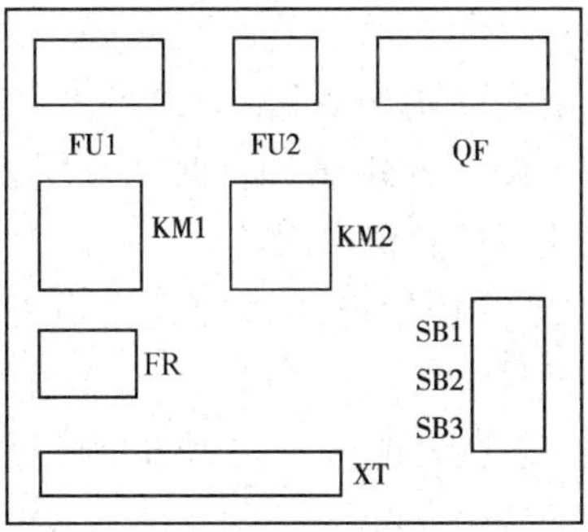

图 2.26　正反转控制线路布置图

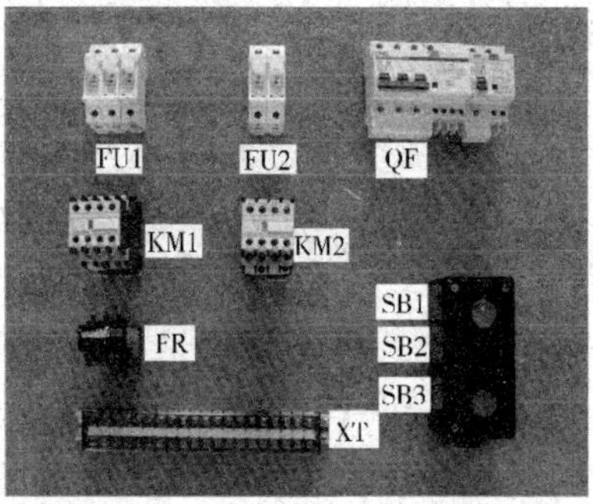

图 2.27　正反转控制线路实物布置图

活动 4　布线

安装接触器联锁正反转控制线路：参照本项目任务 1 中的实训编写安装步骤，并熟悉安装工艺要求。经实训教师审查同意后，根据图 2.24 完成接触器联锁正反转控制线路的安装。安装完成后的线路板如图 2.28 所示。

注意：接触器联锁触头接线必须正确，否则将会造成主电路中两相电源短路事故。

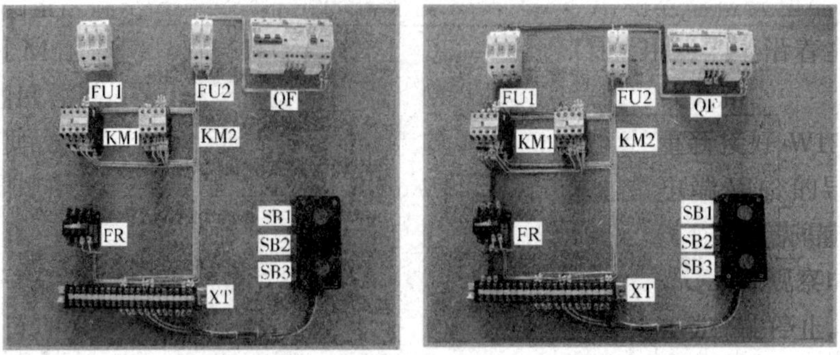

（a）控制电路部分　　（b）加入主电路部分

图 2.28　正反转控制线路布线

活动 5　检查布线

根据图 2.28 检查控制板布线的正确性。

活动 6　安装电动机

先连接电动机和按钮金属外壳的保护接地线，然后连接电源、电动机等控制板外部的导线。接触器联锁正反转控制线路完整安装图如图 2.29 所示。

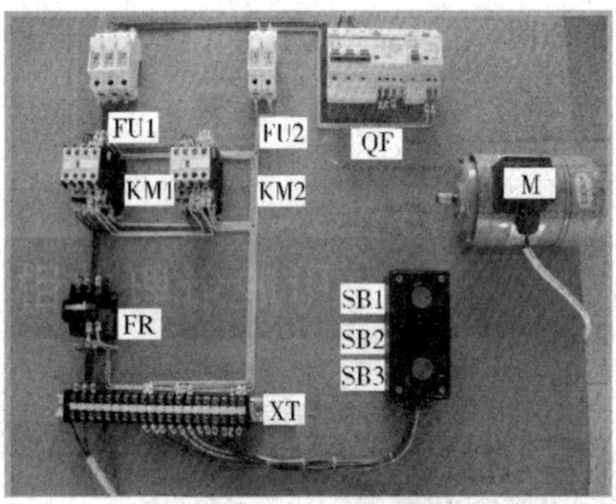

图 2.29　接触器联锁正反转控制线路完整安装图

活动 7　自检

1）在断电情况下，连接好三相电源后，并用万用表欧姆挡 $R\times100$ 挡位检查线路是否有短路。按下 SB1 或 SB2 时，万用表读数应为接触器线圈的直流电阻值。

2）断开控制电路，检查主电路有无开路或短路现象。

3）用兆欧表检查电动机的绝缘电阻值，应不小于 0.5MΩ。

活动 8　通电调试

1）用手拨一下电动机转子，观察转子是否有堵转现象等。

2）在实训教师的监护下，合上电源开关 QF，再按下 SB1（或 SB2）及 SB3，看控制是否正常，并在按下 SB1 后再按下 SB2，观察有无联锁作用。

3）训练应在规定的时间内完成，同时要做到安全操作和文明生产。训练结束后，安装的控制板留用。

活动 9　双重联锁正反转控制线路安装与调试

1. 布线

根据三相异步电动机双重联锁正反转控制线路电气原理图（图 2.30）及完整安装图进行布线。

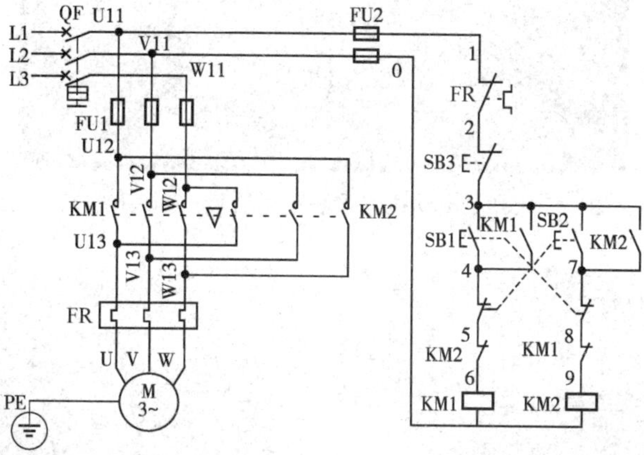

图 2.30　三相异步电动机双重联锁正反转控制线路电气原理图

2. 检查布线（图 2.31）

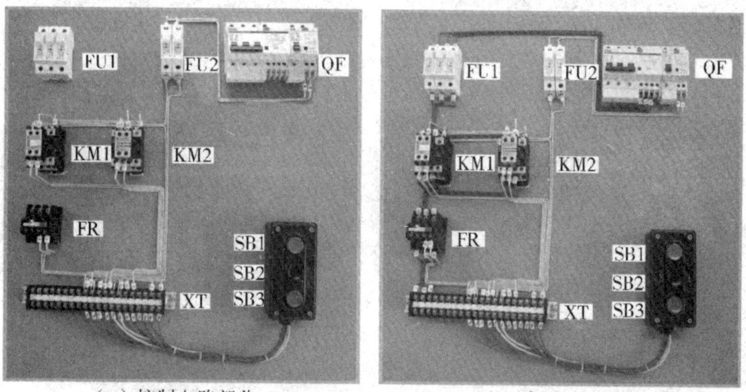

（a）控制电路部分　　（b）加入主电路部分

图 2.31　双重联锁正反转控制线路布线

3. 安装电动机

电动机安装完成后，三相异步电动机双重联锁正反转控制线路完整安装图如图 2.32 所示。

4. 自检

1）外观检查有无漏接、错接，导线的接点接触是否良好。

2）按图 2.33 所示进行万用表校正。

3）用万用表欧姆挡检查，将表笔分别搭在 0、1 线端上，没按按钮时，读数应为 ∞；按下按钮 SB1～SB4 时读数应为接触器线圈的直流电阻值，如图 2.34 所示。

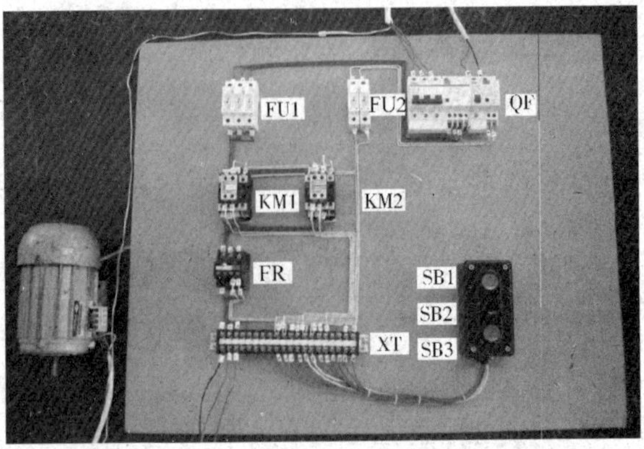

图 2.32　三相异步电动机双重联锁正反转控制线路完整安装图

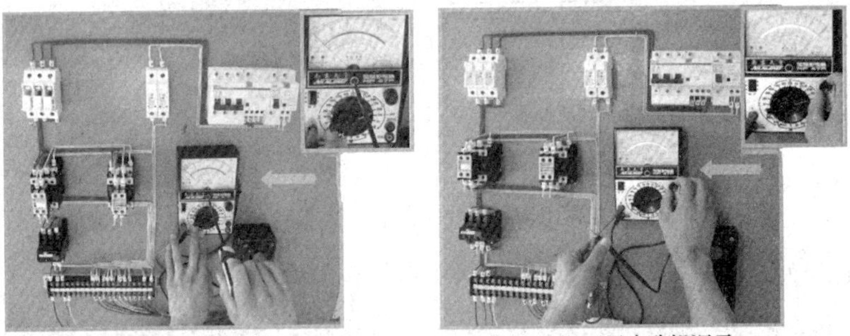

(a) 万用表机械调零　　(b) 万用表欧姆调零

图 2.33　万用表校正

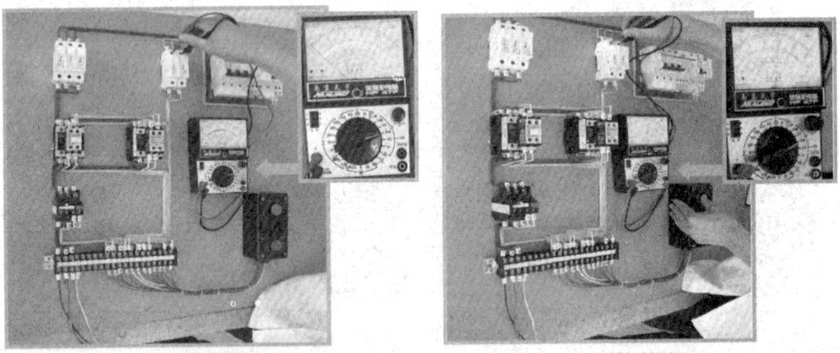

(a) 没按按钮　　(b) 按下按钮SB1

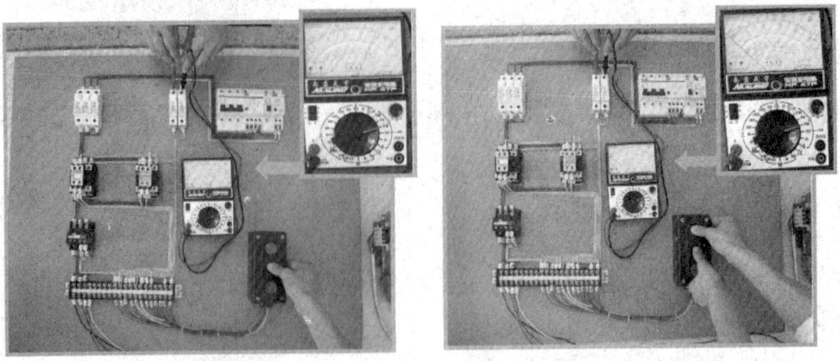

(c) 按下按钮SB2　　(d) 先按下按钮SB1后再按下按钮SB2

图 2.34　自检控制线路接触器连锁部分

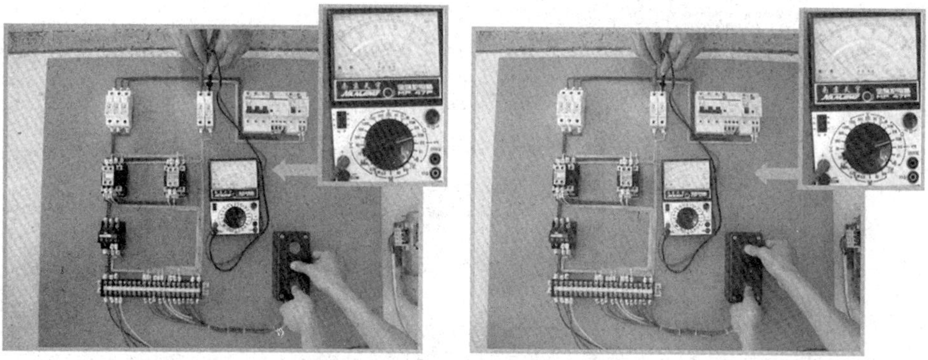

(e) 先按下按钮SB2后再按下按钮SB3　　(f) 先按下按钮SB1后再按下按钮SB3

图 2.34（续）

4）检查主电路有无开路或短路现象，此时，可手动按下交流接触器的观察孔来模拟接触器通电进行检查。

自检正转主电路如图 2.35 所示，每相如此测试，共测 3 次。自检反转主电路如图 2.36 所示，自检电动机相间电阻值如图 2.37 所示。

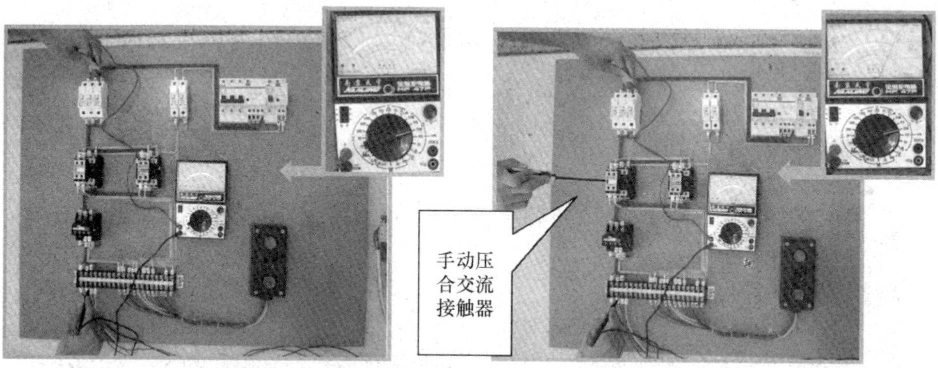

(a) 压合交流接触器前　　(b) 压合交流接触器后

图 2.35　自检正转主电路

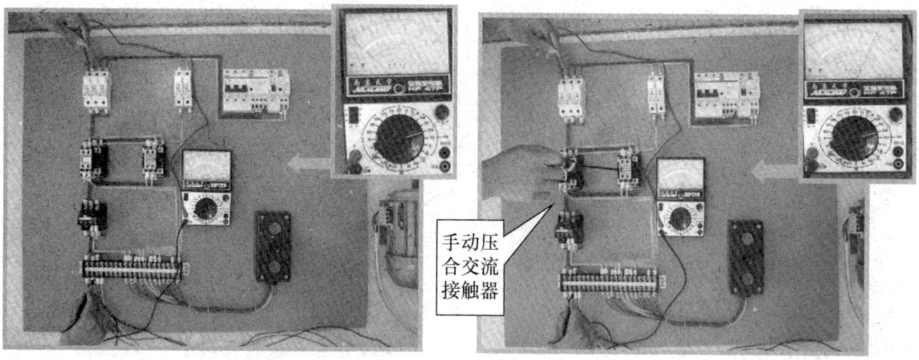

(a) 压合交流接触器前　　(b) 压合交流接触器后

图 2.36　自检反转主电路

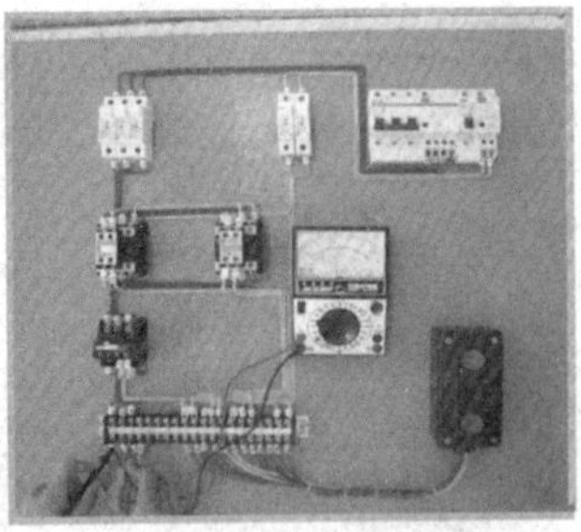

（a）U与V相间电阻值

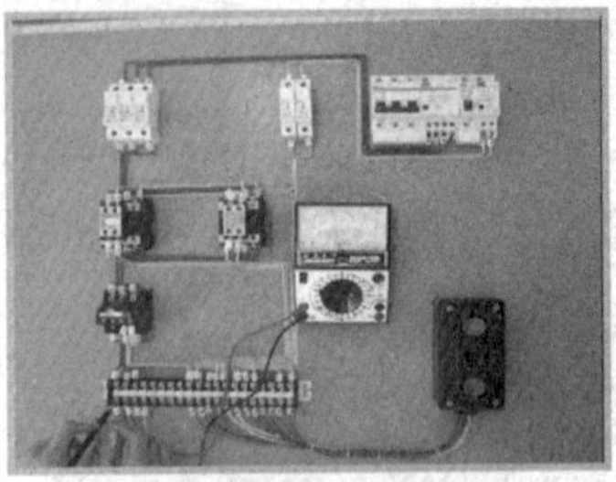

（b）V与W相间电阻值

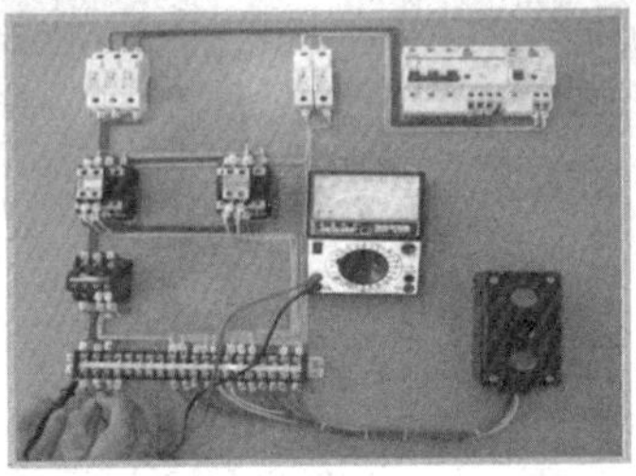

（c）U与W相间电阻值

图 2.37　自检电动机相间电阻值

注意：电动机绕组静态电阻值很小，故测量时万用表挡位要选择 $R\times1$ 挡或 $R\times10$ 挡。

5. 通电调试（图 2.38）

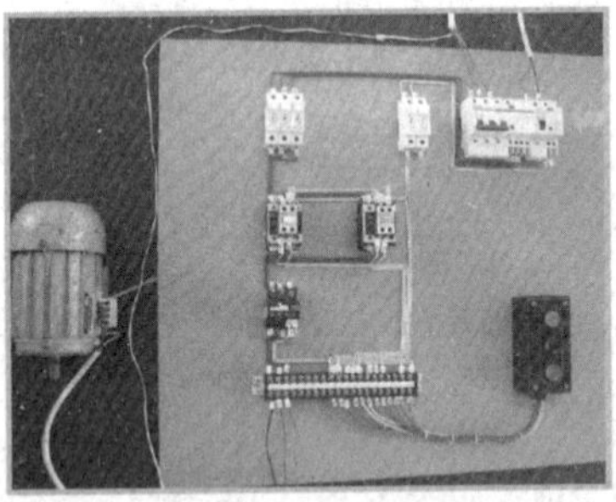

(a) 合上控制电路电源后

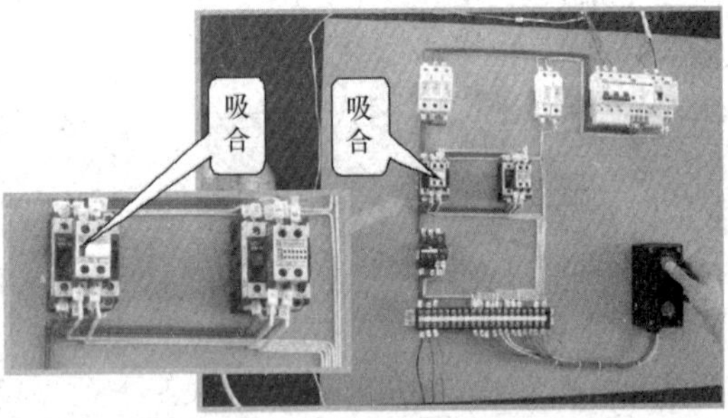

(b) 按下正转起动按钮SB1

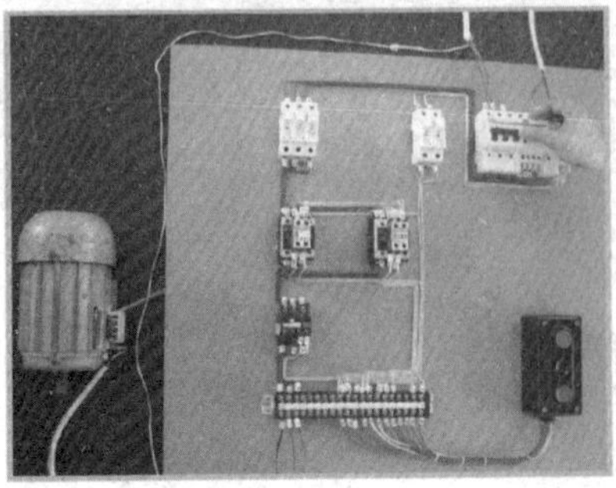

（c）合上主电路电源

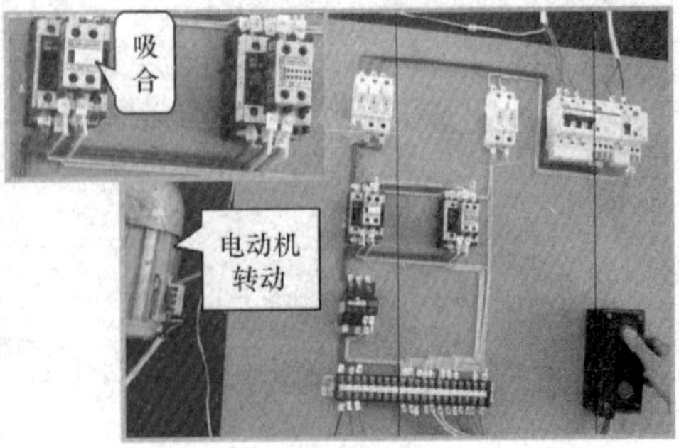

（d）按下正转起动按钮SB1

图 2.38　通电调试

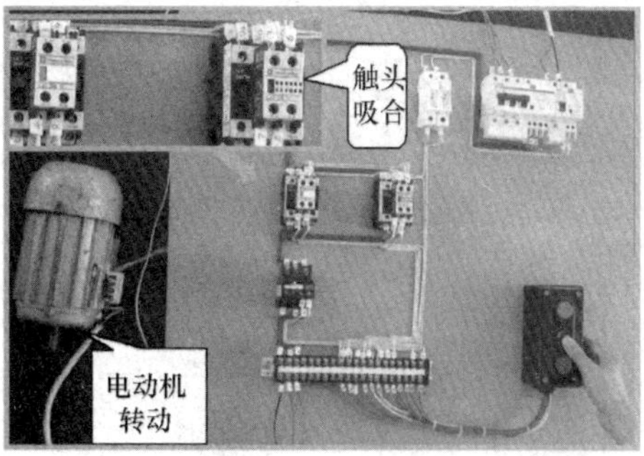

（e）按下反转起动按钮SB2电动机反转

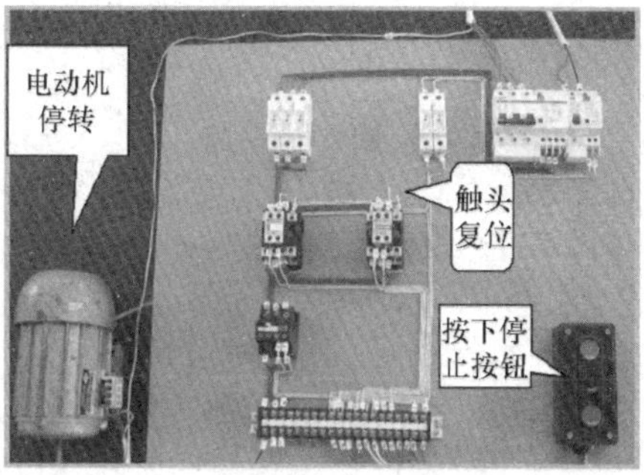

（f）按下停止按钮SB3电动机停转

图 2.38（续）

相关理论知识

知识 1　三相异步电动机正反转控制线路的基础知识

在实际工作中电动机需要正反两个方向转动，电动机的转向取决于三相电源的相序，当电动机输入电源的相序为 L1—L2—L3（即正相序）时，电动机正转。若需反转，则仅需将其中任意两根相线换接（颠倒）一次即可。

电动机的正反转控制，最简单的控制方法是采用倒顺开关直接控制，其控制与实现方法可参阅相关书籍。本任务重点讨论利用接触器联锁的正反转控制线路及按钮、接触器双重联锁的控制线路。

知识 2　接触器联锁的正反转控制线路工作原理

接触器联锁的正反转控制线路电气原理图如图 2.24 所示，当一个接触器得电动作时，通过其辅助常闭触头使另一个接触器不能得电动作，接触器之间这种相互制约的作用称为接触器联锁（或互锁）。实现联锁作用的辅助常闭触头称为联锁触头（或互锁触头），联锁用符号▽表示。接触器联锁的正反转控制电路工作原理如图 2.39 所示。

知识 3　按钮和接触器双重联锁的控制线路工作原理

接触器联锁的正反转控制线路电气原理图如图 2.24 所示，如果把正转按钮 SB1 和反转按钮 SB2 换成两个复合按钮，并把两个复合按钮的常闭触头也串接在对方的控制电路中，构成图 2.30 所示的按钮和接触器双重联锁正反转控制线路，就能克服接触器联锁正反转控制线路操作不便的缺点，使线路操作方便，工作安全可靠。

接触器联锁的正反转控制线路工作原理如图 2.39 所示，先合上电源开关 QF。

按钮和接触器双重联锁的控制线路的工作原理如图 2.40 所示，先合上电源开关 QF。

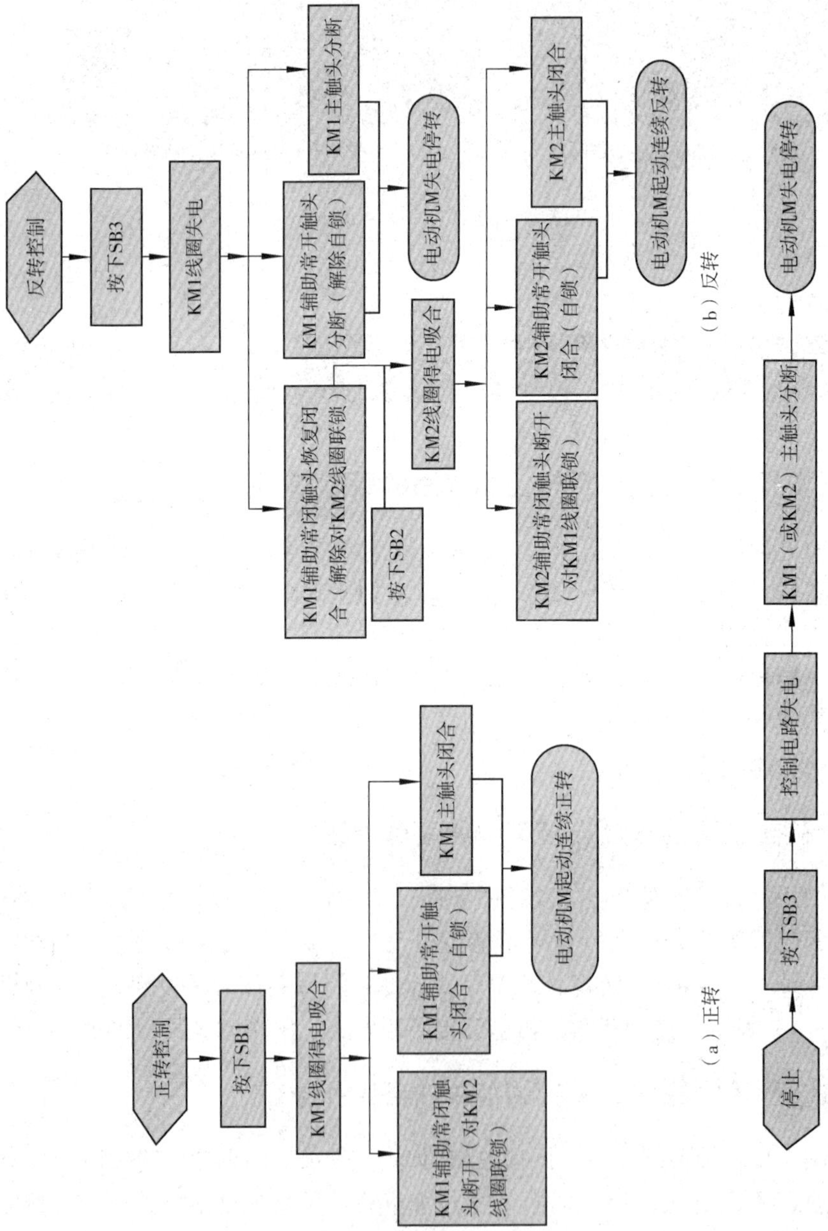

图 2.39　接触器联锁的正反转控制线路工作原理

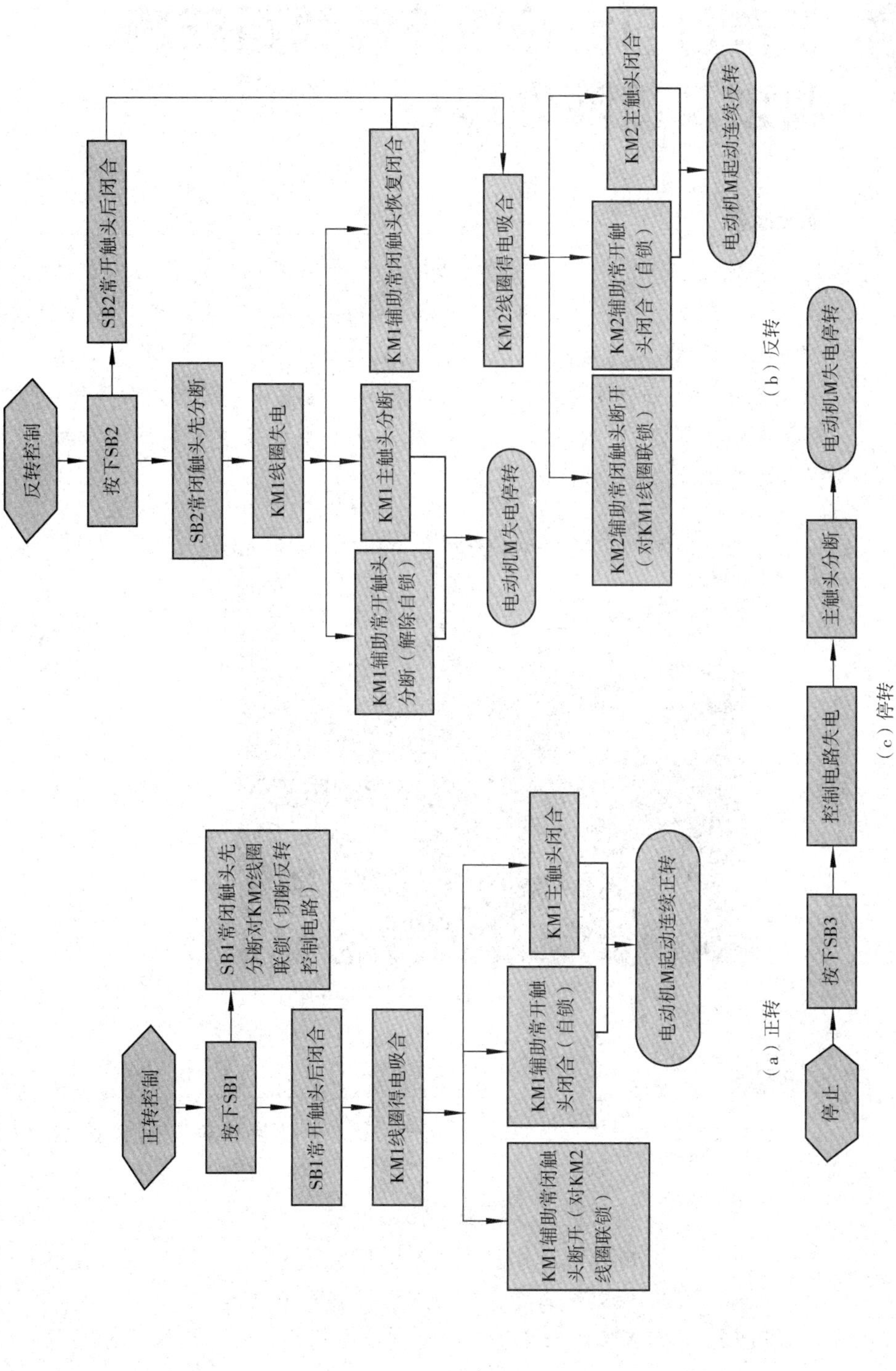

图 2.40　按钮和接触器双重联锁的控制线路工作原理

任务3 工作台自动往返控制线路安装、调试及故障处理

场景描述

在实际生产中，有些生产机械的工作台要求在一定行程内自动往返运动，以便实现对工件的连续加工，提高生产效率，图 2.41 所示的 XN-11（L）行车式吸刮泥机便是自动往返控制的一个例子。本任务先由教师在控制板上示教，然后学生根据教师的要求边听边练，最后学生独立进行巩固训练操作，来完成工作台自动往返控制线路安装、调试及故障处理的学习。

图 2.41 XN-11（L）行车式吸刮泥机

任务目标

技能点：1. 会选择、安装及标识工作台自动往返控制线路的元件。

2. 能安装工作台自动往返控制线路。

3. 能调试工作台自动往返控制线路。

4. 能处理工作台自动往返控制线路故障。

知识点：掌握工作台自动往返控制线路的构成及工作原理。

工作任务

本任务流程如图 2.42 所示。

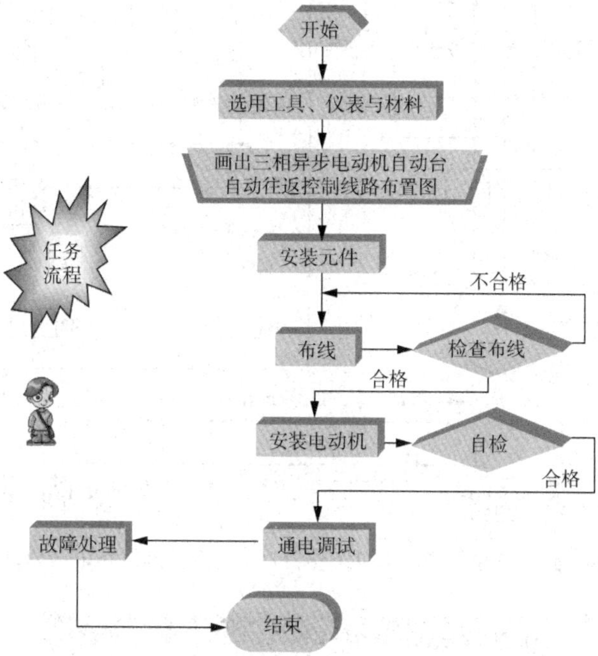

图 2.42　工作任务流程图

实践操作

活动 1　选用工具、仪表与材料

1. 工具与仪表选用

工具与仪表的选用见表 2.4。

表 2.4　工具与仪表

工　具	
仪　表	

注：由学生自行填写表格。

2. 元件与材料选用

根据三相异步电动机工作台自动往返控制线路电气原理图（图 2.43）和完整安装图（图 2.44）选用元件与材料，填入表 2.5 中。

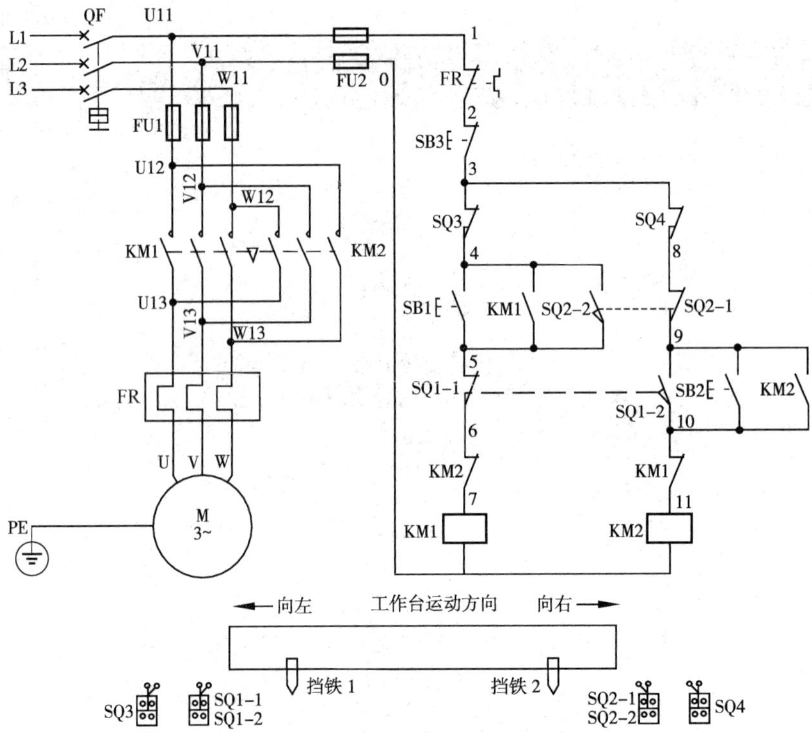

图 2.43　三相异步电动机工作台自动往返控制线路电气原理图

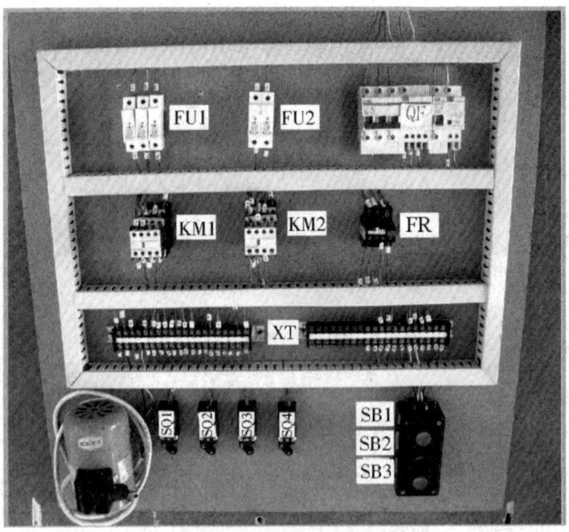

图 2.44　三相异步电动机工作台自动往返控制完整安装图

表 2.5　工作台自动往返控制元件与材料明细表

名　称	代　号	型　号	规　格	数　量
三相笼型异步电动机	M			
漏电保护断路器（主电路）	QF			

续表

名 称	代 号	型 号	规 格	数 量
熔断器	FU1			
熔断器	FU2			
交流接触器	KM1，KM2			
热继电器	FR			
按钮	SB1～SB3			
行程开关	SQ1～SQ4			
端子板	XT			
控制板				
走线槽				
导线				
紧固体和编码套管				

注：由学生自行填写型号、规格。

活动 2 画出三相异步电动机工作台自动往返控制线路布置图

根据图 2.44 在控制板上画出控制线路元件摆放图。绘制过程中应注意位置整齐匀称、间距合理，便于元件更换。

活动 3 安装元件

检验所选元件的质量，按图 2.44 在控制板上安装元件，并贴上醒目的文字符号。行程开关必须牢固安装在合适的位置上。训练时，可将行程开关安装在控制板上方（或下方）两侧，以便进行手动控制模拟试验。

活动 4 布线

1）安装线槽时，应做到横平竖直、排列整齐匀称、安装牢固、便于走线。

2）如图 2.45 所示，进行线槽配线，并在导线端部套编码套管和冷压接线头，板前线槽配线的工艺要求如下。

① 所有导线的截面积等于或大于 0.5mm^2 时，必须采用软线。考虑机械强度的原因，所用导线的最小截面积在控制箱外为 1mm^2，在控制箱内为 0.75mm^2，但对控制箱内通过很小电流的电路连线（如电子逻辑电路），可用 0.2mm^2，并且可以采用硬线，但只能用于不移动又无震动的场合。

② 布线时，严禁损伤线芯和导线绝缘。

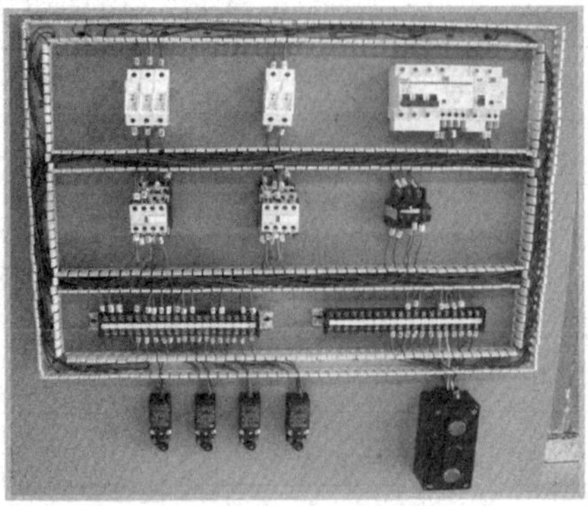

（a）不盖线槽

（b）盖上线槽

图 2.45 布线并套编码套

③ 各元件接线端子引出导线的走向以元件的水平中心线为界线。在水平中心线以上接线端子引出的导线，必须进入元件上面的走线槽；在水平中心线以下接线端子引出的导线，必须进入元件下面的走线槽。任何导线都不允许从水平方向进入走线槽内。

④ 各元件接线端子上引出或引入的导线，除间距很小或元件机械强度很差时允许直接架空敷设外，其他导线必须经过走线槽进行连接。

⑤ 进入走线槽内的导线要完全置于走线槽内，并应尽可能避免交叉，装线不要超过其容量的 70%，以便于能盖上线槽盖和以后的装配及维修。

⑥ 各元件与走线槽之间的外露导线，应合理走线，并尽可能做到横平竖直，垂直变换走向。同一个元件上位置一致的端子和同型号元件中位置一致的端子上，引出或引入的导线要敷设在同一平面上，并应做到高低一致或前后一致，不得交叉。

⑦ 所有接线端子、导线线头上，都应套有与电路图上相应接点线号一致的编码套管，并按线号进行连接，连接必须牢固，不得松动。

⑧ 在任何情况下，接线端子都必须与导线截面积和材料性质相适应。当接线端子不适合连接软线或不适合连接较小截面积的软线时，可以在导线端头穿上针形或叉形轧头并压紧。

⑨ 一般一个接线端子只能连接一根导线，如果采用专门设计的端子，可以连接两根或多根导线，但导线的连接方式必须是公认的、在工艺上成熟的，如夹紧、压接、焊接、绕接等，并应严格按照连接工艺的工序要求进行。

活动 5 检查布线

根据图 2.45（a）检查控制板布线的正确性。

活动 6 安装电动机

先连接电动机和按钮金属外壳的保护接地线，然后连接电源、电动机等控制板外部的导线。三相异步电动机工作台自动往返控制线路完整安装图如图 2.46 所示。

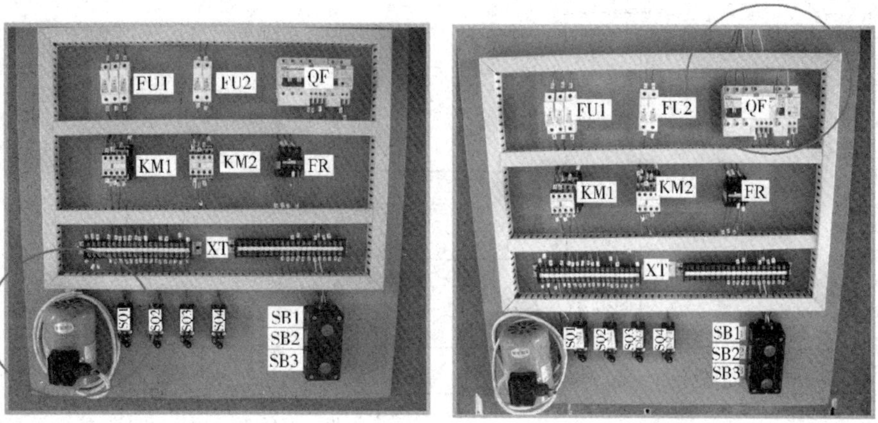

（a）安装电动机　　（b）连接电源

图 2.46　三相异步电动机工作台自动往返控制线路完整安装图

活动 7　自检

1）在断电情况下，连接好三相电源后，用万用表欧姆挡 $R\times100$ 挡位，检查线路是否有短路。按下 SB1 或 SB2 时万用表读数应为接触器线圈的直流电阻值，详细操作参见双重联锁控制线路自检步骤。

2）断开控制电路，用螺钉旋具按下交流接触器的观察孔，用万用表欧姆挡检查主电路有无开路或短路现象，详细操作参见双重联锁主电路自检步骤（图 2.35 和图 2.36）。

3）用兆欧表测线路的绝缘电阻值应不小于 0.5MΩ，如图 2.47 所示。

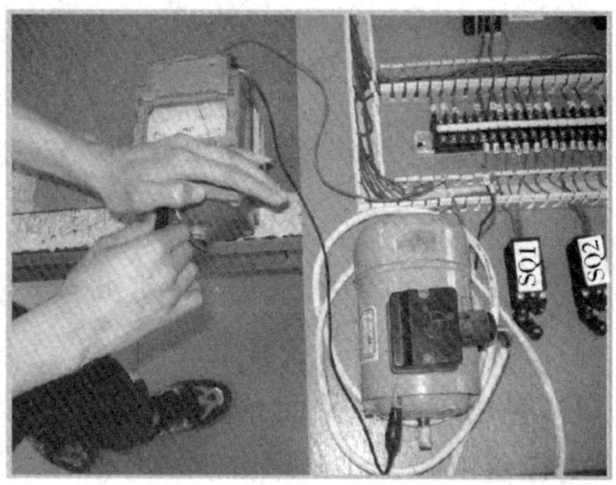

图 2.47　用兆欧表测线路的绝缘电阻值

活动 8　通电调试

1）通电校验控制电路（图 2.48）。先手动按下行程开关 SQ2，观察交流接触器 KM1 是否吸合，若吸合则按下 SQ3，观察交流接触器是否断开，通过试验观察各行程控制和终端保护动作是否正常可靠。通电校验时，必须有实训教师在现场监护。

2）用手拨一下电动机转子，观察转子是否有堵转现象。

3）按下 SB1（或 SB2），再按下 SQ1（或 SQ2）观察电动机是否能实现先正转再反转控制，按下停止按钮 SB3 或 SQ3 或 SQ4 电动机能停止。若能实现以上功能则可判断为正常。

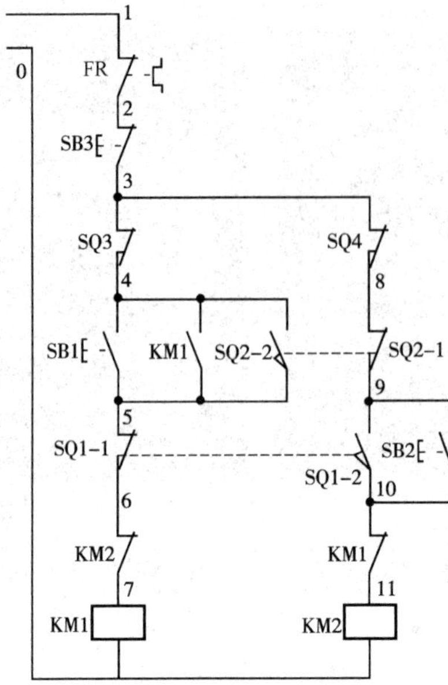

图 2.48　工作台自动往返控制部分电气原理图

活动 9　故障处理

1. 在控制电路和主电路中分别人为设置一个电气故障时的检修注意事项

1）检修前，要先掌握电气原理图中各控制环节的作用和原理。

2）在检修过程中，严禁扩大和产生新的故障，否则要立即停止检修。

3）检修思路和方法要正确。

4）寻找故障现象时，不要漏检行程开关，并且严禁在终端保护行程开关 SQ3、SQ4 上设置故障。

2. 控制电路训练

（1）用试验法观察故障现象

合上电源开关 QF 后先按下 SB1（或 SB2），再按下 SQ2（或 SQ1），观察 KM1 及 KM2 不吸合。

（2）用逻辑分析法缩小故障范围

根据故障现象（KM1 及 KM2 不吸合）确定故障点可能在控制电路的公共支路上。

（3）用测量法确定故障点

利用电工工具和仪表对线路进行带电或断电测量，常用的方法有电压法和电阻法。

1）电压法：测量检查时，首先把万用表的转换开关置于交流电压 500V 的挡位上，接通电源，先用万用表测量 0 和 1 两点之间的电压，若电压为 380V，则说明控制电路的电源电压正常。电源电压正常后把黑表笔接到 0 点上，红表笔依次接到 2、3 各点上，分别测量 0—2、0—3 间的电压，根据测量结果即可找出故障点，见表 2.6。表中符号“×”表示不需要再测量。

表 2.6　采用电压法查找故障点

故障现象	0—2 间电压	0—3 间电压	故障点
按下 SB1（或 SB2），再按下 SQ2（或 SQ1），KM1 及 KM2 都不吸合	0	×	FR 常闭触头接触不良
	380V	0	SB3 常闭触头接触不良

2）电阻法：测量检查时，首先把万用表的转换开关置于倍率适当的电阻挡位上（一般选 $R\times100$ 以上的挡位），然后进行测量。

检测时，首先切断电路的电源（这点与电压法不同），用万用表依次测量 1—2、1—3 间的电阻值，如图 2.49 所示。根据测量结果即可找出故障点，见表 2.7。

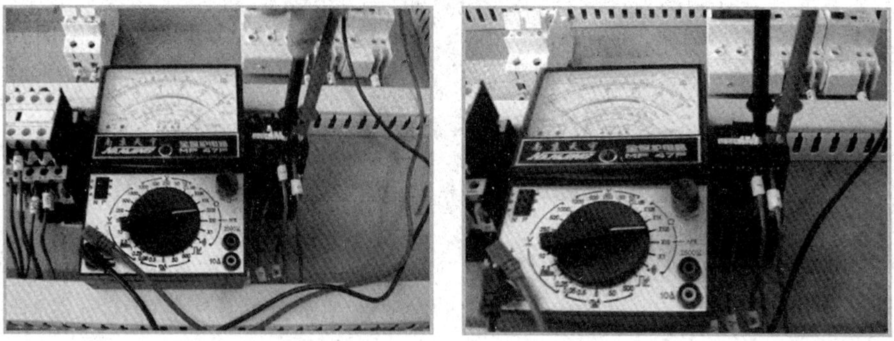

（a）测量1—2间电阻值为0，FR常闭触头正常　（b）1—2间电阻值为∞时，FR常闭触头接触不良

图 2.49　电阻法

表 2.7　采用电阻法查找故障点

故障现象	1—2 间电阻值	1—3 间电阻值	故障点
按下 SB1（或 SB2），再按下 SQ2（或 SQ1）KM1 及 KM2 不吸合	∞	×	FR 常闭触头接触不良
	0	∞	SB3 常闭触头接触不良

（4）根据故障点的情况，采取正确的检修方法，排除故障

1）热继电器 FR 常闭触头接触不良。按下复位按钮不能复位，则说明热继电器已损坏，可更换同型号的热继电器，并调整电流值；按下复位按钮能复位，说明热继电器可用，但要查明热继电器动作原因并排除隐患。

2）SB3 常闭触头接触不良。修复或更换按钮 SB3。

3. 主电路训练（图 2.50）

1）用试验法观察故障现象。先合上 QF，按下 SB1 时，M 正转。当按下 SQ1 时，M 反转但转速极低甚至不转，并发出“嗡嗡”声，此时应立即切断电源。

2）用逻辑分析法缩小故障范围。根据故障现象分析，故障范围可能在电源电路和主电路上。

3）用测量法确定故障点。根据故障现象断开 QF，用测电笔检验主电路无电后，拆除电动机 M 的负载线并恢复绝缘。合上 QF，按下 SQ1，用测电笔沿着主回路从上至下依次测试各连接点，查得交流接触器 KM2 的 W13 段的导线开路。

4）根据故障点的情况，采取正确的检修方法排除故障。重新接好 W13 处的连接点或更换同规格的连接接触器 KM2 输出端 W13 与热继电器受电端 W13 的导线。

5）检修完毕通电试车。切断电源重新连好电动机 M 的负载线，在获得教师同意并在其监护下，合上 QF，按下 SB1（或 SB2），再按下 SQ1（或 SQ2），观察电动机是否能实现先正转再反转控制，按下停止按钮 SB3 或 SQ3 或 SQ4 电动机能停止。

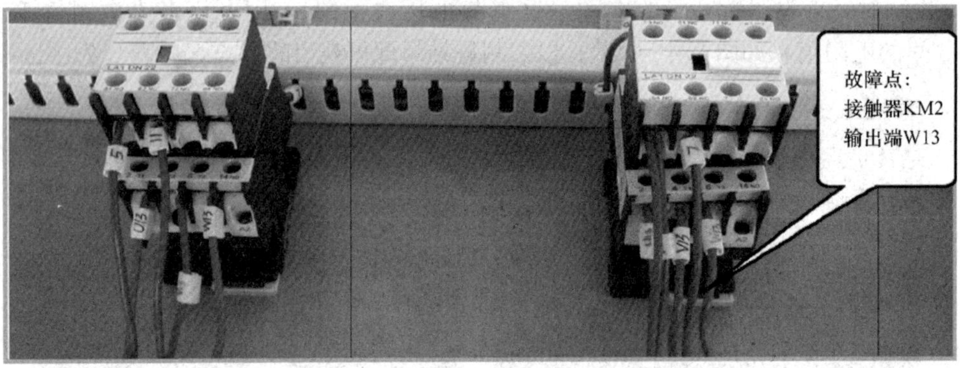

图 2.50　主回路故障示意图

相关理论知识

知识 1　三相异步电动机工作台自动往返控制线路的基础知识

在生产实际中，为了便于实现对工件的连续加工，提高生产效率，就需要电气控制线路控制电动机实现自动换接正反转。由行程开关控制的三相异步电动机工作台自动往返控制线路电气原理图如图 2.43 所示。

线路特征：为了使电动机的正反转控制与工作台的左右运动相配合，在控制线路中设置了 SQ1、SQ2、SQ3 和 SQ4 共 4 个行程开关，并把它们安装在工作台需限位的地方。其中 SQ1、SQ2 用来自动换接电动机正反转控制线路，实现工作台的自动往返；SQ3 和 SQ4 用作终端保护，以防止 SQ1、SQ2 失灵工作台越过限定位置而造成事故。在工作台边的 T 形槽中装有 2 块挡铁，挡铁 1 只能和 SQ1、SQ3 相碰撞，挡铁 2 只能和 SQ2、SQ4 相碰撞。当工作台运动到所限位置时，挡铁碰撞行程开关，使其触头动作，自动换接电动机正反转控制线路，通过机械传动机构使工作台自动往返运动。工作台行程可通过移动挡铁位置来调节。

知识 2　线路的工作原理

自动往返控制线路工作原理流程图如图 2.51 所示，先合上电源开关 QF。

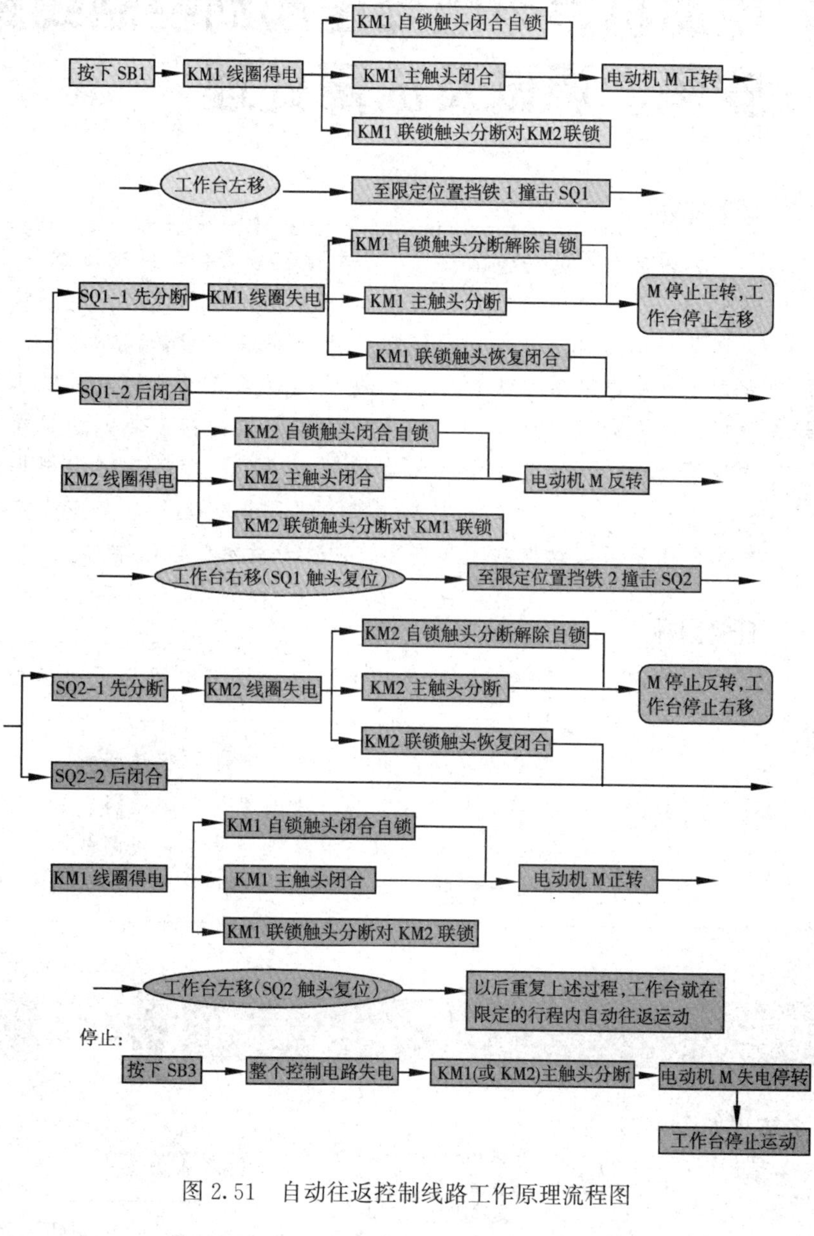

图 2.51　自动往返控制线路工作原理流程图

注意：这里 SB1、SB2 分别作为正转起动按钮和反转起动按钮，若起动时工作台在左端，则应按下 SB2 进行起动。

任务4 电动机串电阻降压起动控制线路安装、调试及故障处理

场景描述

如果电动机的功率比较大，起动比较频繁，起动电流就比较大，这时不能采用全压来起动，可以采用降压来起动电路。定子绕组串电阻降压起动时，在电动机定子绕组上串联电阻器，起动电流在电阻器上产生电压降，使实际加到电动机定子绕组中的电压低于额定电压，待电动机起动后，再将串联的电阻器短接，使电动机在额定电压下运行。本任务先由教师在控制板上示教，然后学生根据教师的要求边听边练，最后学生独立进行巩固训练操作，来完成定子绕组串电阻降压起动控制线路安装、调试及故障处理的学习。

任务目标

技能点：1. 会选择、安装及标识电动机串电阻降压起动控制线路的元件。

2. 能安装电动机串电阻降压起动控制线路。

3. 能调试电动机串电阻降压起动控制线路。

4. 能处理电动机串电阻降压起动控制线路故障。

知识点：掌握电动机串电阻降压起动控制线路构成及工作原理。

工作任务

本任务流程如图 2.52 所示。

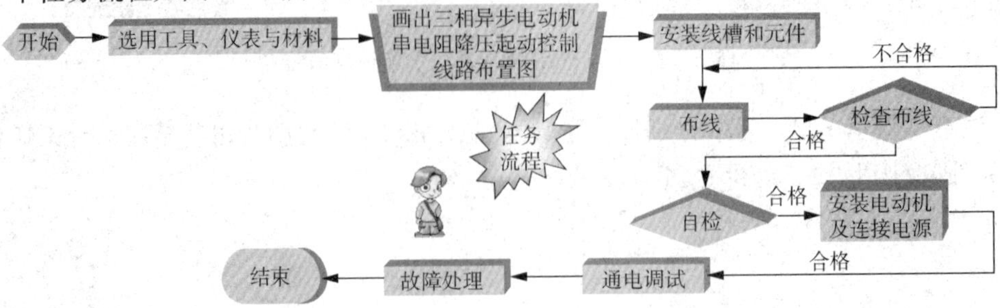

图 2.52　工作任务流程图

实践操作

活动 1　选用工具、仪表与材料

1. 工具与仪表选用

工具与仪表的选用见表 2.8。

表 2.8　工具与仪表

工　具	
仪　表	

注：由学生自行填写表格。

2. 元件与材料选用

根据三相异步电动机定子绕组串电阻降压起动控制线路电气原理图（图 2.53）和安装图（图 2.54）选用元件与材料，并填入表 2.9 中。

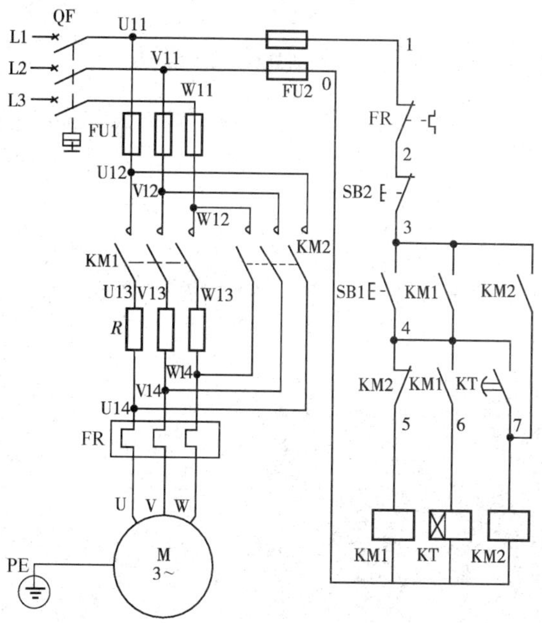

图 2.53　串电阻降压起动控制线路电气原理图

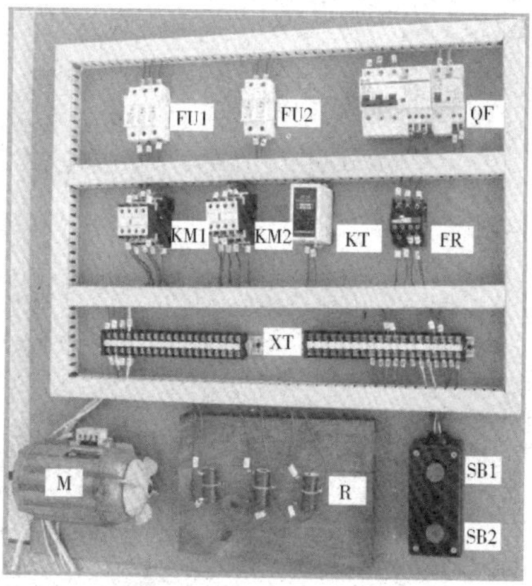

图 2.54　串电阻降压起动控制线路安装图

表 2.9　串电阻降压起动控制线路所需元件与材料明细表

名　称	代　号	型　号	规　格	数　量
三相笼型异步电动机	M			
漏电保护断路器（主电路）	QF			

续表

名　称	代　号	型　号	规　格	数　量
熔断器	FU1			
熔断器	FU2			
交流接触器	KM1，KM2			
时间继电器	KT			
热继电器	FR			
电阻器	R			
按钮	SB1，SB2			
端子板	XT			
控制板				
走线槽				
导线				
紧固体和编码套管				

注：由学生自行填写表格。

活动2　画出三相异步电动机串电阻降压起动控制线路布置图

根据图2.54在控制板上画出控制线路元件摆放图，注意位置整齐匀称、间距合理，便于元件更换。

活动3　安装线槽和元件

可参照图2.55进行安装，电阻器置于箱外时，必须采取遮护或隔离措施，防止发生触电事故。

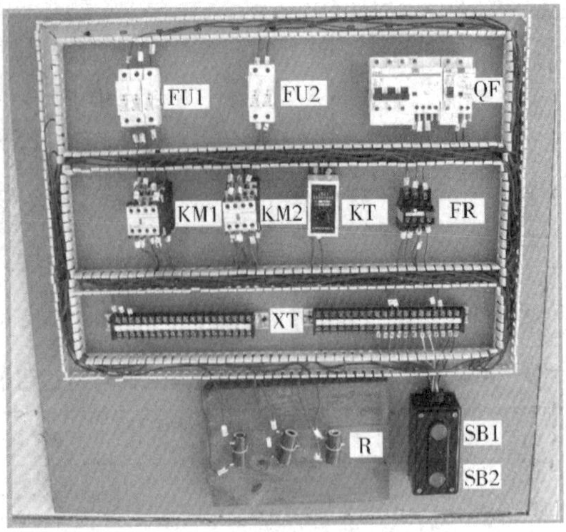

图2.55　串电阻降压起动控制线路布线

活动 4　布线

布线时，要注意短接电阻器的接触器 KM2 在主电路的接线不能接错，因为相序接反会造成电动机反转。

活动 5　检查布线

根据图 2.55 检查控制板布线的正确性。

活动 6　自检

控制电路和自检步骤分别如图 2.56 和图 2.57 所示。

1）外观检查有无漏接、错接，导线的牢固性接点接触是否良好。

2）校表。

3）用万用表欧姆挡检查。将表笔分别搭在 0、1 线端上，读数应为∞；按下 SB1 时，读数应为接触器 KM1 线圈电阻值；按下 KM1 交流接触器的观察孔时，读数应为接触器 KM1 与 KT 线圈并联电阻值；再轻按 KM2 交流接触器的观察孔，读数应为 KT 线圈电阻值；再深按 KM2 交流接触器的观察孔，读数应为 KM2 与 KT 线圈并联电阻值，即通过看表的读数变化判断控制电路正确与否。

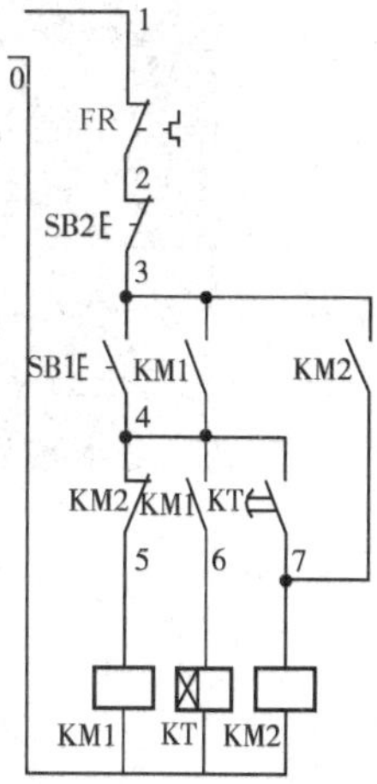

图 2.56　串电阻降压起动控制线路控制电路

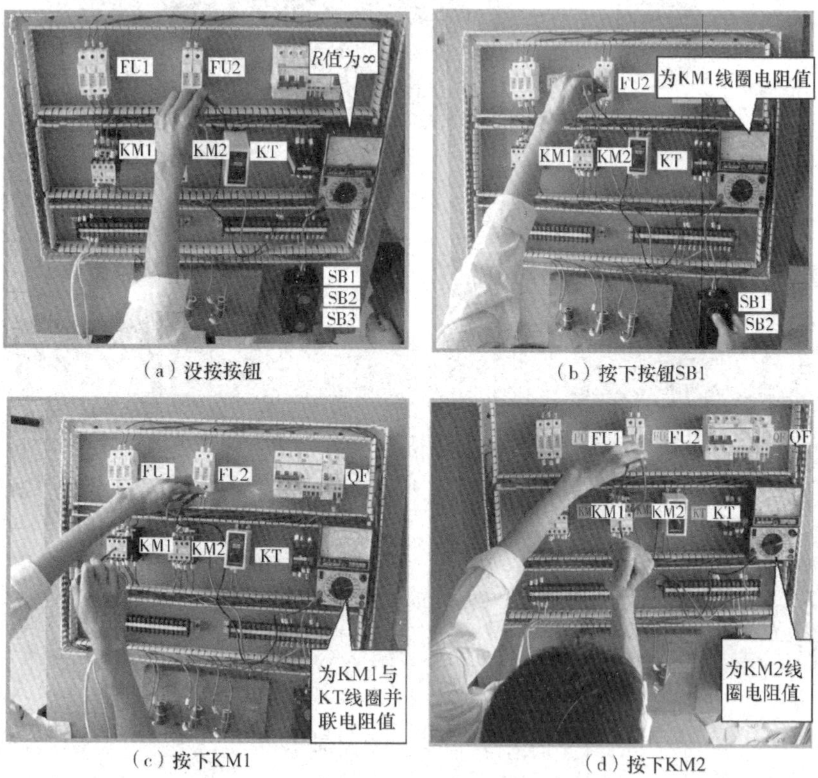

（a）没按按钮　（b）按下按钮SB1

（c）按下KM1　（d）按下KM2

图 2.57　自检步骤

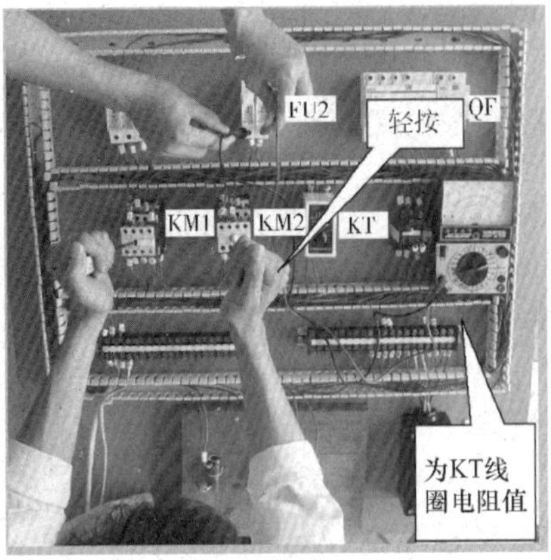

（e）按下KM1，同时轻按KM2

（f）按下KM1，同时深按KM2

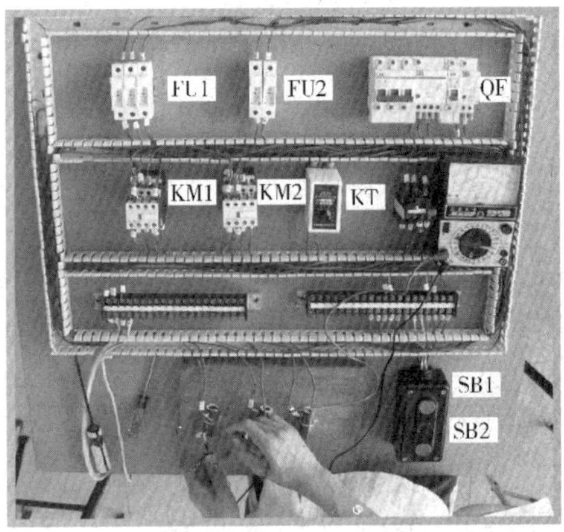

（g）测量R的好坏（3个R都要测）

图 2.57（续）

想一想：为何图 2.58（a）中的电阻值比图 2.58（b）中的电阻值大？

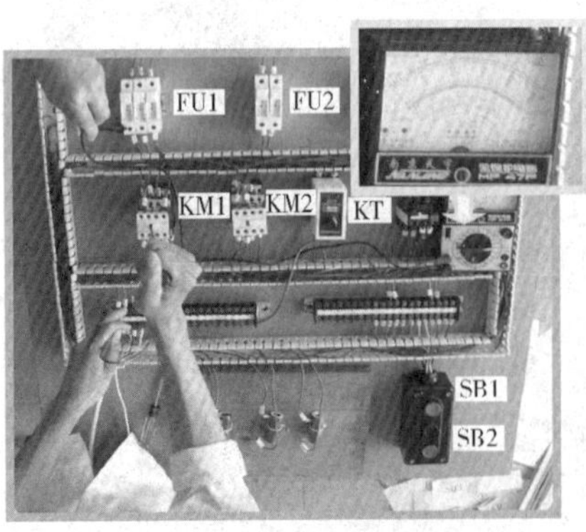

（a）电阻值较（b）大

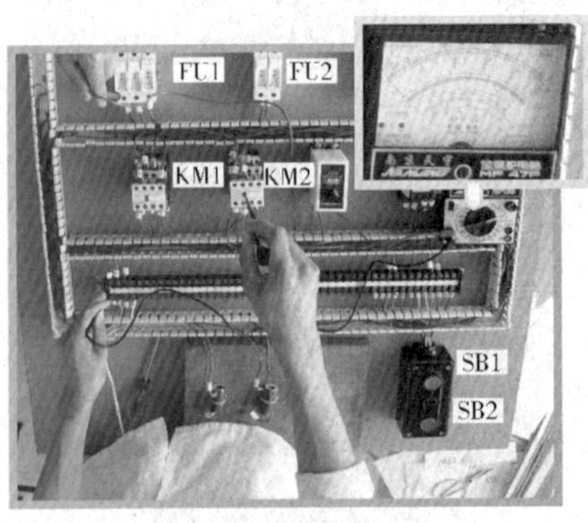

（b）电阻值较（a）小

图 2.58　自检主电路部分

活动 7　安装电动机及连接电源

电动机不带电的金属外壳必须可靠接地，并应将接地线接在它们指定的专用接地螺钉上（图 2.59）。

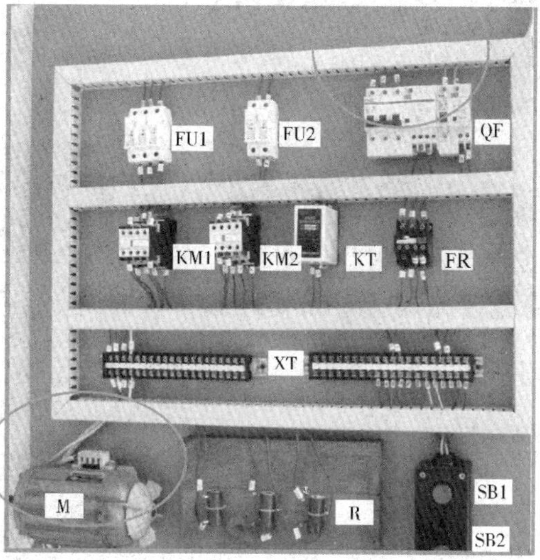

图 2.59　连接电动机和电源

活动 8　通电调试

1. 通电调试控制电路

合上 QF，按下 SB1，观察交流接触器 KM1 与 KT 是否吸合，若吸合则等待 2～3s 后观察交流接触器 KM1 是否断开，KM2 是否吸合。按下停止按钮 SB2，观察 KM2 能否复位，如图 2.60 所示。

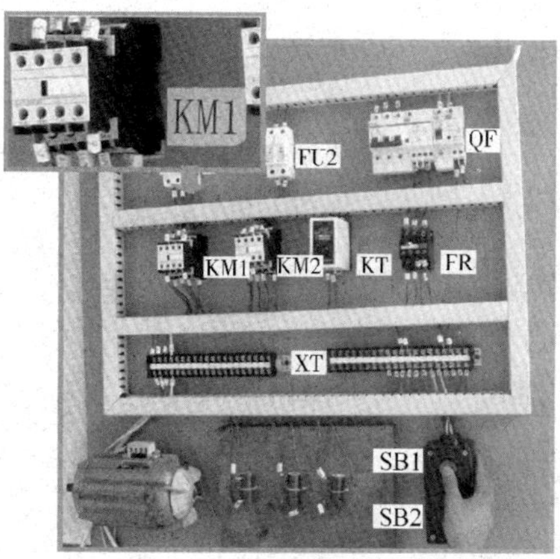

（a）按下SB1，交流接触器KM1与KT吸合

（b）按下SB2，交流接触器KM2复位

图 2.60　通电调试控制电路

2. 通电调试主电路

合上主电路开关 QF，调试电动机串电阻降压起动（图 2.61）。

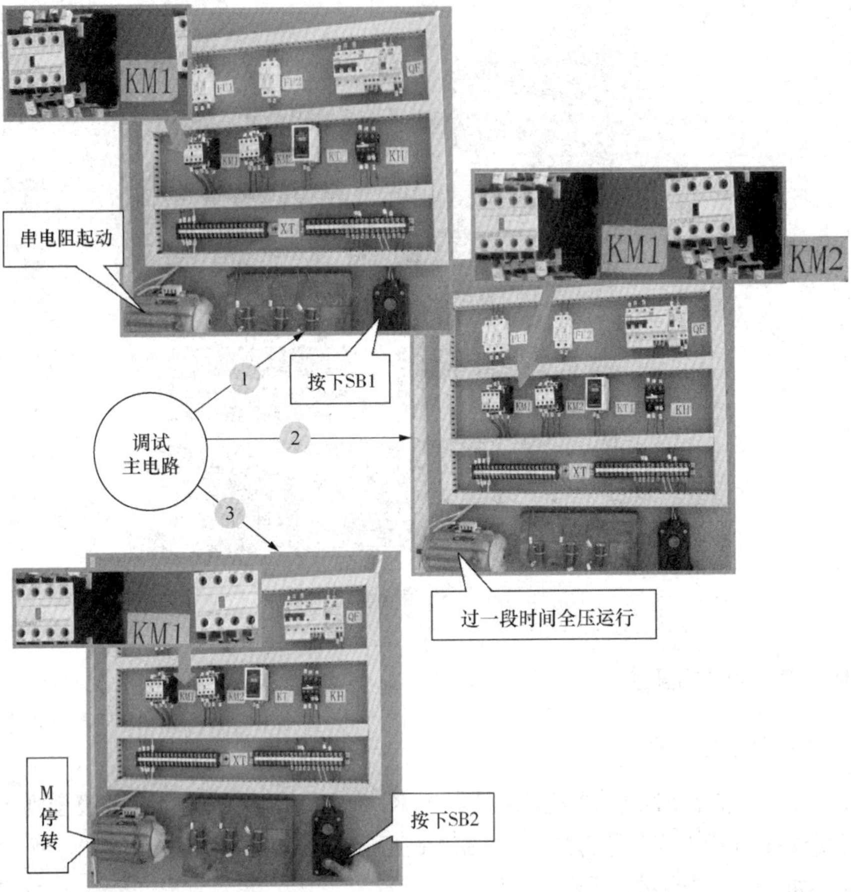

图 2.61　通电调试主电路

活动 9　故障处理

1. 检修注意事项

1）要认真听取和仔细观察实训教师在示范过程中的讲解和检修操作。
2）在排除故障的过程中，分析思路和排除方法要正确。
3）带电检修故障时，必须有教师在现场监护，并要确保用电安全。
4）不能随意更改线路和带电触摸元件。
5）检修必须在规定的时间内完成。

2. 故障检修步骤和方法（表 2.10）

表 2.10　故障检修步骤和方法

检修步骤和方法	控制电路故障	主电路故障
a. 用试验法观察故障现象	合上 QF，按下 SB1 时，KM1、KT、KM2 均不吸合	先合上 QF，按下 SB1 时，M 转速极低甚至不转，并发出“嗡嗡”声，此时，应立即切断电源
b. 用逻辑分析法判定故障范围	由故障现象得知故障应在控制电路的公共支路上	根据故障现象分析线路，判定故障范围可能在电源电路和主电路上
c. 用测量法确定故障点	用电阻法确定故障点为 FU2 熔体断路	根据故障现象断开 QF
d. 根据故障点的情况，采取正确的检修方法排除故障	更换 FU2 熔体	该故障模拟由 R 损坏引起
e. 检修完毕通电试车	切断电源，重新连好故障点，在教师同意并监护下，合上 QF，按下 SB1，观察和检测线路和电动机的运行情况，检验合格后电动机正常运行	

人为设置两处故障（图中圆圈所示）的线路图如图 2.62 所示。

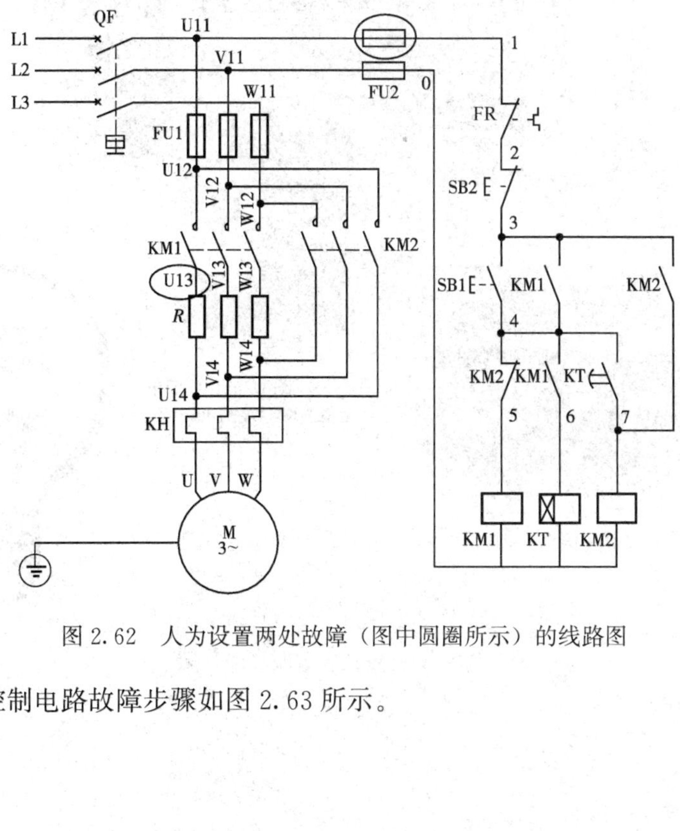

图 2.62　人为设置两处故障（图中圆圈所示）的线路图

1）检查控制电路故障步骤如图 2.63 所示。

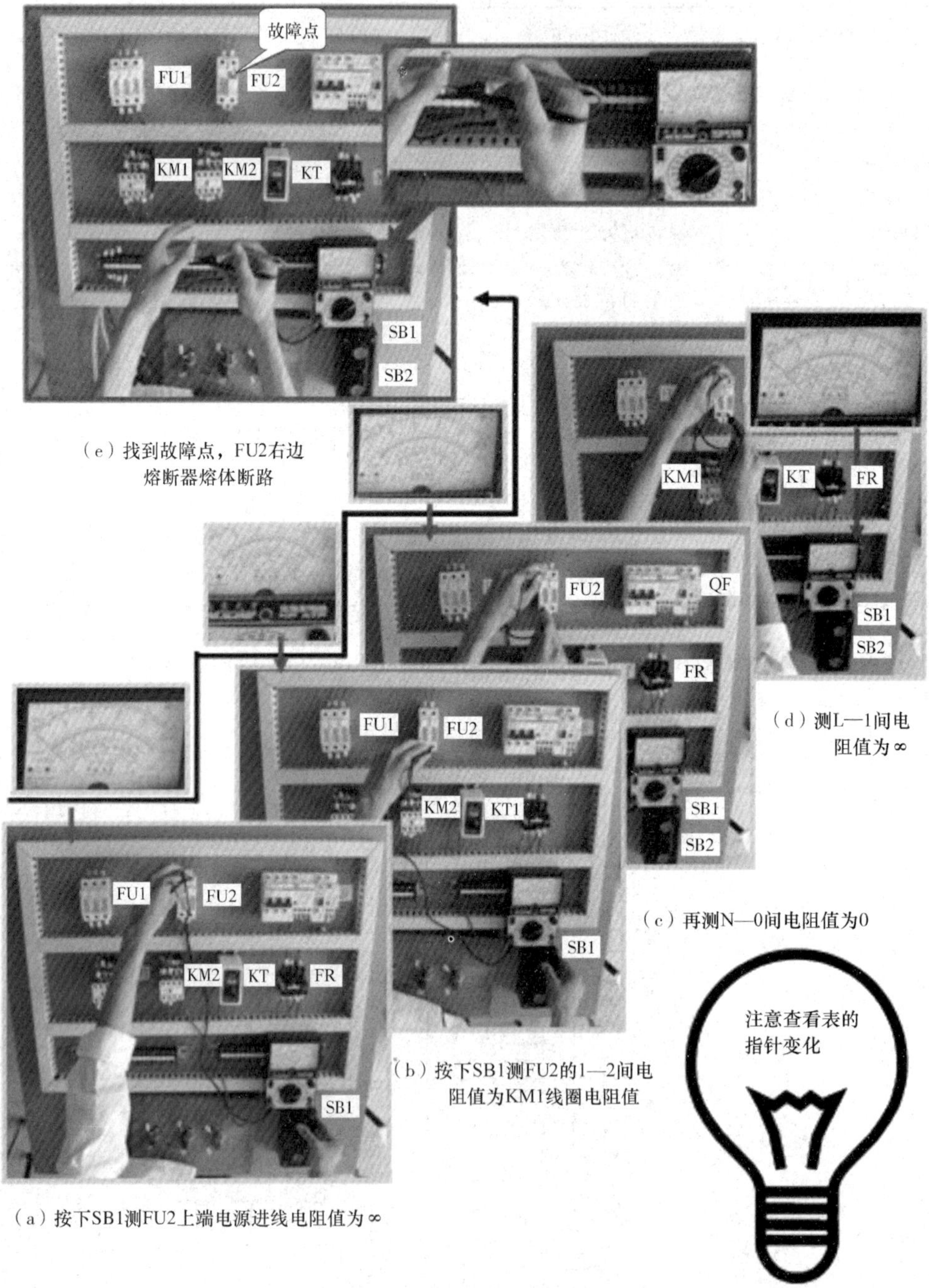

（e）找到故障点，FU2右边熔断器熔体断路

（d）测L—1间电阻值为∞

（c）再测N—0间电阻值为0

（b）按下SB1测FU2的1—2间电阻值为KM1线圈电阻值

（a）按下SB1测FU2上端电源进线电阻值为∞

图 2.63　检查控制电路故障步骤

2）检查主电路故障（图2.64）。

步骤①中万用表的读数为∞；步骤②、③中万用表的读数为 R 的阻值；步骤④、⑤、⑥中万用表的读数为0；步骤⑦中为找到故障点。

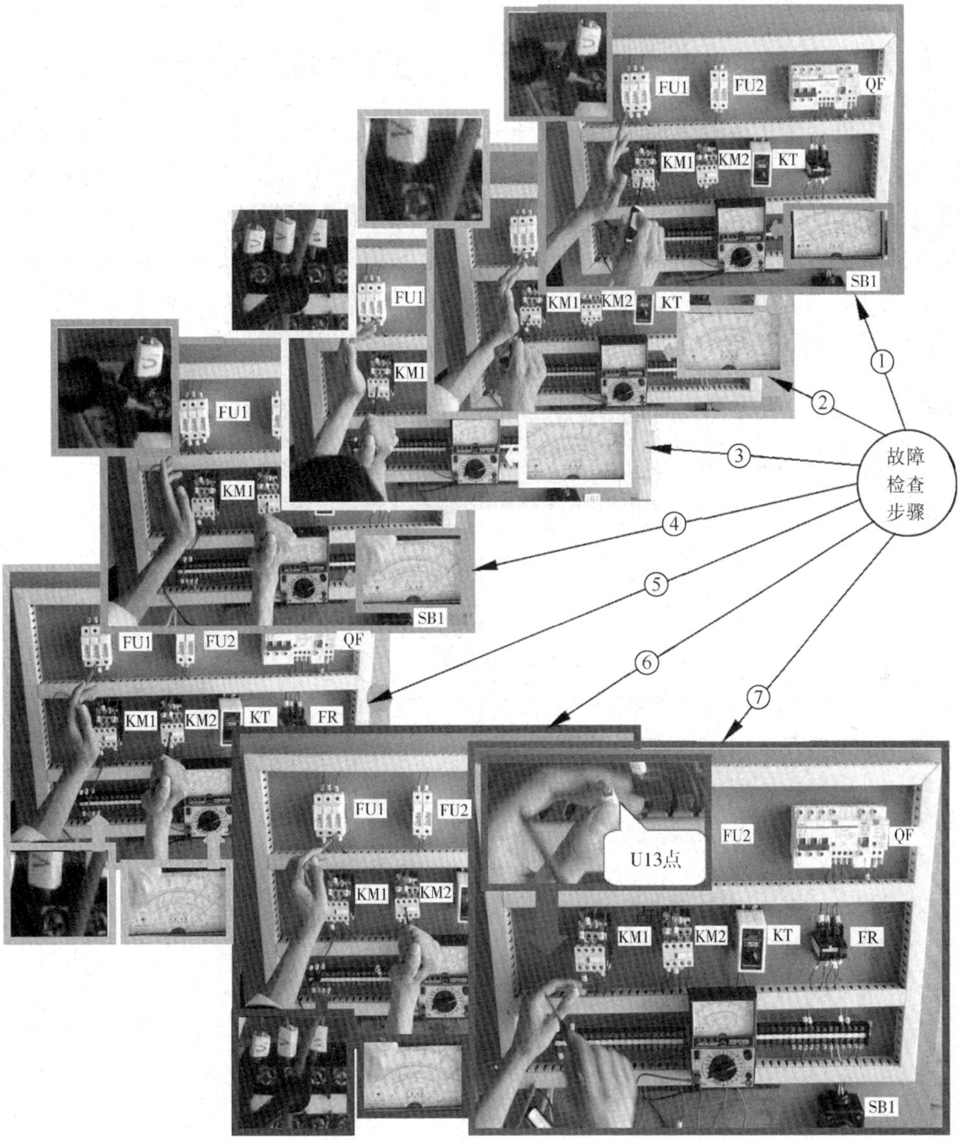

图2.64　检查主电路故障

注：图中左上角小方框为万用表黑表笔在接线端子上所接触的点。

相关理论知识

知识 1　三相异步电动机串电阻降压起动控制线路的基础知识

在电动机功率比较小或电动机起动不频繁时，可以采用电动机直接起动控制线路。但如果电动机的功率比较大或起动比较频繁，此时起动电流就比较大，因此，就不能采用全压来起动，一般采用降压起动方式。定子绕组串电阻降压起动线路是在起动时，在电动机定子绕组上串联电阻器，起动电流在电阻器上产生电压降，使实际加到电动机定子绕组上的电压低于额定电压，待电动机起动后，再将串联的电阻器短接，使电动机在额定电压下运行。

知识 2　三相异步电动机串电阻降压起动控制线路的工作原理

三相异步电动机串电阻降压起动控制线路的工作原理如图 2.65 所示。

降压起动：合上电源开关 QF。

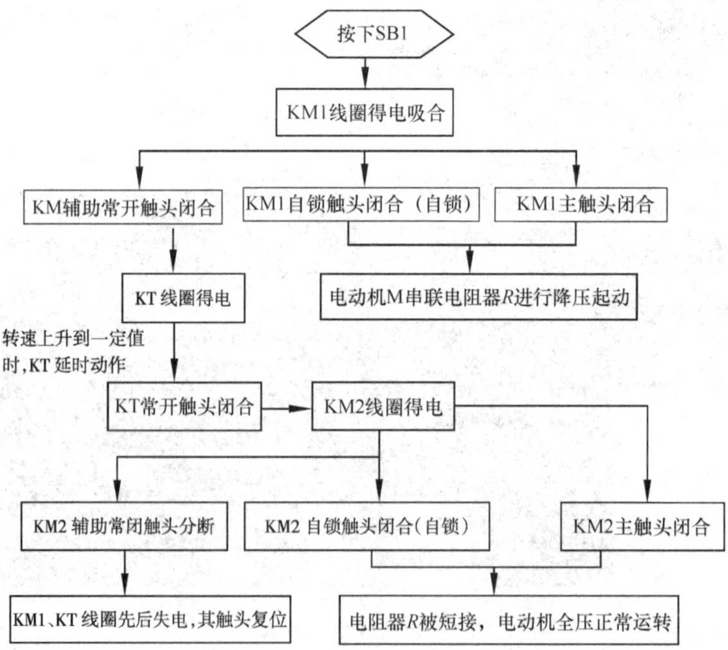

图 2.65　三相异步电动机串电阻降压起动控制线路的工作原理

任务 5

两台电动机顺序起动逆序停止控制线路安装、调试及故障处理

场景描述

在装有多台电动机的生产机械上，有时需要按一定的顺序起动或停止电动机，才能保证操作过程的合理和工作的安全可靠。M7120 型平面磨床要求当砂轮电动机起动后，冷却泵电动机才能起动；X62W 型万能铣床要求主轴电动机起动后，进给电动机才能起动，如图 2.66 所示。本任务先由教师在控制板上示教，然后学生根据教师的要求边听边练，最后学生独立进行巩固训练操作，来完成两台电动机顺序起动逆序停止控制线路安装、调试及故障处理的学习。

图 2.66　X62W 型万能铣床实物图

任务目标

技能点：1. 会选择、安装及标识两台电动机顺序起动逆序停止控制线路的元件。

2. 能安装两台电动机顺序起动逆序停止控制线路。

3. 能调试两台电动机顺序起动逆序停止控制线路。

4. 能处理两台电动机顺序起动逆序停止控制线路故障。

知识点：掌握两台电动机顺序起动逆序停止控制线路的构成、工作原理。

工作任务

本任务流程如图 2.67 所示。

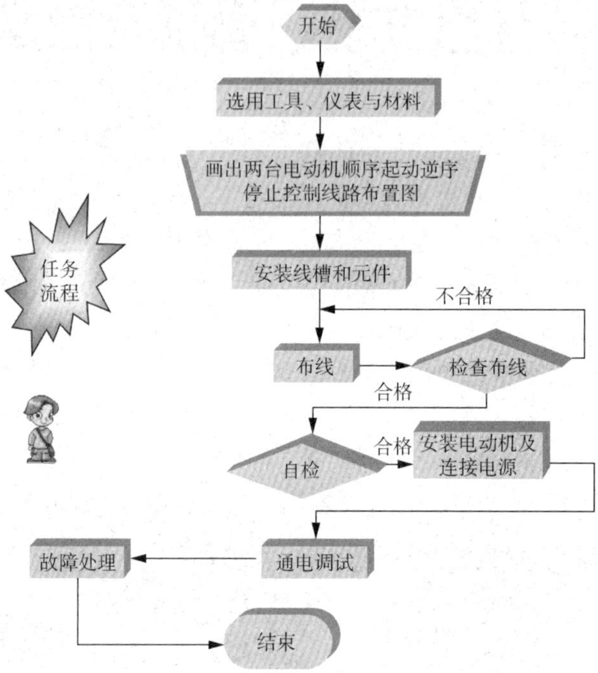

图 2.67　工作任务流程图

实践操作

活动 1　选用工具、仪表与材料

1. 工具与仪表选用

工具与仪表的选用见表 2.11。

表 2.11　工具与仪表

工　具	
仪　表	

注：由学生自行填写表格。

2. 元件与材料选用

根据两台电动机顺序起动逆序停止控制线路电气原理图（图 2.68）和安装图（图 2.69）选用元件与材料，填入表 2.12 中。

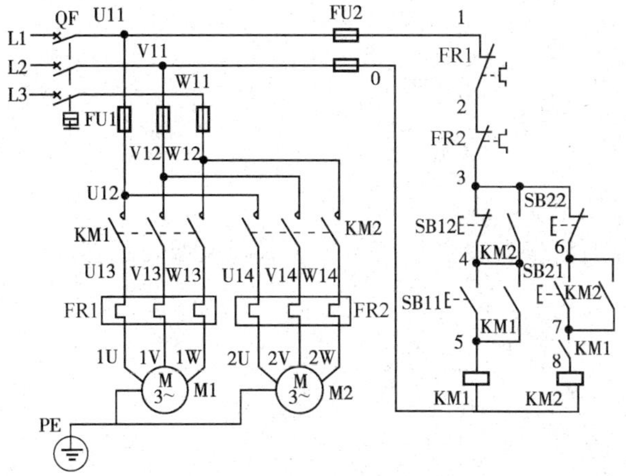

图 2.68　两台电动机顺序起动逆序停止控制线路电气原理图

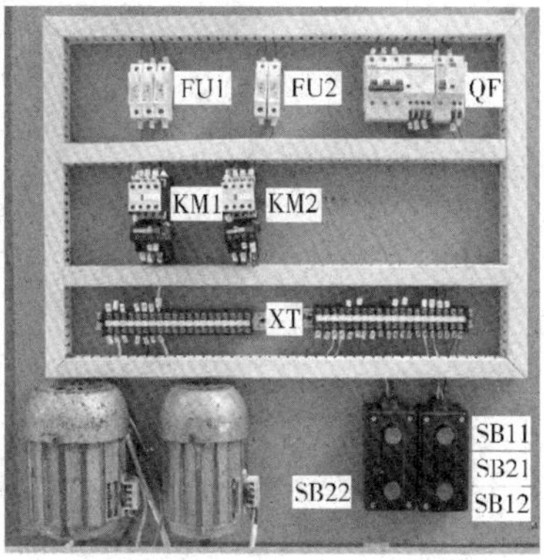

图 2.69　两台电动机顺序起动逆序停止控制安装图

表 2.12　两台电动机顺序起动逆序停止控制线路元件与材料明细表

名　称	代　号	型　号	规　格	数　量
三相笼型异步电动机	M1			
三相笼型异步电动机	M2			
低压断路器	QF			
熔断器	FU1			
熔断器	FU2			
交流接触器	KM1			
交流接触器	KM2			
热继电器	FR1，FR2			
按钮	SB11，SB12，SB21，SB22			
端子板	XT			
控制板				
主电路塑铜线				
控制电路塑铜线				
按钮塑铜线				
接地塑铜线				
紧固体和编码套管				

注：由学生自行填写表格。

活动 2　画出两台电动机顺序起动逆序停止控制线路布置图

根据图 2.69 在控制板上画出控制线路元件摆放图，注意位置整齐匀称、间距合理，便于元件更换。

活动 3　安装线槽和元件

安装线槽和元件，并贴上醒目的文字符号。

活动 4　布线

在控制板上按图 2.70 所示进行板前线槽布线，并在导线端部套上编码套管。

活动 5　检查布线

根据图 2.70 检查控制板布线的正确性。

活动 6　自检

两台电动机顺序起动逆序停止控制线路控制电路如图 2.71 所示。自检步骤如下。

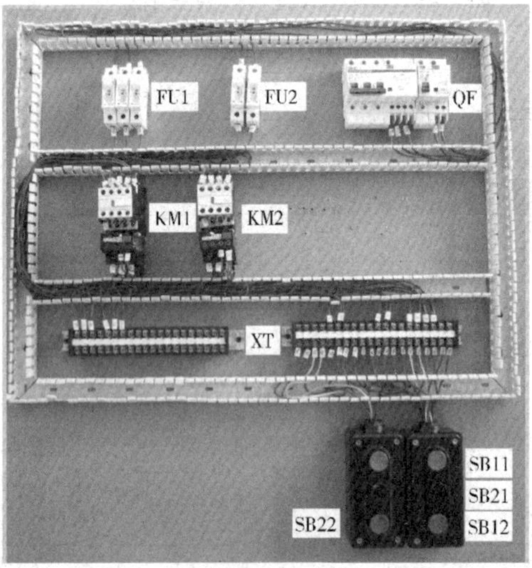

图 2.70　两台电动机顺序起动逆序停止控制线路布线

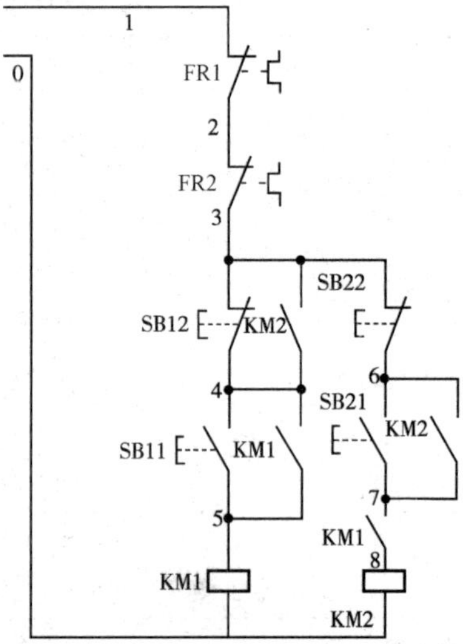

图 2.71　两台电动机顺序起动逆序停止控制线路控制电路

1）外观检查有无漏接、错接，导线的牢固性接点接触是否良好。

2）校表。

3）用万用表欧姆挡检查。

① 不按按钮，将万用表切换到欧姆挡，将表笔分别搭在 0、1 线端上，读数应为∞，如图 2.72（a）所示。按下按钮 SB11 或压合交流接触器 KM1 时读数应为接触器 KM1 线圈电阻值，如图 2.72（b）所示；按下按钮 SB21 并且压合交流接触器 KM1 时读数应为接触器 KM1 与 KM2 线圈并联电阻值，如图 2.72（c）所示；按下 KM1 和 KM2 触头时读数应为接触器 KM2 与 KM1 线圈并联电阻值，如图 2.72（d）所示。通过看表的读数变化判断控制电路正确与否。

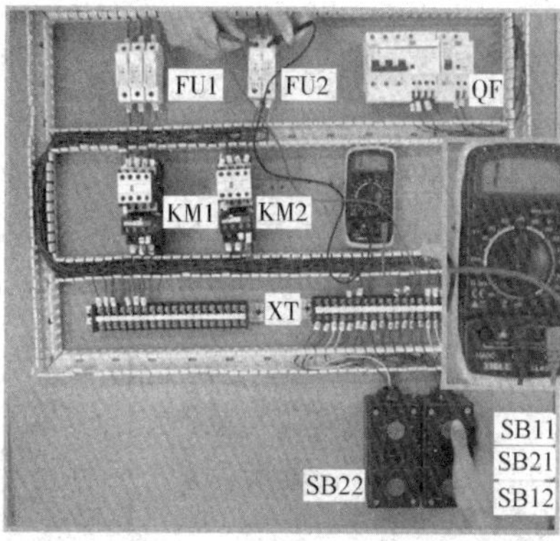

(a) 没按按钮

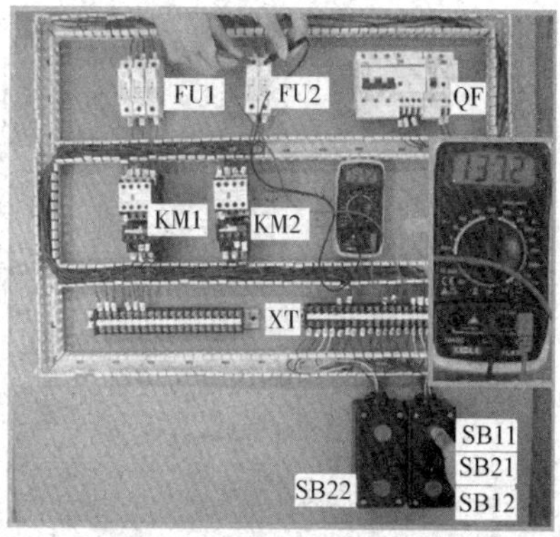

(b) 按下按钮SB11或KM1时读数为KM1线圈电阻值

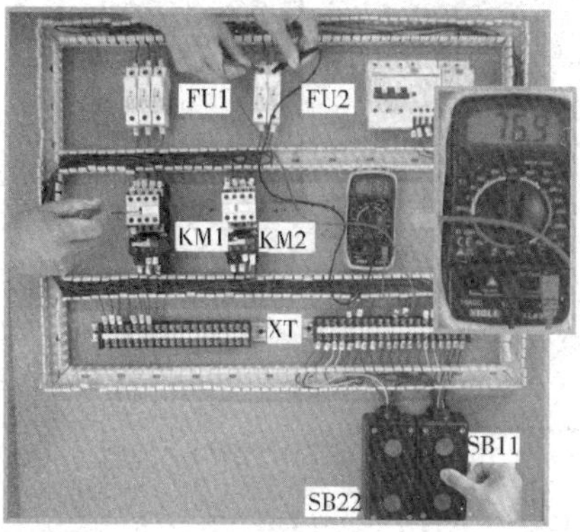

c）按下KM1、SB21时读数为KM1与KM2线圈并联电阻值

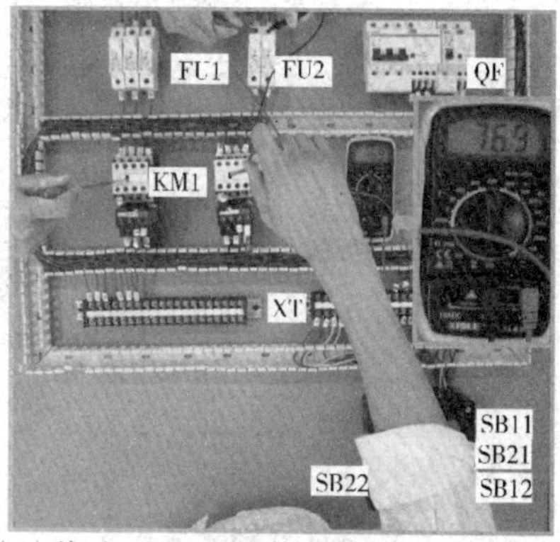

（d）按下KM1、KM2时读数为KM1与KM2线圈并联电阻值

图 2.72　自检步骤

② 测主电路部分（参见本项目任务 2）。

活动 7　安装电动机及连接电源

电动机不带电的金属外壳必须可靠接地，并应将接地线接在指定的专用接地螺钉上。

活动 8　通电调试

1. 通电调试控制电路

通电调试控制电路步骤如图 2.73 所示。

① 合上控制电路 QF 后，按下 SB11，观察交流接触器 KM1 是否吸合。

② 若 KM1 吸合，按下 SB21，观察交流接触器 KM2 是否吸合。

③ 若 KM2 吸合，按下 SB22，观察 KM2 能否复位。

④ 按下 SB12，观察 KM1 能否复位。

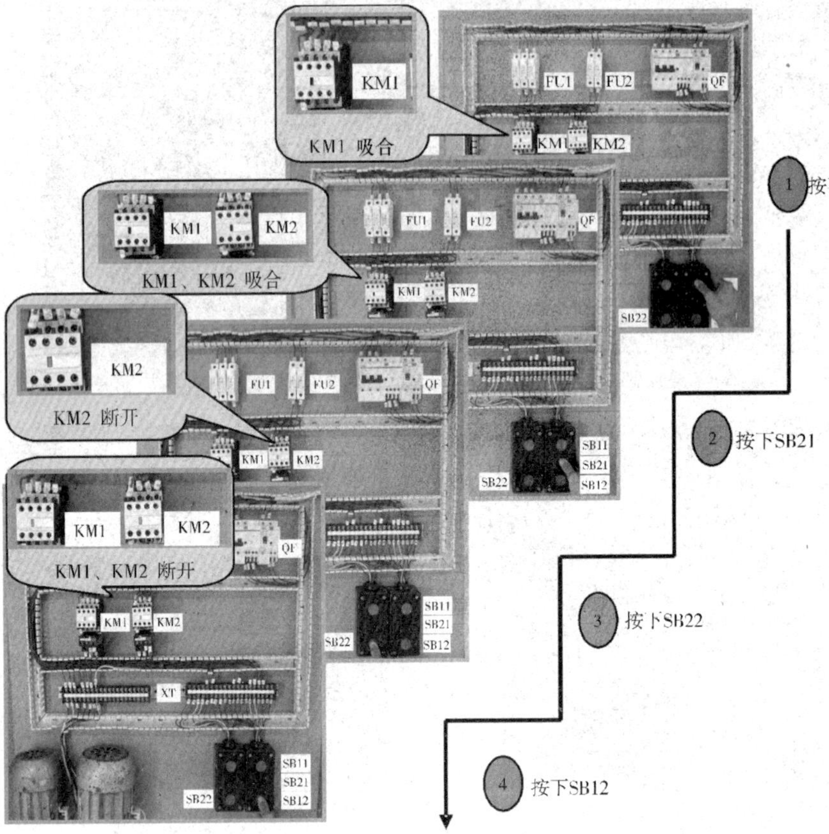

图 2.73　通电调试控制电路步骤

2. 合上主电路 QF，调试电动机顺序起动逆序停止

合上主电路 QF 后，按下 SB11，观察交流接触器 KM1 是否吸合，若吸合，再观察电动机 M1 是否起动；按下 SB21 观察交流接触器 KM2 是否吸合，若吸合，再观察电动机 M2 是否起动；按下 SB22 看 KM2 是否复位且 M2 是否停止；按下 SB12 观察 KM1 是否复位且 M1 是否停止。

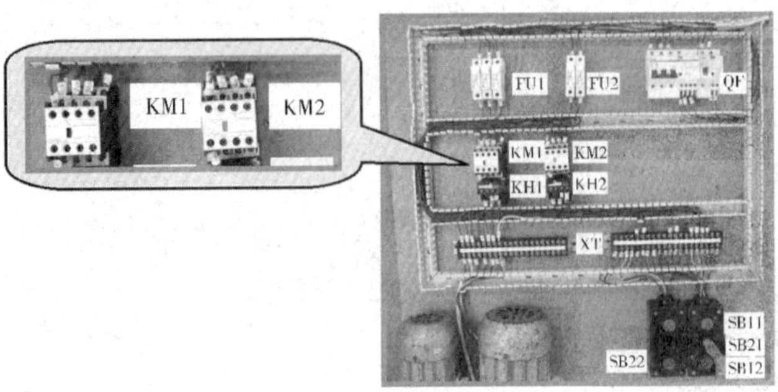

图 2.74　人为设置故障的线路图

活动 9　故障处理

故障现象：合上 QF 后，按下 SB11 时 KM1 吸合，按下 SB21 时 KM2 不吸合，如图 2.74 所示。

根据图 2.75 进行故障检修，故障检修步骤和方法见表 2.13。

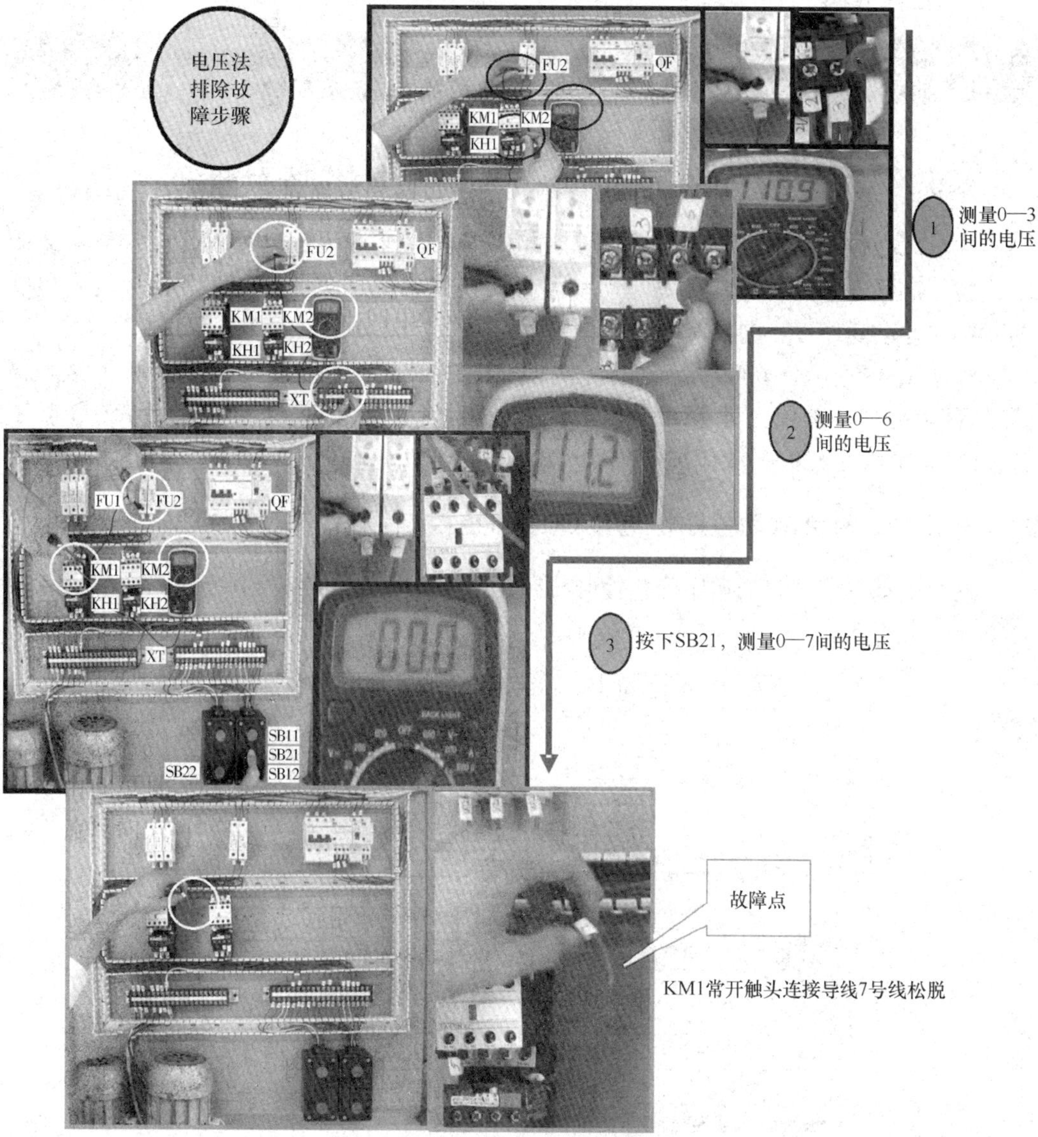

图 2.75　电压法检查电路故障步骤

表 2.13　故障检修步骤和方法

检修步骤	控制电路故障
a. 用试验法观察故障现象	合上 QF，按下 SB11 时 KM1 吸合，按下 SB21 时 KM2 不吸合
b. 用逻辑分析法判定故障范围	由故障现象得知故障应在控制电路的 0—3 间
c. 用测量法确定故障点	用电压法（图 2.75）找到故障点为控制顺序的 KM1 常开触头接触不良或连接导线松脱
d. 根据故障点的情况，采取正确的检修方法排除故障	该故障模拟控制顺序的 KM1 常开触头连接导线 7 号线松脱，恢复接通该点
e. 检修完毕通电试车	切断电源重新连好故障点，在教师同意并监护下，合上 QF，按下 SB1，观察和检测线路和电动机的运行情况，检验合格后电动机正常运行

相关理论知识

知识 1　两台电动机顺序起动逆序停止控制线路的基础知识

在机床操作中，常常需要两台或多台电动机按一定顺序起动或停车。控制中要求实现按一定顺序来完成几台设备起动和停止的控制方法称顺序控制。下面以两台电动机的顺序起动逆序停止的控制电路为例来学习顺序控制。

如图 2.68 所示，该顺序控制特点为：在电动机 M2 的控制电路中串联了接触器 KM1 的辅助常开触头，即 M1 不起动，M2 无法起动；由于与 M1 停止按钮并联了 KM2 的辅助常开触头，只有 KM2 断电，M1 才能进行停止操作。

知识 2　两台电动机顺序起动逆序停止控制线路的工作原理

两台电动机顺序起动逆序停止控制线路工作原理如图 2.76（a）所示，停止过程如图 2.76（b）所示。

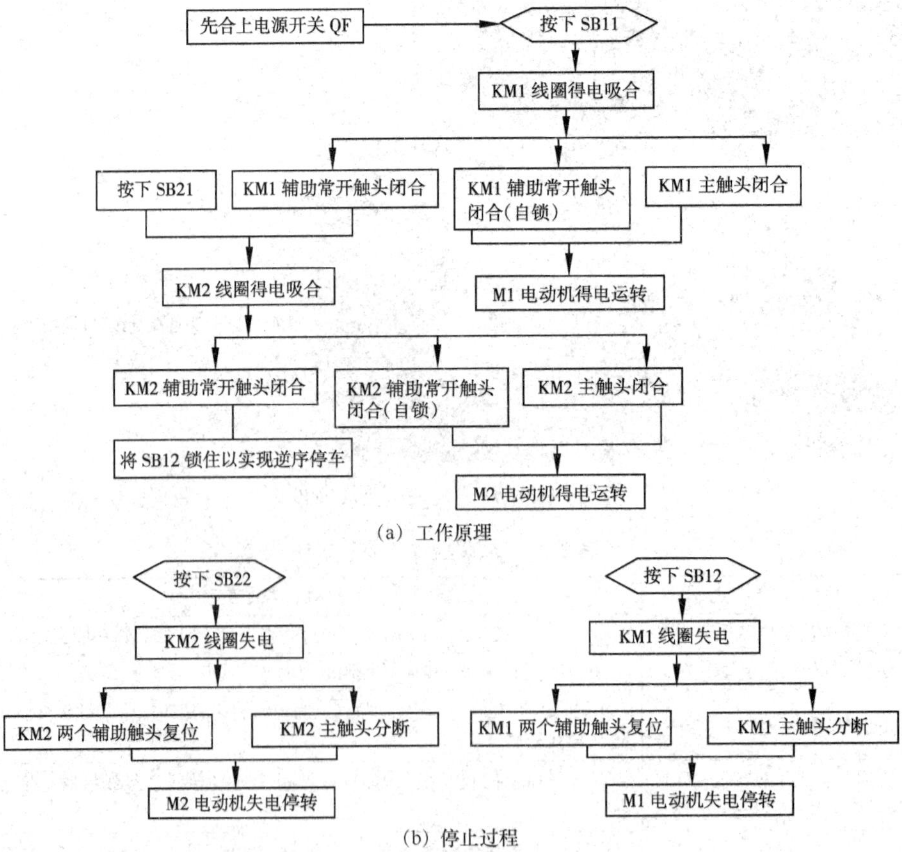

图 2.76　两台电动机顺序起动逆序停止控制线路

任务6 时间继电器自动控制Y-△降压起动控制线路安装、调试及故障处理

场景描述

生产中的电动机，特别是大功率电动机起动时会对电网电压造成冲击，因电枢电流和电压成正比，起动时可采用降低定子绕组上的电压的方式，通过降低电压减小起动电流，从而达到减小对电网电压的影响，待转速上升后再将电压恢复到额定值，使电动机在正常电压下运行。Y-△换接起动是常用降压起动方式。本任务先由教师在控制板上示教，然后学生根据教师的要求边听边练，最后学生独立进行巩固训练操作，来完成时间继电器自动控制 Y-△降压起动控制线路安装、调试及故障处理的学习。

任务目标

技能点：1. 会选择、安装及标识时间继电器自动控制 Y-△降压起动控制线路的元件。
2. 能安装时间继电器自动控制 Y-△降压起动控制线路。
3. 能调试时间继电器自动控制 Y-△降压起动控制线路。
4. 能处理时间继电器自动控制 Y-△降压起动控制线路故障。

知识点：掌握时间继电器自动控制 Y-△降压起动控制线路的构成和工作原理。

工作任务

本任务流程如图 2.77 所示。

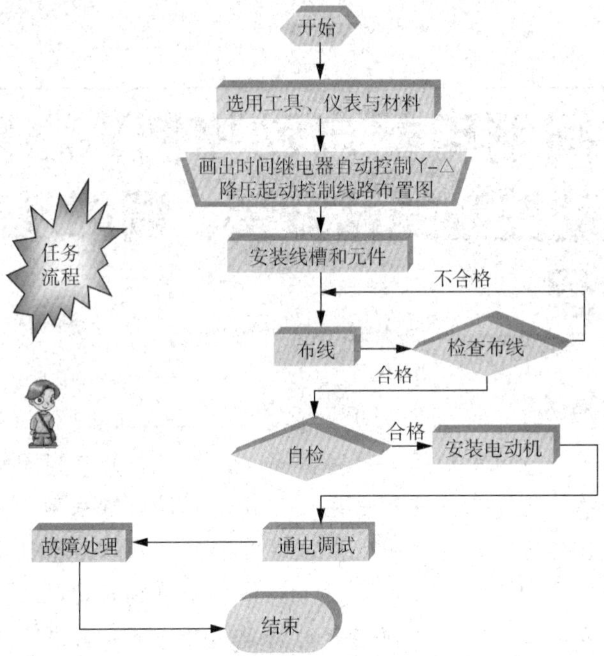

图 2.77　时间继电器自动控制 Y-△降压起动控制线路安装、调试及故障处理任务流程图

实践操作

活动 1　选用工具、仪表与材料

1. 工具与仪表选用

工具与仪表的选用见表 2.14。

表 2.14　工具与仪表

工　具	
仪　表	

注：由学生自行填写表格。

2. 元件与材料选用

根据时间继电器自动控制 Y-△降压起动控制线路电气原理图（图 2.78）和安装图（图 2.79）选用元件与材料，填入表 2.15 中。

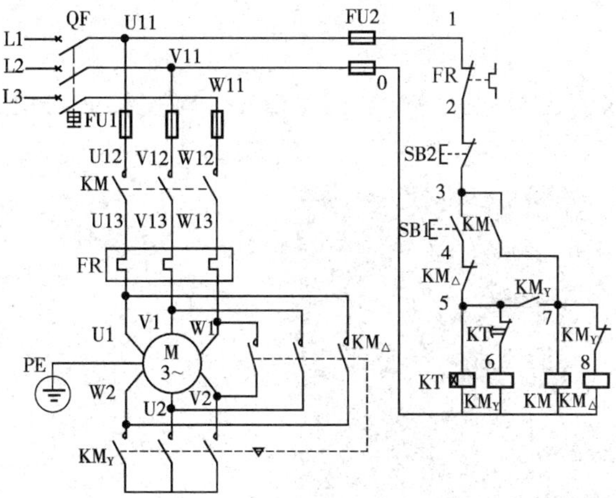

图 2.78　时间继电器自动控制 Y-△降压起动控制线路电气原理图

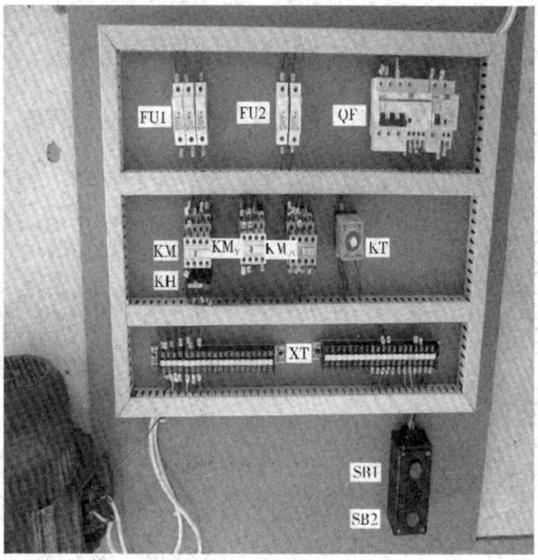

图 2.79　时间继电器自动控制 Y-△降压起动控制线路安装图

表 2.15　时间继电器自动控制Y-△降压起动控制线路元件与材料明细表

元件、材料明细					质检要求
名　称	代　号	型　号	规　格	数　量	
三相笼型异步电动机	M				
低压断路器	QF				
熔断器	FU1				
熔断器	FU2				
时间继电器	KT				
交流接触器	KM				
按钮	SB				
端子板	XT				
控制板					
主电路塑铜线					
控制电路塑铜线按钮					
塑铜线					
接地塑铜线					
紧固体和编码套管					

注：由学生自行填写表格。

活动 2　画出时间继电器自动控制Y-△降压起动控制线路布置图

根据图 2.79 在控制板上画出控制线路元件摆放图，注意位置整齐匀称、间距合理，便于元件更换。

活动 3　安装线槽和元件

安装线槽时，应做到横平竖直、排列整齐匀称、安装牢固、便于走线。检验所选元件的质量，按图 2.80 在控制板上安装元件，并贴上醒目的文字符号。

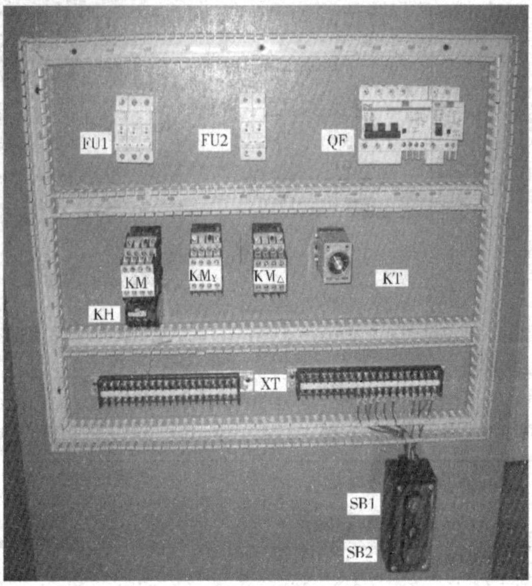

图 2.80　安装线槽和元件

活动 4　布线

控制板外部配线，必须按要求一律装在导线通道内，使导线有适当的机械保护，以防止液体、铁屑和灰尘的侵入。在训练时，可适当降低要求，但必须以能确保安全为条件，如采用多芯橡皮线或塑料护套软线。

活动 5　检查布线

图 2.81 为板前线槽布线图，检查控制板布线的正确性。

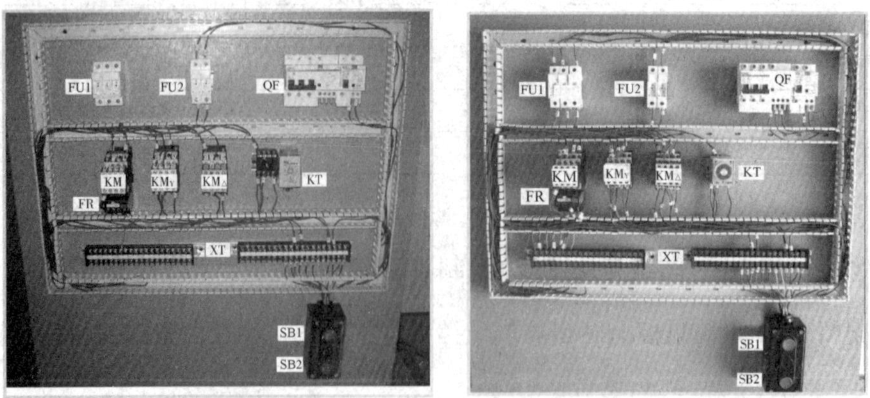

(a) 控制电路部分　　(b) 加入主电路部分

图 2.81　板前线槽布线图

活动 6　自检

1. 外观检查

检查有无漏接、错接，导线的接点接触是否良好。

2. 校表

万用表校正如图 2.82 所示。

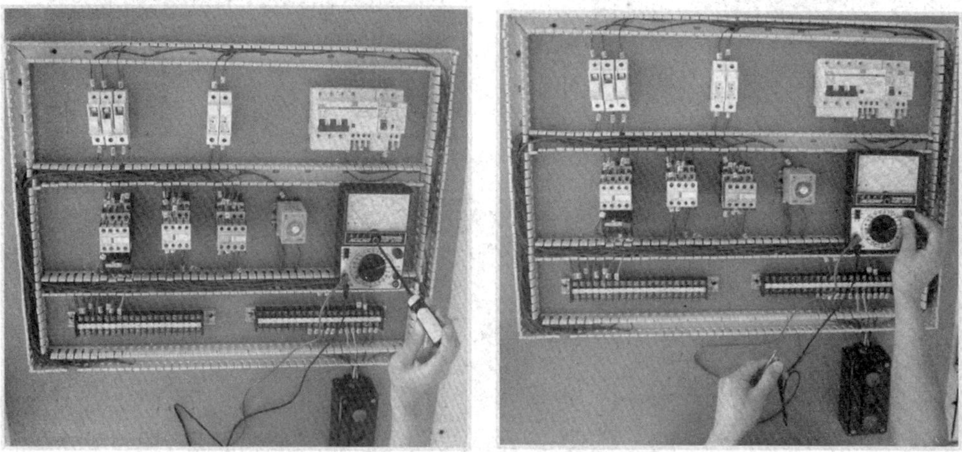

（a）万用表机械调零　　（b）万用表欧姆调零

图 2.82　万用表校正

3. 用万用表欧姆挡检查（参照图 2.78 进行）

1）将表笔分别搭在 0、1 线端上（图 2.83），没按按钮时读数应为∞；按下 SB1 时读数应为接触器 KM_Y 与时间继电器 KT 线圈并联电阻值；断开 6 号线按下按钮 SB1，所测为时间继电器 KT 线圈电阻值，如图 2.84 所示。通过看表，所测阻值变大，说明 KM_Y 与时间继电器 KT 线圈支路正常。

2）将表笔分别搭在 0、1 线端上，读数应为∞，如图 2.85（a）所示；压合交流接触器 KM 时，读数应为接触器 $KM_\triangle$ 与接触器 KM 线圈并联电阻值，如图 2.85（b）所示；断开 8 号线压合交流接触器 KM，所测线圈阻值变大，如图 2.85（c）所示，说明 $KM_\triangle$ 与交流接触器 KM 线圈支路正常。

3）将表笔分别搭在 U11、U1 线端上，读数应为∞；压合 KM 触头时读数应接近 0。使用相同的方法测 V11—V1 与 W11—W1 间电阻值，之后分别测 KM_Y 与 $KM_\triangle$ 主触头接触是否正常（图 2.86）。

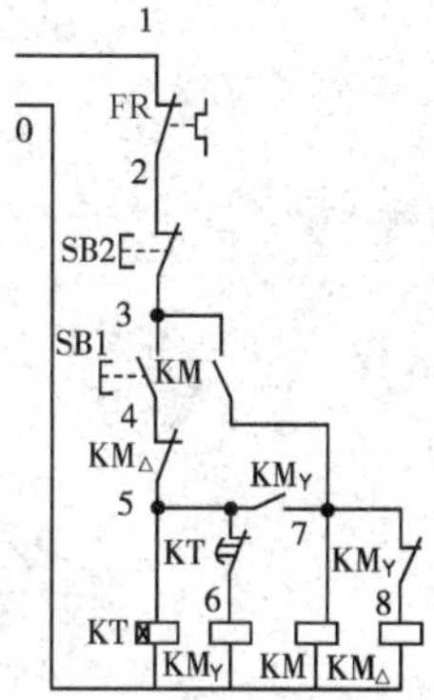

图 2.83　时间继电器自动控制 Y-△降压起动控制线路控制电路

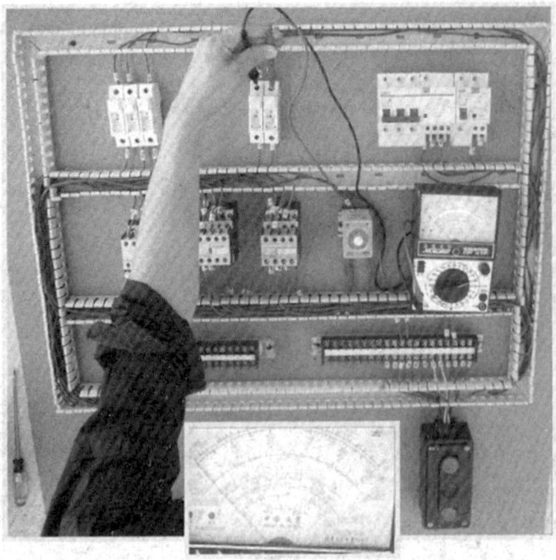

（a）没按按钮

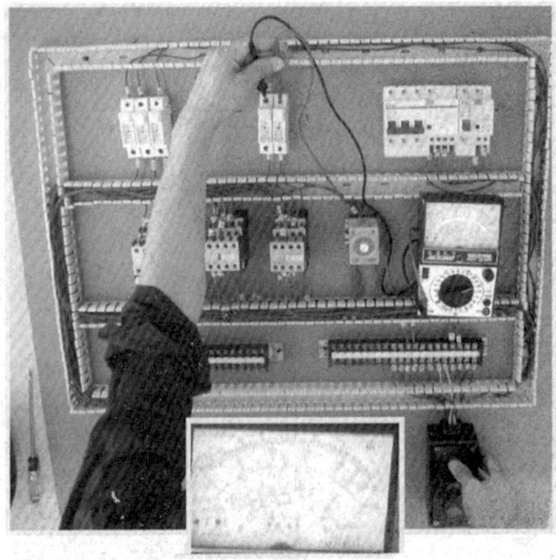

（b）按下按钮SB1

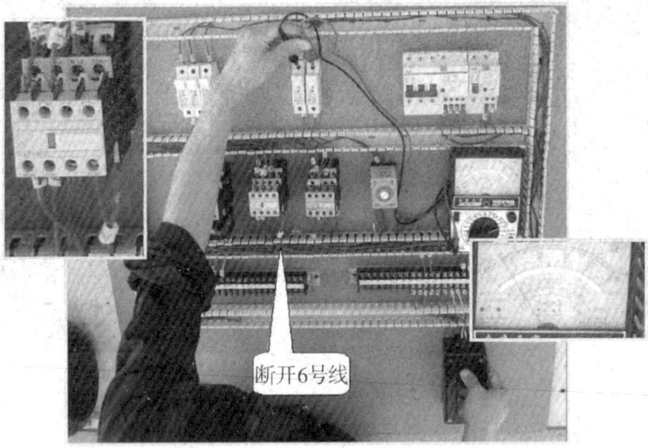

(c) 断开6号线按下按钮SB1

图 2.84　测控制电路中 KM_Y 与时间继电器 KT 线圈支路

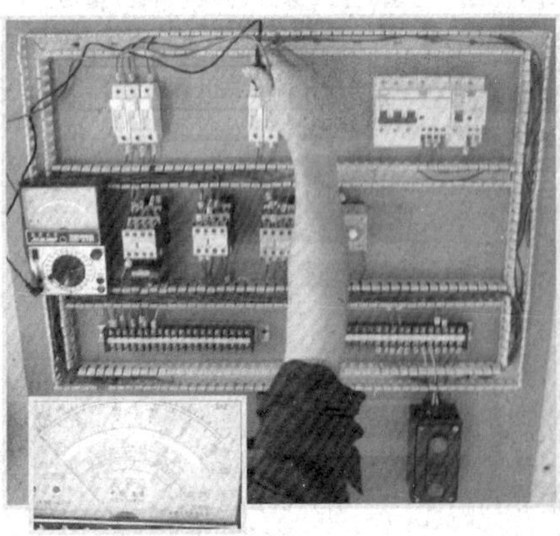

（a）压合交流接触器KM前

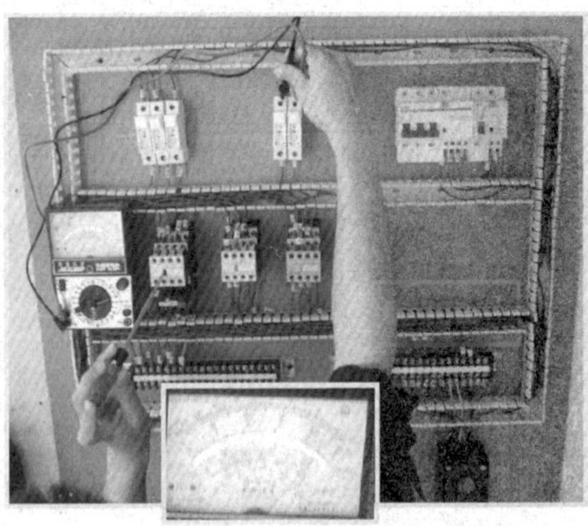

（b）压合交流接触器KM后

图 2.85　测控制电路中 $KM_{\triangle}$ 与时间继电器 KM 线圈支路

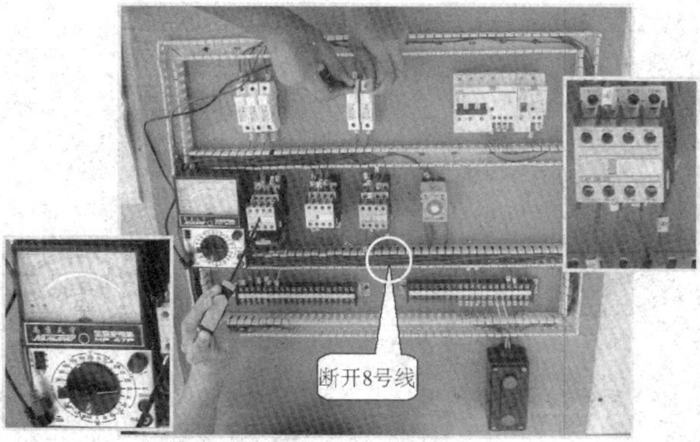

（c）断开8号线压合交流接触器

图 2.85（续）

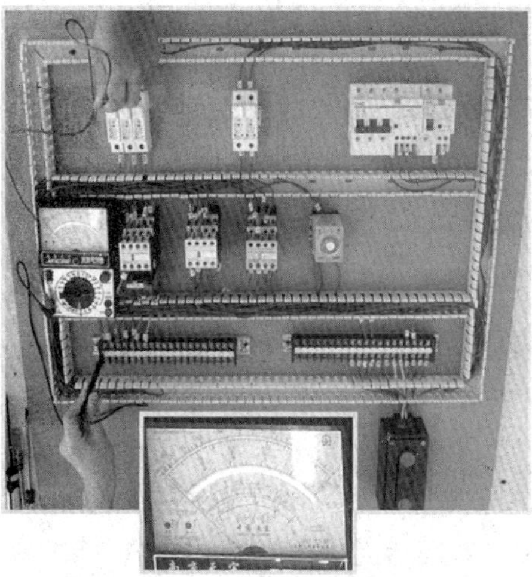

(a) 没压合KM时U11—U1间电阻值为∞

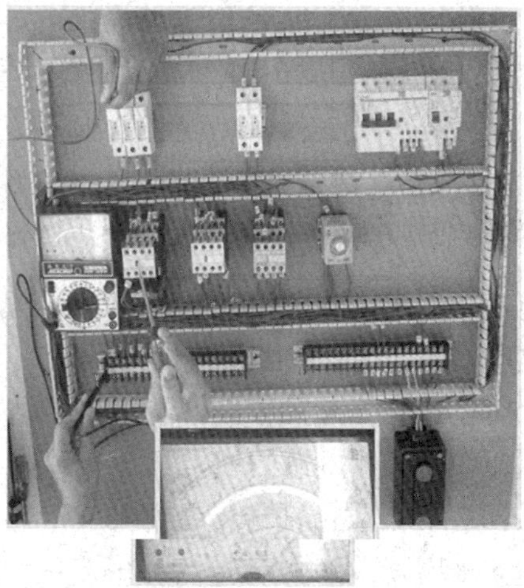

(b) 压合KM后测U11—U1间电阻值为0

(c) 没压合KM_Y时KM_Y主触头常开，电阻值为0

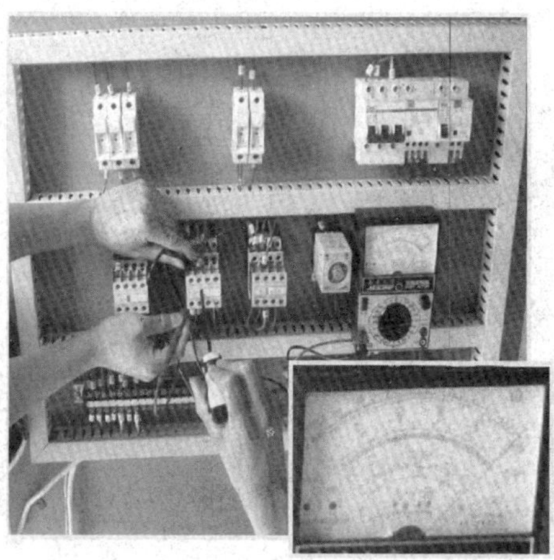

(d) 手动压合KM_Y后KM_Y主触头闭合，电阻值为∞

图 2.86　自检主电路

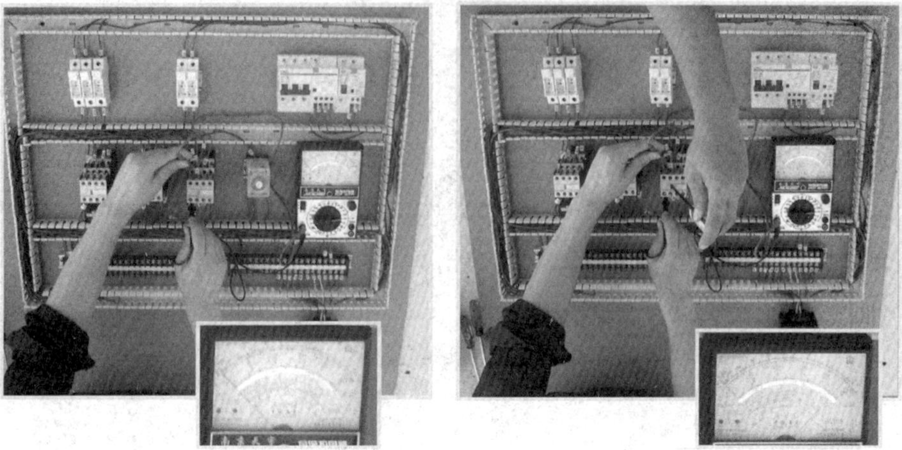

(e) 没按下$KM_{\triangle}$触头时$KM_{\triangle}$主触头断开，电阻值为0

(f) 手动压下$KM_{\triangle}$触头后$KM_{\triangle}$主触头闭合，电阻值为∞

图 2.86（续）

活动 7　安装电动机

首先，用摇表测电动机的绝缘电阻值，如图 2.87 所示。

其次，连接电动机接地线，然后连接电源、电动机等控制板外部的导线，如图 2.88 所示。用 Y-△降压起动控制的电动机，必须有 6 个出线端子，且定子绕组在△连接的额定电压等于三相电源的线电压。接线时，要保证电动机△连接的正确性，即接触器主触头闭合时，应保证定子绕组的 U1 与 W2、V1 与 U2、W1 与 V2 相连接。接触器 KM_Y 的进线必须从三相定子绕组的末端引入，若误将其首端引入，则在 KM_Y 吸合时，会产生三相电源短路事故。

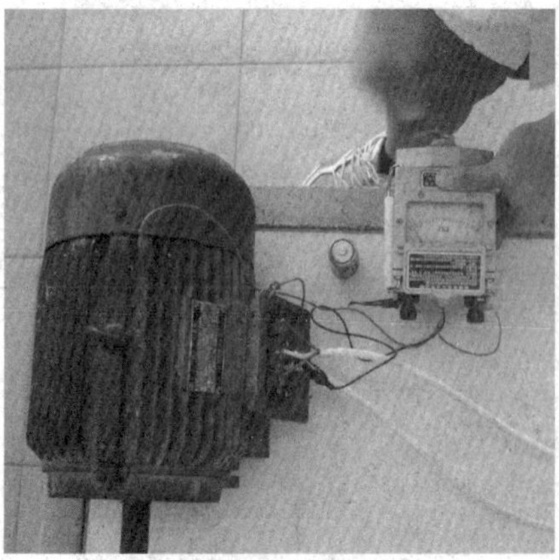

图 2.87　用摇表测电动机的绝缘电阻值

图 2.88　连接电动机和电源

活动 8　通电调试

通电调试步骤如图 2.89 和图 2.90 所示。

1）通电调试时，必须有指导教师在现场监护。先用手拨一下电动机转子，观察转子是否有堵转现象。

2）控制电路通电调试。合上 QF，按下 SB1，观察交流接触器 KM 与 KM_Y 是否吸合，若吸合后经过一定时间延时，观察交流接触器 KM_Y 是否断开，$KM_{\triangle}$ 是否吸合。按下停止按钮 SB2，观察 KM 与 $KM_{\triangle}$ 能否复位。

3）加入电动机后通电调试。合上 QF，按下 SB1，此时电动机 Y 连接起动，观察交流接触器 KM 和 KMY 是否吸合，若吸合后经过一定时间延时，电动机切换为△连接运行。按下停止按钮 SB2，电动机断电，惯性运行后停止转动。

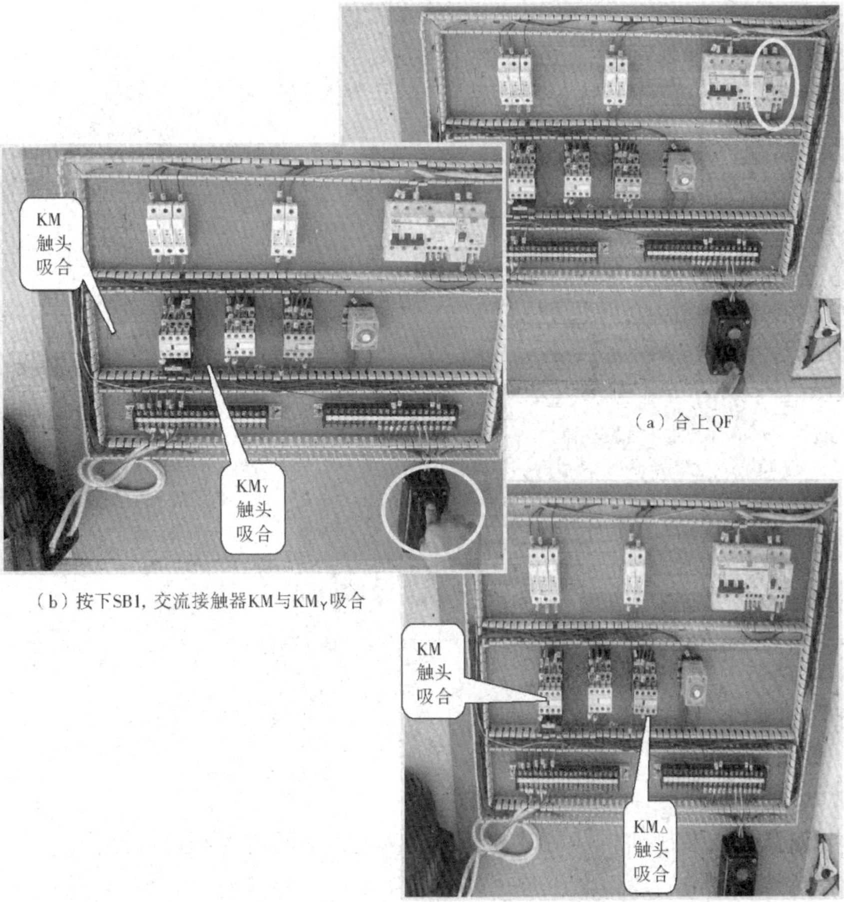

（a）合上QF

（b）按下SB1，交流接触器KM与KM_Y吸合

（c）交流接触器KM_Y断开，$KM_{\triangle}$吸合

图 2.89　控制电路通电调试

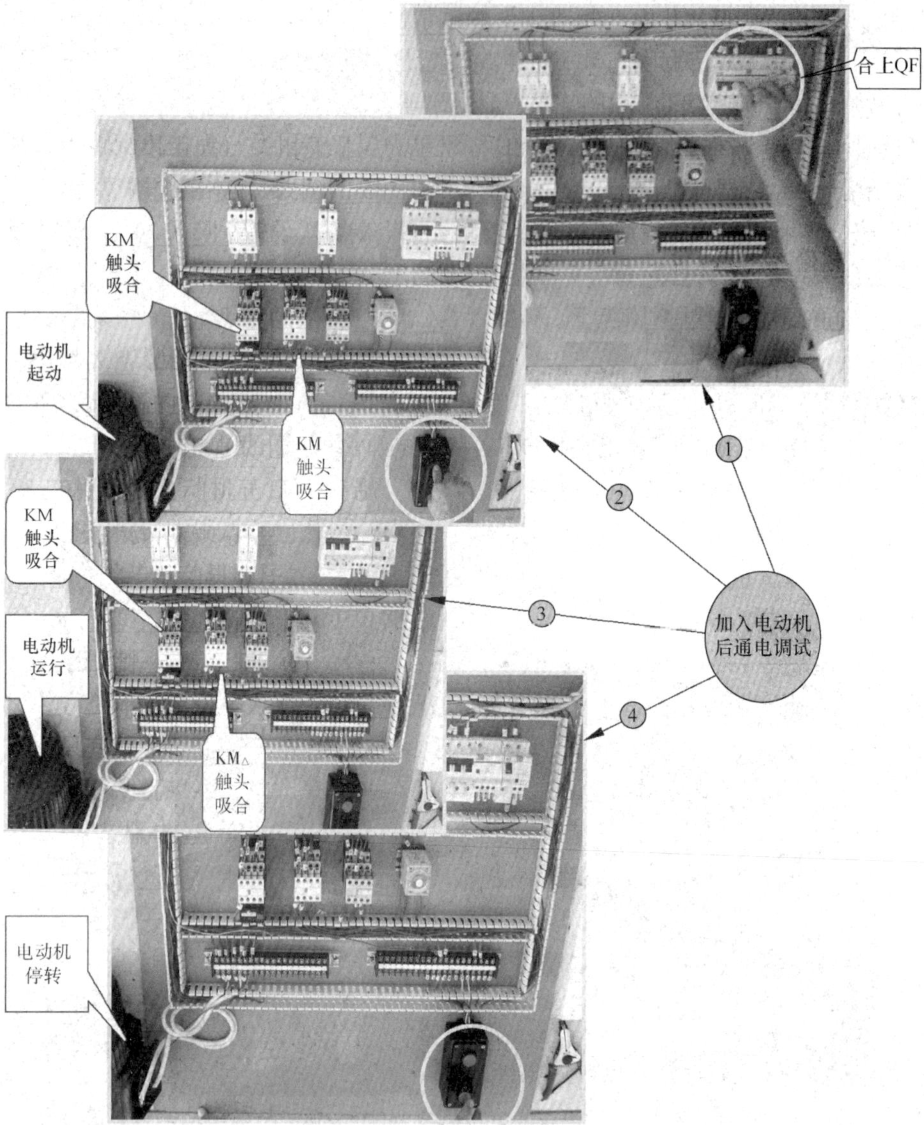

图 2.90　加入电动机后通电调试

活动 9　故障处理

1. 检修注意事项

1）要认真听取和仔细观察指导教师在示范过程中的讲解和检修操作。

2）要熟练掌握电气原理图中各个环节的作用。

3）工具和仪表使用要正确。

4）在排除故障的过程中，分析思路和排除方法要正确。

5）带电检修故障时，必须有教师在现场监护，并要确保用电安全。

6）不能随意更改线路和带电触摸元件。

7）检修必须在规定的时间内完成。

2. 故障检修步骤和方法（表2.16）

表2.16　故障检修步骤和方法

检修步骤	控制电路故障一（图2.91）	控制电路故障二（图2.92）
a. 用试验法观察故障现象	合上QF，按下SB1时，KM、KM_Y均不吸合	合上QF，按下SB1时，KM、KM_Y均吸合，电动机Y连接起动，但不能△连接运行
b. 用逻辑分析法判定故障范围	由KM_Y不吸合分析电气原理图，初步确定故障点可能在控制电路的公共支路及3—6间	$KM_△$不能吸合造成不能△连接运行的现象，分析电气原理图初步确定故障点可能在控制电路的7—8—0间
c. 用测量法确定故障点	用电阻法找到故障点为控制电路$KM_△$常闭触头所接5号线断开	用电阻法找得故障点为控制电路$KM_△$线圈所接8号线断开
d. 根据故障点的情况，采取正确的检修方法排除故障	重换与$KM_△$常闭触头相连的5号线	该故障模拟$KM_△$线圈损坏开路引起，恢复接通8—0
e. 检修完毕通电试车	切断电源重新连好故障点，在教师同意并监护下，合上QF，按下SB1，观察和检测线路和电动机的运行情况，检验合格后电动机正常运行	

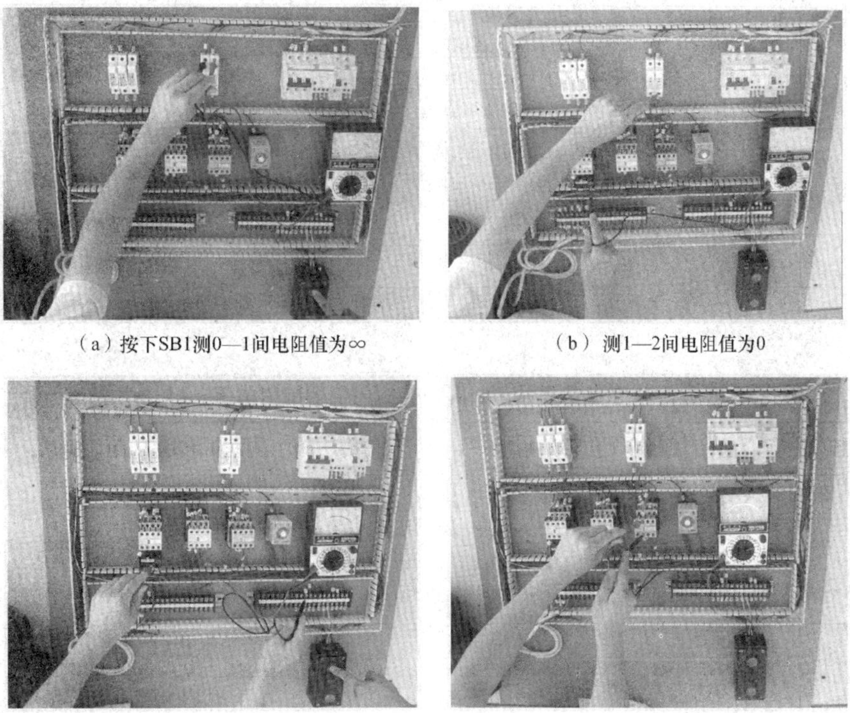

（a）按下SB1测0—1间电阻值为∞　（b）测1—2间电阻值为0

（c）按下SB1测2—4间电阻值为0　（d）测4—5间电阻值为∞

图2.91　控制电路故障一

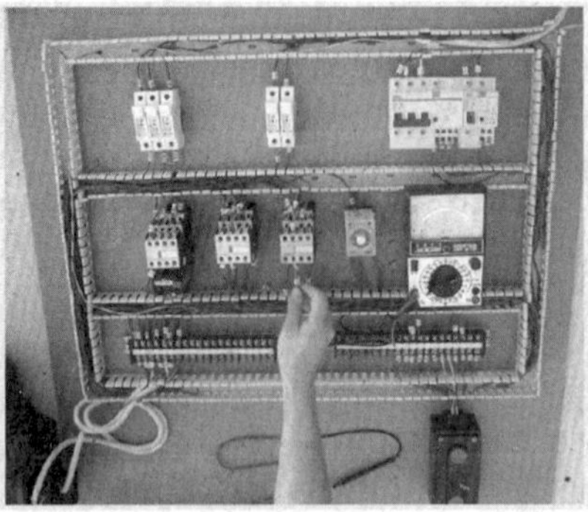

（e）找到故障点

（f）更换5号线后测4—5间电阻值为0

图 2.91（续）

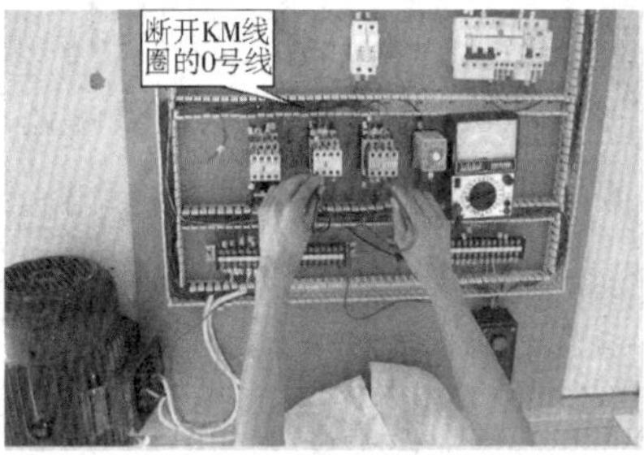

（a）测量KM_Y的常闭触头到$KM_\triangle$线圈的8号线电阻值为∞

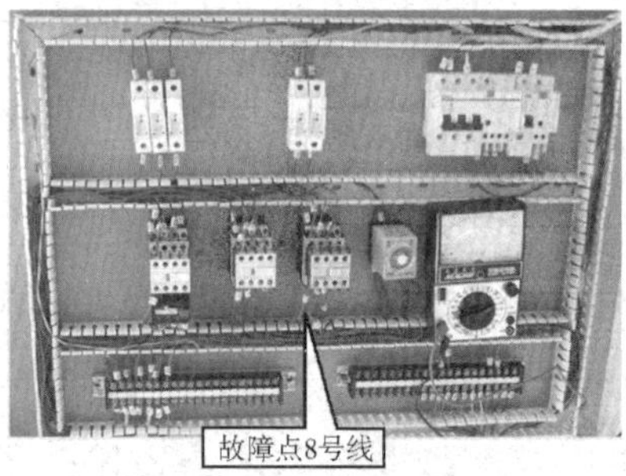

（b）找到故障点

（c）更换8号线后测得KM_Y的常闭触头到$KM_\triangle$线圈的8号线电阻值为0

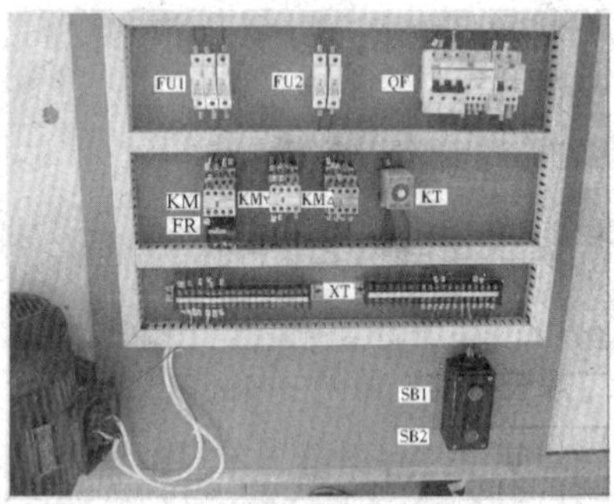

（d）恢复接上KM线圈的0号线盖上线槽盖

图 2.92　控制电路故障二

想一想：为什么要断开 KM 线圈的 0 号线再测量？

相关理论知识

知识 1 Y-△降压起动控制线路的基础知识

Y-△降压起动是指正常运行时定子绕组接成三角形（△）的笼型异步电动机，起动时先将定子绕组接成星形（Y），待转速上升接近额定转速时，再将定子绕组由 Y 换接为△，电动机便进入全电压正常运行状态。Y-△换接起动方法的控制特点是，采用 Y-△换接起动，可使起动电流减小为原△起动电流的 1/3，起动电压减小为原△起动电压的 $1/\sqrt{3}$，但需注意的是，电动机三相绕组的 6 个出线端均须引出。一般功率在 4kW 以上的三相异步电动机运行时采用△连接。

时间继电器自动控制 Y-△降压起动控制线路电气原理图如图 2.78 所示。该线路由 3 个接触器、1 个热继电器、1 个时间继电器和 2 个按钮组成。接触器 KM 作引入电源用，接触器 KM_Y 和 $KM_\triangle$ 分别作 Y 降压起动用和△运行用，时间继电器 KT 用于控制 Y 降压起动时间和完成 Y-△自动切换，SB1 是起动按钮，SB2 是停止按钮，FU1 作主电路的短路保护，FU2 作控制电路的短路保护，FR 作过载保护。

知识 2 Y-△降压起动控制线路的工作原理

时间继电器自动控制 Y-△降压起动控制线路工作原理如图 2.93 所示。

停止时，按下 SB2 即可。

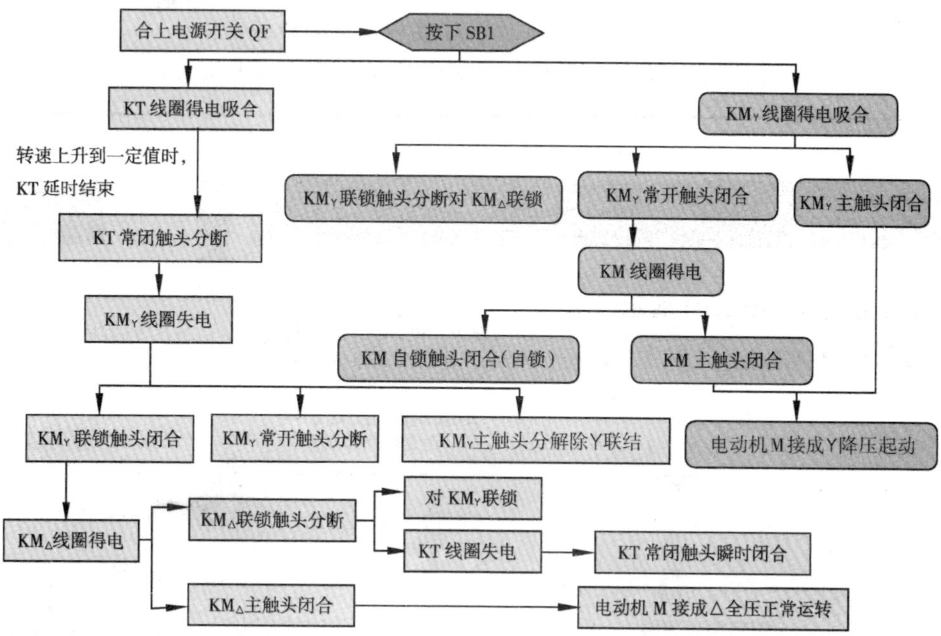

图 2.93 时间继电器自动控制 Y-△降压起动控制线路工作原理

任务7 电动机反接制动控制线路安装、调试及故障处理

场景描述

三相异步电动机由于惯性的原因，在切除电源后到完全停止转动需要一定的时间。这在一些生产机械中（如起重机的吊钩准确定位、万能铣床要求立即停转等）是不允许的，所以就要求电动机有制动环节。本任务先由教师在控制板上示教，然后学生根据教师的要求边听边练，最后学生独立进行巩固训练操作，完成电动机反接制动控制线路安装、调试及故障处理的学习。

任务目标

技能点：1. 会选择、安装及标识电动机反接制动控制线路的元件。
2. 能安装电动机反接制动控制线路。
3. 能调试电动机反接制动控制线路。
4. 能处理电动机反接制动控制线路故障。

知识点：掌握电动机反接制动控制线路的构成及工作原理。

工作任务

本任务流程如图2.94所示。

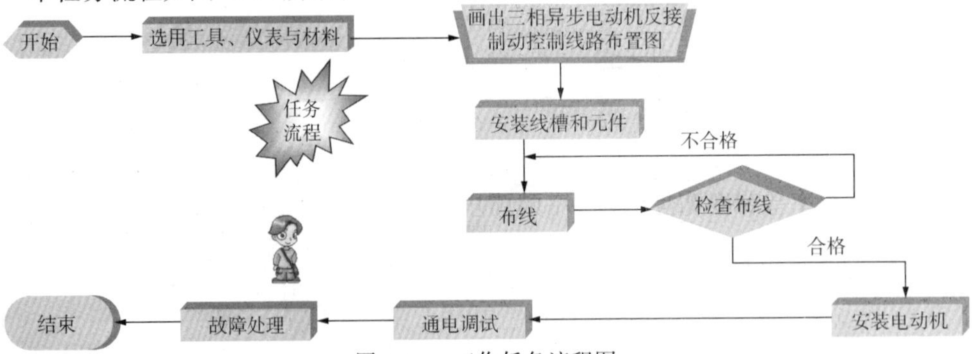

图2.94 工作任务流程图

实践操作

活动1　选用工具、仪表与材料

1. 工具与仪表选用

工具与仪表的选用见表2.17。

表2.17　工具与仪表

工　具	
仪　表	

注：由学生自行填写表格。

2. 元件与材料选用

根据三相异步电动机反接制动控制线路电气原理图（图2.95）和安装图（图2.96）选用元件与材料，填入表2.18中。

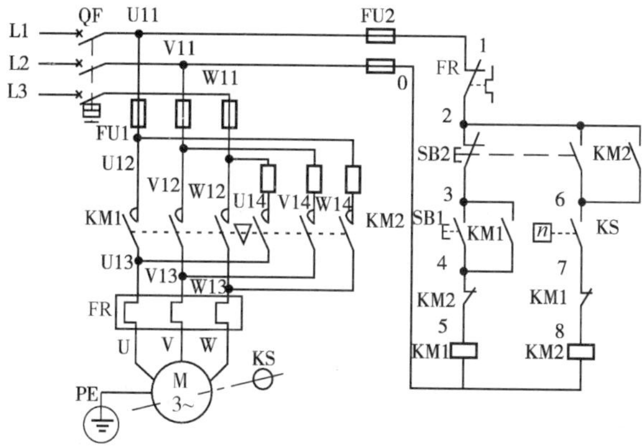

图2.95　电动机反接制动控制线路电气原理图

图2.96　电动机反接制动控制线路安装图

表 2.18　电动机反接制动控制线路元件与材料明细表

名　称	代　号	型　号	规　格	数　量
三相笼型异步电动机	M			
低压断路器	QF			
熔断器	FU1			
熔断器	FU2			
热继电器	FR			
速度继电器	KS			
交流接触器	KM1、KM2			
按钮	SB1、SB2			
端子板	XT			
控制板				
主电路塑铜线				
控制电路塑铜线				
按钮塑铜线				
接地塑铜线				
紧固体和编码套管				

注：由学生自行填写表格。

活动 2　画出三相异步电动机反接制动控制线路布置图

根据图 2.96 在控制板上画出控制线路元件摆放图，注意位置整齐匀称、间距合理，便于元件更换。

活动 3　安装线槽和元件

可参照图 2.97 进行安装。

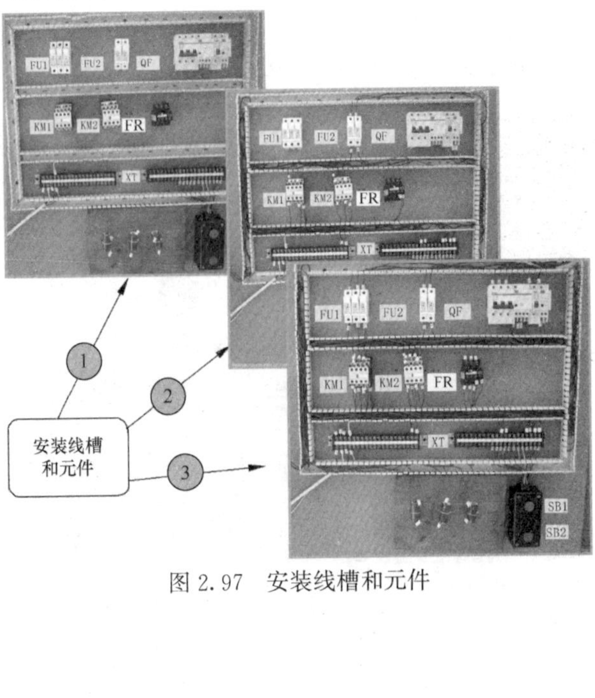

图 2.97　安装线槽和元件

活动 4　布线

布线时，要注意两接触器用于联锁的常闭触头不能接错，否则，会导致电路不正常工作甚至有短路的隐患。电动机反接制动控制线路控制电路部分如图 2.98 所示。

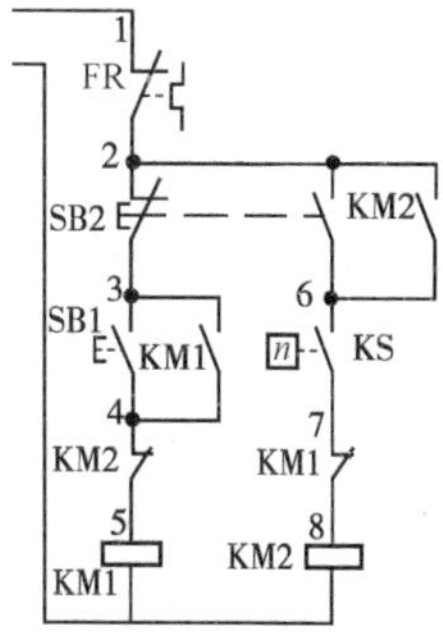

图 2.98　电动机反接制动控制线路控制电路部分

活动 5　检查布线

根据图 2.98 检查控制板布线的正确性。

(1) 自检

1）外观检查有无漏接、错接，导线的接点接触是否良好。

2）校表。

3）用万用表欧姆挡检查（图 2.99）。

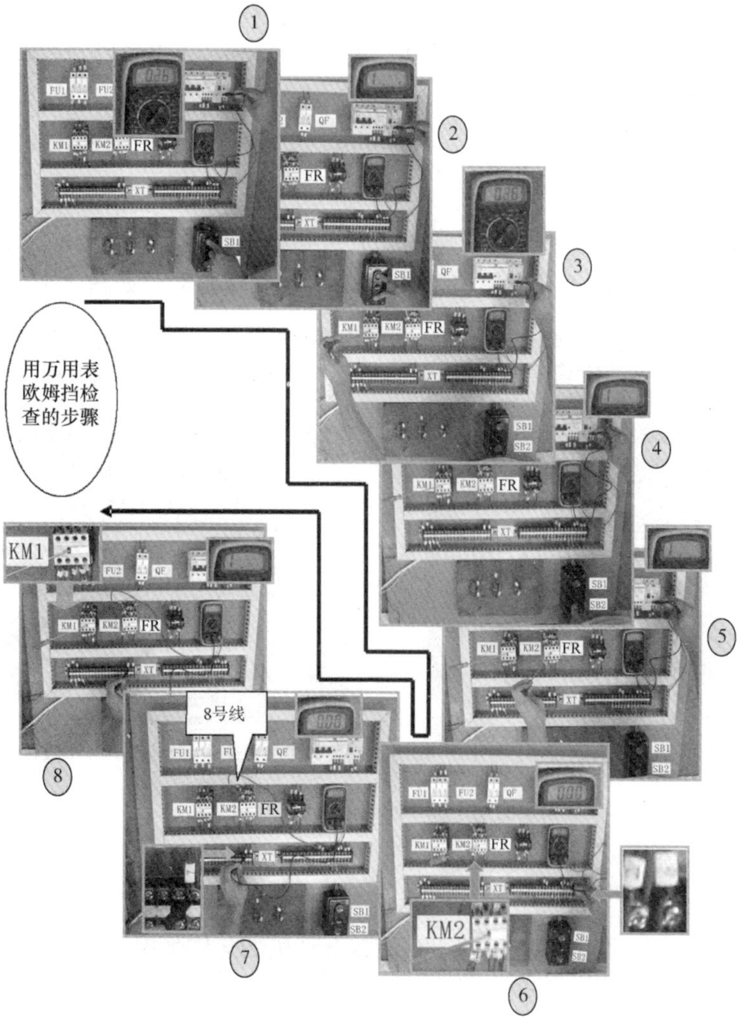

图 2.99　用万用表欧姆挡检查的步骤

（2）测量电动机正转电路

将表笔分别搭在0、1线端上，按下SB1时读数应为接触器KM1线圈电阻值（图2.99①）；按下SB2时读数应为∞（图2.99②）；按下KM1触头时读数应为接触器KM1线圈电阻值（图2.99③），再按下SB2时读数应为∞（图2.99④）或再按下KM2触头时读数应为∞（图2.99⑤）。

（3）测量电动机反接制动电路

按下KM2触头测2与6点，万用表读数为0（图2.99⑥）；测7与8点，万用表读数为0（图2.99⑦）；再按下KM1触头测0与7点，万用表读数为∞（图2.99⑧）。也就是说，通过看万用表的读数变化判断控制电路。

活动6　安装电动机

安装速度继电器前，要弄清楚其结构，辨明常开触头的接线端。速度继电器可以预先安装好，不计入定额时间。安装时，采用速度继电器的连接头通过联轴器与电动机转轴直接连接的方法，并使两轴中心线重合。

活动7　通电调试

1. 通电调试控制回路

合上控制回路QF，按下SB1，观察交流接触器KM1是否吸合；按下SB2，交流接触器KM1断开，且KM2吸合一下便断开，实现反接制动，如图2.100所示。

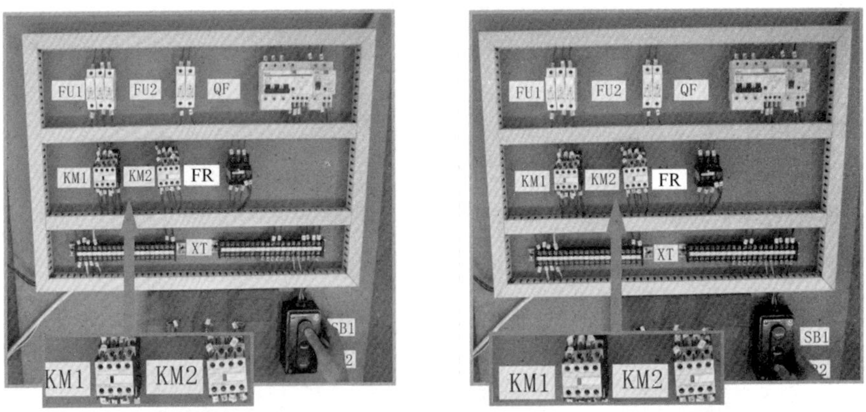

(a) 按下SB1交流接触器KM1吸合　　(b) 按下SB2后KM1立即断开，而KM2吸合一下便断开

图2.100　通电调试控制回路

2. 通电调试主回路

合上主回路QF，调试主电路时注意观察电动机的运转情况。

活动 8　故障处理

1. 检修注意事项

1）要认真听取和仔细观察指导教师在示范过程中的讲解和检修操作。
2）在排除故障的过程中，分析思路和排除方法要正确。
3）带电检修故障时，必须有教师在现场监护，并要确保用电安全。
4）不能随意更改线路和带电触摸元件。
5）检修必须在规定的时间内完成。

2. 故障检修步骤和方法

人为设置两处故障的线路图如图 2.101 所示，故障检修步骤和方法见表 2.19。

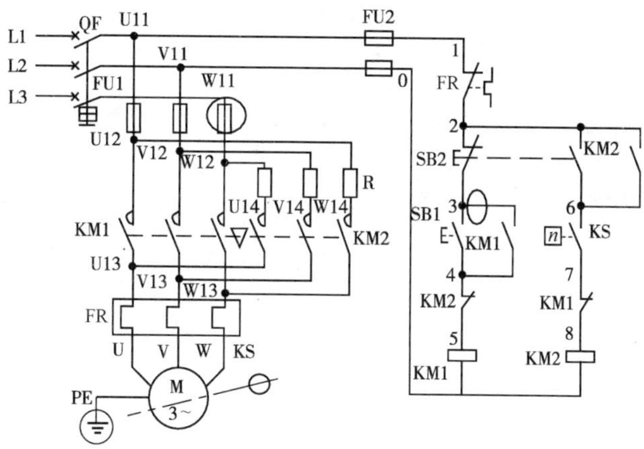

图 2.101　人为设置两处故障的线路图

表 2.19　故障检测步骤和方法

检修步骤	控制电路故障	主电路故障
a. 用试验法观察故障现象	合上 QF，按下 SB1 时，KM1 不能自锁	先合上 QF，按下 SB1 时，M 转速极低甚至不转，并发出“嗡嗡”声，此时，应立即切断电源
b. 用逻辑分析法判定故障范围	由故障现象得知故障应在 KM1 自锁线路上	根据故障现象分析线路判定故障范围可能在电源电路和主电路上
c. 用测量法确定故障点	用电阻法找得故障点为 KM1 上 3 号线松脱（详细步骤见图 2.102）	根据故障现象断开 QF，用电阻法找得故障点为主回路 FU1 熔体熔断（详细步骤见图 2.103）
d. 根据故障点的情况，采取正确的检修方法排除故障	重接 3 号线	更换熔体
e. 检修完毕通电试车	切断电源重新连好故障点，在教师同意并监护下，合上 QF，按下 SB1，观察和检测线路和电动机的运行情况，检验合格后电动机正常运行	

（1）检查控制回路故障（电阻法排除故障）

控制回路故障检查步骤如图 2.102 所示。

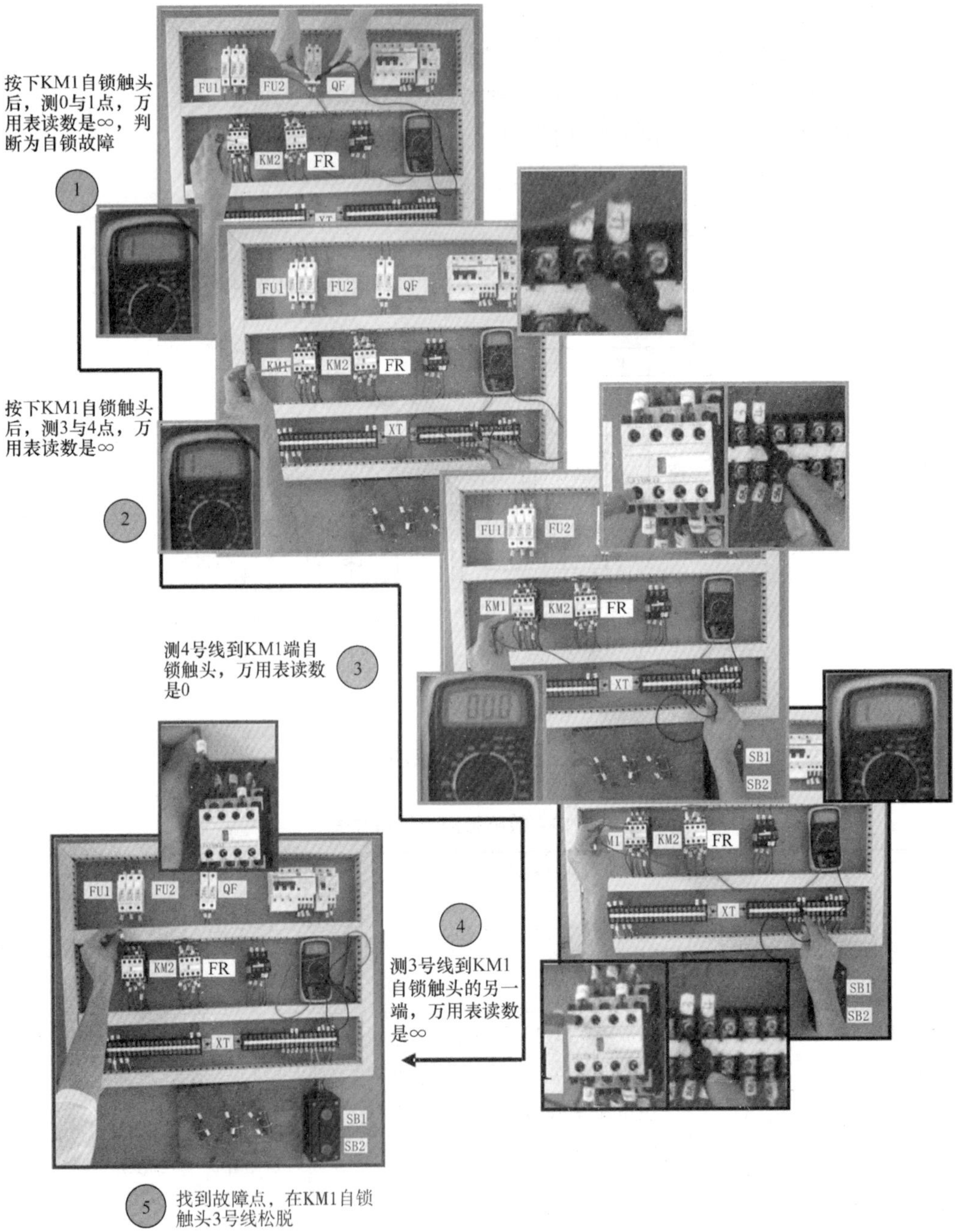

图 2.102　人为设置 3 号线松脱故障检查步骤

（2）检查主电路部分故障（电阻法排除故障）

主电路部分故障检查步骤如图 2.103 所示。

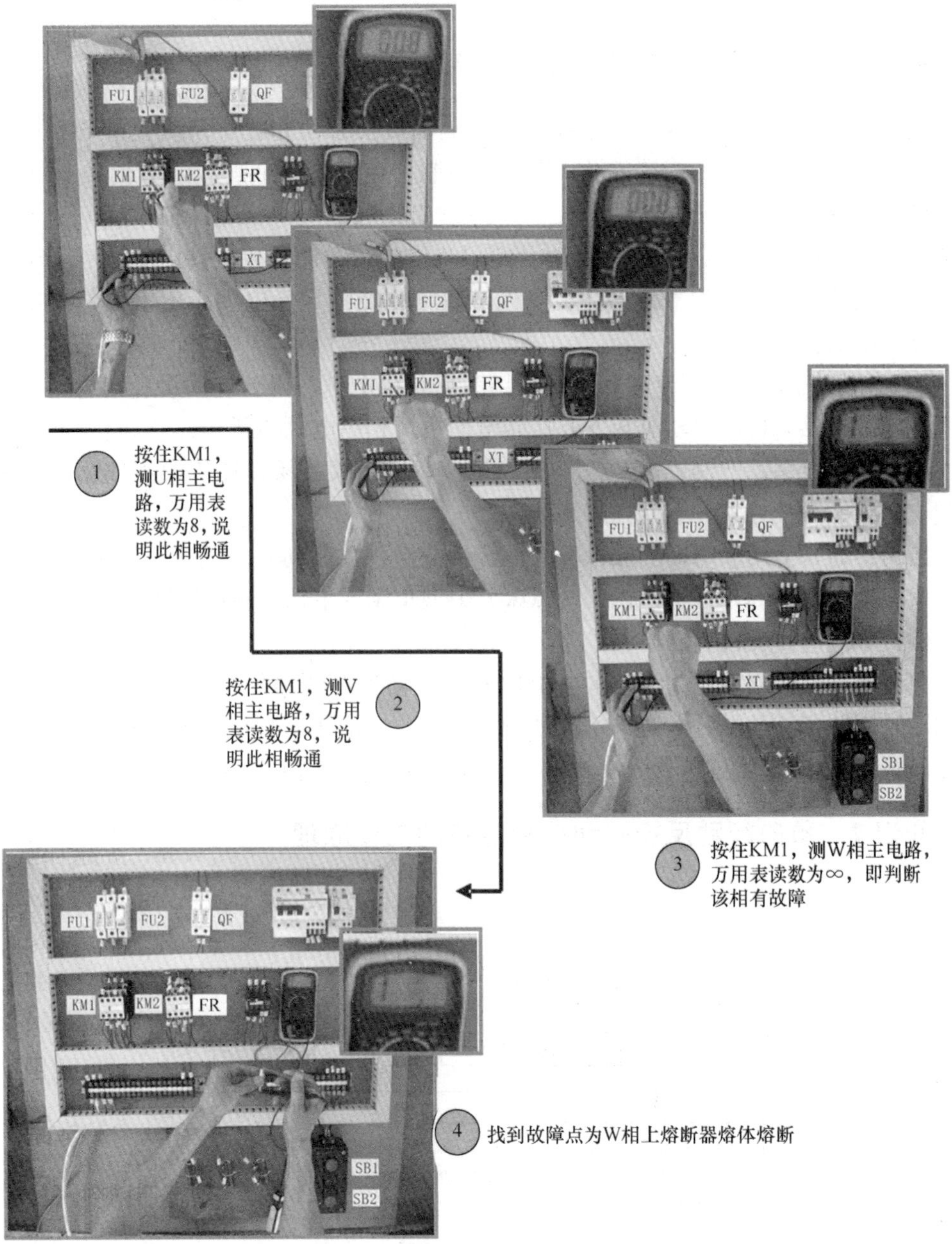

图 2.103　人为设置主回路 FU1 故障检查步骤

相关理论知识

知识 1　三相异步电动机反接制动控制线路的基础知识

电动机反接制动控制线路，是利用改变电动机任意两相定子绕组电源的相序，使定子绕组产生相反方向的旋转磁场，因而产生制动转矩的一种制动方法。

注意事项：

1）电路特征是，电源反接制动时，定子绕组中流过的反接制动电流相当于全压起动时起动电流的 2 倍，为了减小冲击电流，通常在笼型异步电动机定子电路中串入反接制动电阻器。

2）当电动机转速接近 0 时，要及时切断反相序电源，以防电动机反向再起动，通常用速度继电器来检测电动机转速并控制电动机反相序电源的断开。

特征：反接制动的制动转矩大、制动迅速、冲击大、易损坏传动零件、制动准确性差、制动能量消耗大、不宜经常制动。

应用：通常适用于 10kW 及以下的小容量电动机及制动要求迅速、系统惯性较大、不经常起动与制动的场合，如铣床、镗床、中型车床等主轴的制动控制。

例：单向起动反接制动控制线路。

单向起动反接制动控制线路的主电路和正反转控制线路的主电路相同，只是在反接制动时增加了 3 个限流电阻器 R。线路中 KM1 为正转运行接触器，KM2 为反接制动接触器，KS 为速度继电器，其转轴与电动机轴相连，如图 2.95 所示。

知识 2　单向起动反接制动控制电路的工作原理

1. 单向起动工作原理（图 2.104）。

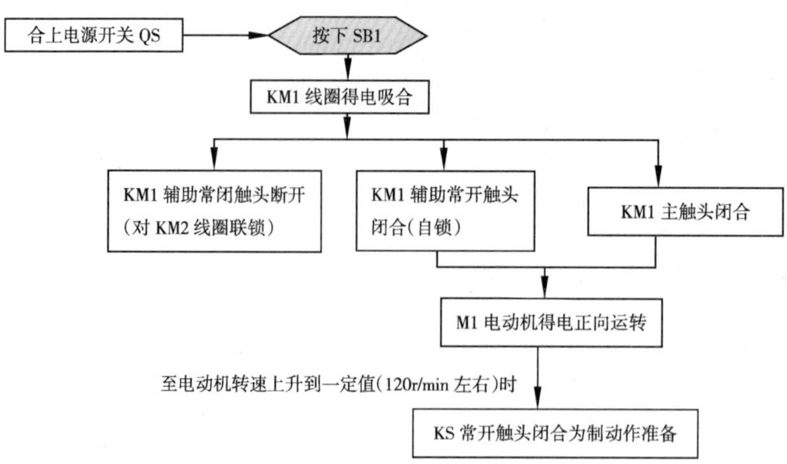

图 2.104　单向起动工作原理图

2. 单向起动反接制动控制电路工作原理（图 2.105）

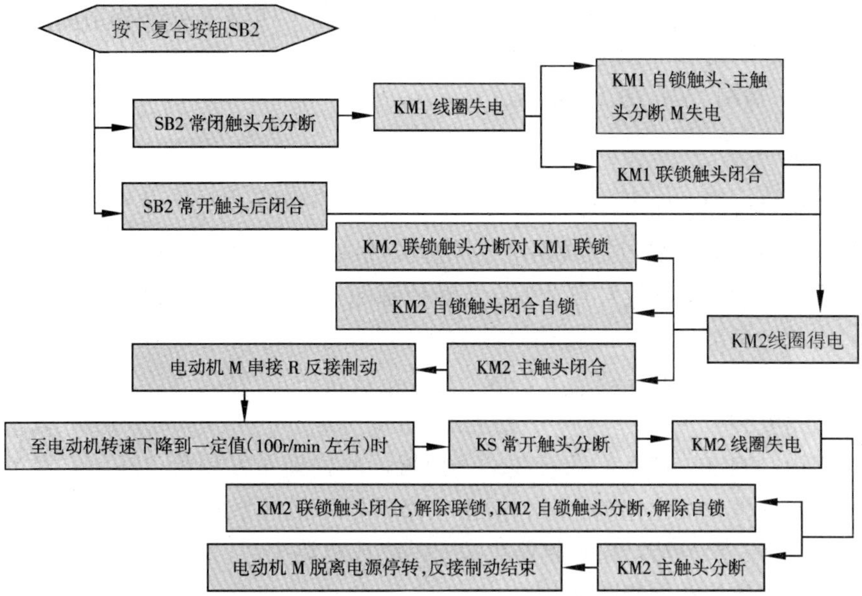

图 2.105　单向起动反接制动控制电路工作原理

巩固训练

一、连续与点动混合正转控制线路安装调试

三相异步电动机连续与点动混合正转控制线路电气原理图如图 2.106 所示。

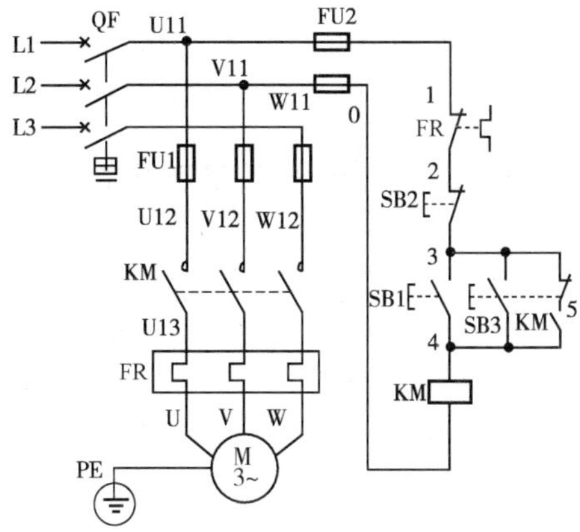

图 2.106　三相异步电动机连续与点动混合正转控制线路电气原理图

1. 技能训练要求

1）识读三相异步电动机连续与点动混合正转控制电路电气原理图。

2）选用电工工具、电工仪表；安装元件。

3）安装、检测、运行控制线路。

2. 安装实训

（1）识读电气原理图

连续与点动混合正转控制线路电气原理图如图 2.106 所示。试分析本实训控制电路是如何实现电动机的连续与点动混合正转控制的。

（2）安装准备

在安装好的正转控制线路板上，拆下连接电线备用。

（3）线路安装

线路敷设：确定连接负载的接线端子位置，并合理布置和敷设线路，敷设时注意导线的颜色及规格，按先控制电路、后主电路的顺序进行敷设。接触器的主触头，辅助常开、常闭触头要分清，注意将停止按钮串联在电路中，FR 的热元件串联在主电路中，其常闭触头串接在控制电路中。

（4）自检

检查线路的正确性及安装质量，在断电情况下首先用万用表欧姆挡“$R\times100$”挡位，检查线路是否有短路。

（5）设备连接

安装电动机及连接保护接地线；用电缆线将电动机与控制板连接，注意电动机的正确接法。

（6）通电调试

经实训教师检查无安全隐患后连接好三相电源，再用手拨一下电动机转子，观察转子是否有堵转现象等。在实训教师的监护下，合上电源开关 QF，试车时，可采取先点动、后起动的方式，按下 SB3 电动机旋转起来，放开 SB3 电动机自由停止；按下起动按钮 SB1，让电动机旋转起来，再按停止按钮 SB2，让电动机自由停止。

二、单向运转加限位开关、护罩开关控制线路安装调试

1. 技能训练要求

1）会识读单向运转加限位开关、护罩开关控制线路电气原理图。

2）会安装限位开关、接触器等元件。

3）会安装、检测、运行控制线路。

2. 安装实训

（1）识读电气原理图

三相异步电动机单向运转加限位开关、护罩开关控制线路电气原理图如图 2.107

所示。试分析本控制电路是如何实现电动机的单向运转加限位开关、护罩开关控制的。

（2）安装准备

按电气原理图配齐所需规格器材，并按要求检验，接触器线圈的工作电压与控制电压要一致。画出元件布置图并按布置图牢固安装控制器件。

（3）线路安装

合理布置和敷设线路，按照先控制电路、后主电路的顺序进行敷设。注意用万用表欧姆挡测出限位开关的常闭触头、护罩开关的常开触头，避免接错线。分清交流接触器的主触头和辅助常开触头。将停止按钮串联在电路中，FR的热元件串联在主电路中，其常闭触头串接在控制电路中。

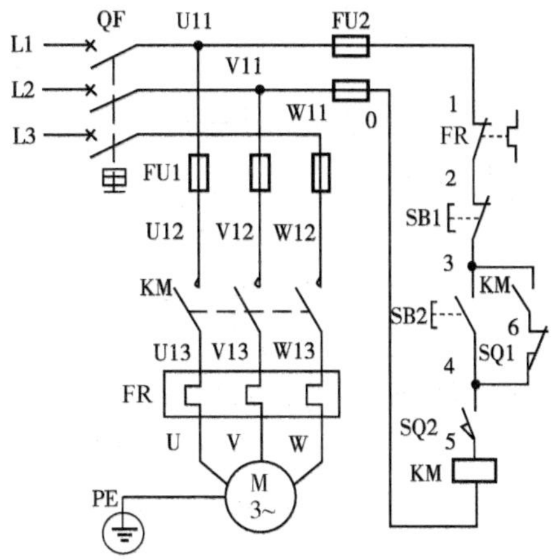

图 2.107　三相异步电动机单向运转加限位开关、护罩开关控制线路电气原理图

（4）自检

检查线路的正确性及安装质量，注意不要漏查 SQ1 和 SQ2。

（5）设备连接

安装电动机及连接保护接地线；用电缆线将电动机与控制板连接，注意电动机的正确接法。

（6）通电调试

经教师检查无安全隐患后连接好三相电源，用手拨一下电动机转子，观察转子是否有堵转现象等。在实训教师的监护下，合上电源开关 QF，关上柜门（即合上 SQ2），按下 SB2 后电动机旋转起来，再按停止按钮 SB1，电动机自由停止。

思考与练习

思考：

1）在电动机接触器自锁正转控制电路中试分析主电路的组成，并结合热继电器的发热元件与常闭触头的连接方式说明如何实施过载保护。

2）正反转控制线路中接触器 KM1 和 KM2 的主触头同时闭合，会造成什么后果？应采取什么措施避免？

3）在两台三相异步电动机顺序起动逆序停止控制线路中如何实现紧急停车控制？

练习：

1）从点动控制电路到连续控制电路，主要在控制电路中增加了________（自锁触头/互锁触头）。

2）为了防止电路过载，在电路中常常增加________（热继电器/互锁/连锁）。

3）一台三相异步电动机在空载运行时，响声沉重，转动乏力，停机后无法起动，这种故障是由________（转子轴承碎裂/缺一相电源/定子绕组接错/绕组两相间短路）引起的。

4）长动控制电路中采用________（熔断器/热继电器/自锁触头）进行短路保护，采用________（熔断器/热继电器/自锁触头）进行过载保护，采用________（熔断器/热继电器/自锁触头）进行失压保护。

5）三相异步电动机本身________（有/无）相序。电动机主要通过改变电源的________（相序/大小）对电动机进行正反转的控制。

6）旋转磁场的转向与通入绕组的三相电流的相序________（有关/无关）。

7）为了安全，在辅助电路中常常增加________（互锁/联锁/互锁与联锁）。

8）三相异步电动机正反转控制线路中，性能最佳的联锁控制线路是________（接触器联锁/按钮联锁/接触和按钮双重联锁 /机械联锁）。

9）三相异步电动机顺序控制线路中，为保证电动机动作时间的先后次序准确，最好采用________（主电路为顺序控制/控制电路为手动控制/控制电路为时间继电器控制/机械控制 ）线路。

10）Y-△降压起动是为了________（减小/增大）起动________（电压/电流）。

11）只有正常运行时，采用________（三角形/星形/延边三角形）连接的三相异步电动机起动时才能采用 Y-△降压起动。

12）在选择电动机的制动方式时，若单从节能的观点出发，则最好选择________（机械抱闸制动/反接制动/能耗制动/再生发电回馈制动）。

13）电气图一般由________（电器、电源、负载/电器、技术说明书、标题栏/接触器、开关、电动机）三大部分组成。

14）分析电气控制线路的工作原理，一般按________（从上而下/从下而上/从右至左/从左至右/从中间到外侧）的顺序分析。

学习检测

实训考核标准见表 2.20 和表 2.21。

表 2.20　三相异步电动机基本控制线路的安装、调试及故障处理技能自我评分表

项　目	技术要求	配　分	评分细则	评分记录
备料	正确按照电气线路图要求选择元件	5 分	每选错 1 项扣 0.5 分	
	了解元件功能、作用及使用注意事项		不了解功能作用每项扣 0.5 分	

续表

项　目	技术要求	配　分	评分细则	评分记录
布局安装	元件布局合理	10 分	布局不合理扣 2 分	
	安装牢固		安装不牢固每项扣 2 分	
	元件无损坏		损坏元件每只扣 5 分	
线路敷设	接线正确（含电动机接法）	40 分	接线有错误每处扣 2 分	
	布线合理		布线不合理扣 4 分	
	导线接点工艺符合要求		导线接点工艺不合要求（松动、露铜过长、反圈等）每处扣 1 分	
	导线绝缘或线芯无损		导线绝缘或线芯有破损每处扣 3 分	
	号码管标识正确		号码管错标或漏标每处扣 0.5 分	
通电试车	热继电器根据负载设定整定电流	35 分	热继电器未根据负载设定整定电流或设定不正确扣 10 分	
	按通电试车流程操作		不按通电试车流程每项扣 5 分	
			第一次试车不成功且不能迅速判定故障扣 10 分	
			第二次试车不成功且不能迅速判定故障扣 20 分	
			发生短路全扣	
安全规范	安全文明生产	10 分	每违反一项全扣	
	正确安装接地线			
定额时间			超时酌情扣分	
实训起止时间	开始时间： 结束时间：		本次成绩：	

表 2.21　基本控制线路的安装、调试、故障处理技能自我评分

项　目	技术要求	配　分	评分细则	评分记录
备料	正确选择元件	5 分	每选错 1 项扣 0.5 分	
	了解元件功能、作用及使用注意事项		不了解功能、作用及使用注意事项每项扣 0.5 分	
布局安装	元件布局合理	5 分	布局不合理扣 2 分	
	安装牢固		安装不牢固每项扣 2 分	
	元件无损坏		损坏元件每只扣 5 分	

续表

项　目	技术要求	配　分	评分细则	评分记录
线路敷设	接线正确（含电动机接法）	35分	接线有错误每处扣2分	
	布线合理		布线不合理扣4分	
	导线接点工艺符合要求		导线接点工艺不合要求（松动、露铜过长、反圈等）每处扣1分	
	导线绝缘或线芯无损		导线绝缘或线芯有破损每处扣3分	
	号码管标识正确		号码管错标或漏标每处扣0.5分	
通电试车	热继电器根据负载设定整定电流	20分	热继电器未根据负载设定整定电流或设定不正确扣10分	
	按通电试车流程操作		不按通电试车流程每项扣5分	
			第一次试车不成功且不能迅速判定故障扣10分	
			第二次试车不成功且不能迅速判定故障扣20分	
			发生短路全扣	
故障分析 故障排查	正确使用仪表工具查找故障	30分	仪表工具使用不当每次扣2分	
	使用正确方法排除故障点		排查程序不对每次扣2分	
			错标或不能标出故障范围，每个故障点每次扣2分	
			故障点找到但无法排除每次扣2分	
			排查中产生新故障，不能自行修复每次扣10分，能自行修复每次扣5分	
			损坏元件每次扣5分；电动机损坏每次扣10分	
安全规范	安全文明生产	5分	每违反一项全扣	
	正确安装接地线			
定额时间			超时酌情扣分	
实训起止时间	开始时间：	结束时间：	本次成绩：	

知识拓展与链接

用电气图形符号绘制的图称为电气图，它是电工技术领域中提供信息的主要方式。电气图的种类很多，其作用也各不相同，各类图的命名主要是根据其所表达信息的类型和表达方式而确定的。

1. 电气原理图

电气原理图是说明电气设备工作原理的线路图。在电气原理图中，并不考虑元件的实际安装位置和实际连线情况，只是把各元件按接线顺序用符号展开在平面图上，用直线将各元件连接起来。一般分为电源电路、主电路和辅助电路（图 2.108 中为控制电路）3 部分，如图 2.108 所示。

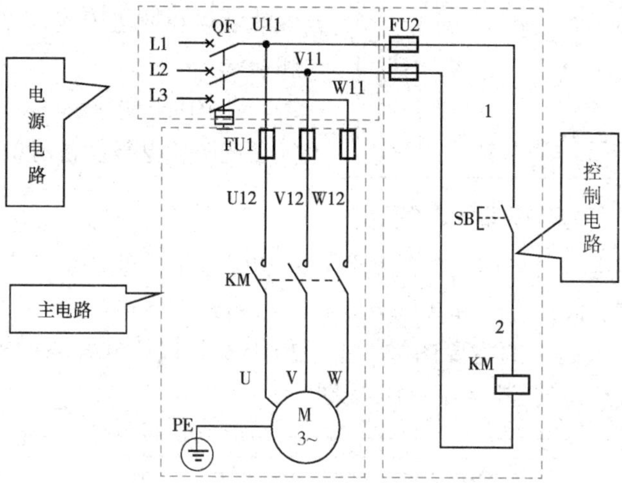

图 2.108　点动控制电气原理图

在阅读和绘制电气原理图时应注意以下几点：

1）电源电路画成水平线，三相交流电源 L1、L2、L3 自上而下依次画出，电源开关水平画出。

2）主电路是指受电的动力装置及控制、保护电器的支路等，它是由主熔断器、接触器的主触头、热继电器的热元件及电动机等组成，主电路一般在左侧。

3）辅助电路一般包括控制主电路工作状态的控制电路，显示主电路工作状态的指示电路，提供机床设备局部照明等。它主要由主令电器的触头、接触器线圈及辅助触头、继电器线圈及触头、指示灯及照明灯等组成。控制电路一般在右侧。

4）电气原理图应按功能来组合，同一功能的相关元件应画在一起，不应受元件结构的约束。电路应按动作顺序和信号流程自上而下或自左向右排列。

5）各元件的电气符号和文字符号必须按标准绘制和标注，同一元件必须用同一文字符号标注。

6）各元件应该是未通电或未动作的状态，二进制逻辑元件应是置零的状态，机械开关应是循环开始的状态，即按电路“常态”画出。

7）画电气原理图时，尽量避免线条交叉，通电连接的在交叉处标上小黑点。

2. 布置图

布置图是根据电气元件在控制板上的实际安装位置，采用简化的外形符号（如正方形、矩形、圆形等）绘制的一种简图。它不表达各元件的具体结构、作用、接线情况及工作原理，主要用于元件的布置和安装。图 2.109 所示为连续运转控制线路的布置图。

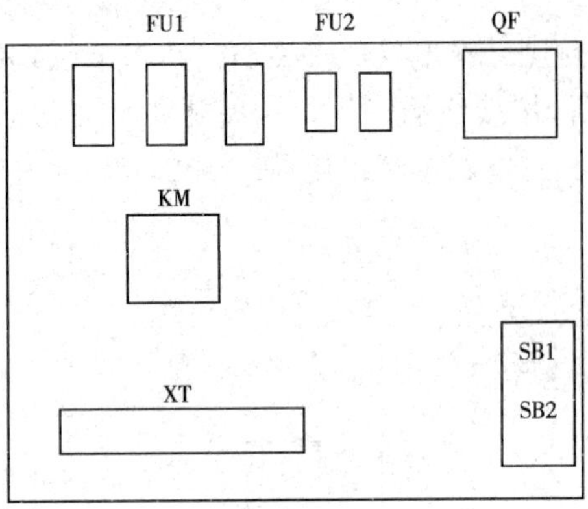

图 2.109　连续运转控制线路的布置图

1）按电气原理图要求，应将动力、控制和信号电路分开布置，并各自安装在相应的位置，以便操作、维护。

2）电气控制柜中各元件之间、上下左右之间的连线应保持一定间距，并且应考虑元件的发热和散热因素，以及便于布线、接线和检修。

3）图中的文字符号应与电气原理图、电气互连图和电气设备清单一致。

3. 接线图

接线图是根据电气设备和元件的实际位置和安装情况绘制的，它只用来表示电气设备和元件的位置、配线方式和接线方式，而不明显表示电气动作原理和元件之间的控制关系。它是电气施工的主要图样，主要用于安装接线、线路的检查和故障处理。图 2.110 所示为连续运转控制线路的接线图。

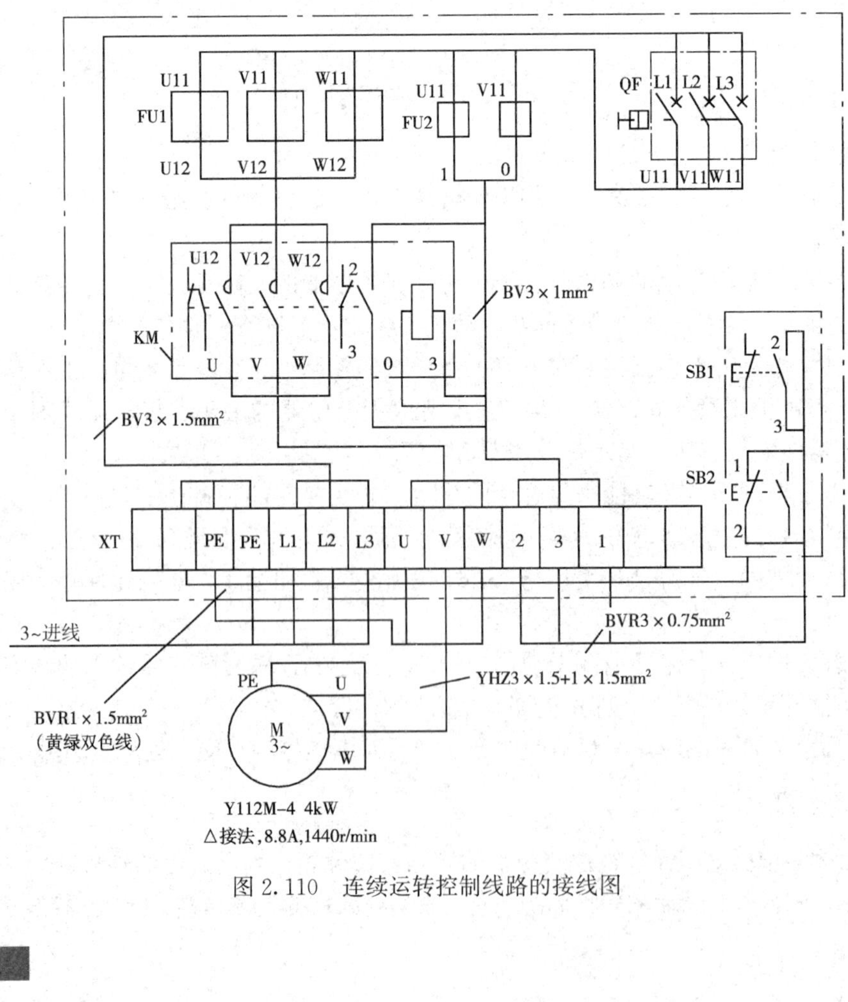

图 2.110　连续运转控制线路的接线图

接线图中一般应示出如下内容：电气设备和元件的相对位置、文字符号、端子号、导线号、导线类型、导线截面积等信息。识读接线图应遵循以下原则：

所有的电气设备和元件都应按其所在的实际位置绘制在图纸上，且同一元件应根据其实际结构，使用与电气原理图相同的图形符号画在一起，并用点画线框上，其文字符号及接线端子的编号应与电气原理图中的标注一致，以便对照检查接线。

接线图中的导线有单根导线、导线组（或线扎）、电缆等，可用连续线或中断线表示。凡导线走向相同的可以合并，用线束来表示，到达接线端子板或元件的连接点时再分别画出。用线束表示导线组、电缆时，可用加粗的线条表示，在不引起误解的情况下，也可采用部分加粗。另外，导线及管子的型号、根数和规格应标注清楚。

在实际工作中，电气原理图、布置图和接线图应结合起来使用。

4. 知识链接

请查阅《人机界面标志标识的基本和安全规则 设备端子、导体终端和导体的标识》（GB/T 4026—2019）及《电气技术用文件的编制 第 1 部分：规则》（GB/T 6988.1—2008）的内容。

项目3 双速异步电动机控制线路安装、调试及故障处理

教学目标

学会运用电工工具对按钮和时间继电器控制双速异步电动机变速控制线路进行安装、调试及故障处理，学会识读、绘制按钮和时间继电器控制双速异步电动机变速控制电气原理图，并进一步了解其工作原理。

安全规范

1. 电气线路在未经验电笔确定无电前，一律视为有电，不可用手触摸，不可绝对相信绝缘体，应认为是有电操作。
2. 工作前应详细检查自己所用的工具是否安全可靠，穿戴好必需的防护用品，以防工作时发生意外。
3. 送电前必须认真检查，看是否合乎要求并和有关人员联系好，方能送电。
4. 低压设备上必须进行带电工作时，要经过实训教师批准，并要有专人监护。
5. 要处理好工作中所有已拆除的电线，包好带电线头，防止触电。
6. 工作完毕后，必须拆除临时地线，所有材料、工具、仪表等归类放置，原有防护装置应随即安装好。

技能要求

1. 能识读按钮和时间继电器控制双速异步电动机变速控制线路的原理图。
2. 能正确使用常用电工工具和电工仪表。
3. 能识别、使用按钮和时间继电器控制双速异步电动机变速控制线路元件和导线。
4. 能安装按钮和时间继电器控制双速异步电动机变速控制线路。
5. 能分析、排除按钮和时间继电器控制双速异步电动机变速控制线路的常见故障。

素养目标

1. 培养学生小组合作、自主探究的能力。
2. 培养学生动手操作的实践能力和创新能力。
3. 学生按照“6S”管理规定，整理工具、清理施工现场，以培养良好的职业习惯。

任务1

按钮和时间继电器控制双速异步电动机变速控制线路安装、调试及故障处理

场景描述

双速异步电动机广泛应用在普通车床、钻床、铣床和小镗床中的主拖动系统。如图 3.1 所示，C6246A 车床中主拖动系统采用的是双速异步电动机作为主轴电动机。在日常教学中，学生在教师的指导下，通过在控制板上进行控制线路原理图的安装接线、通电调试和常见故障的分析、排除，掌握双速异步电动机的控制和故障处理方法。

图 3.1　双速异步电动机在 C6246A 车床中的应用

任务目标

技能点：1. 会选择、安装及标识按钮和时间继电器控制双速异步电动机变速控制线路的元件。

2. 能安装按钮和时间继电器控制双速异步电动机变速控制电气控制线路。

3. 能调试按钮和时间继电器控制双速异步电动机变速控制线路。

4. 能处理按钮和时间继电器控制双速异步电动机变速控制线路故障。

知识点：1. 掌握按钮和时间继电器控制双速异步电动机变速控制线路的工作原理。

2. 掌握双速异步电动机定子绕组的连接方法。

工作任务

本任务流程如图 3.2 所示。

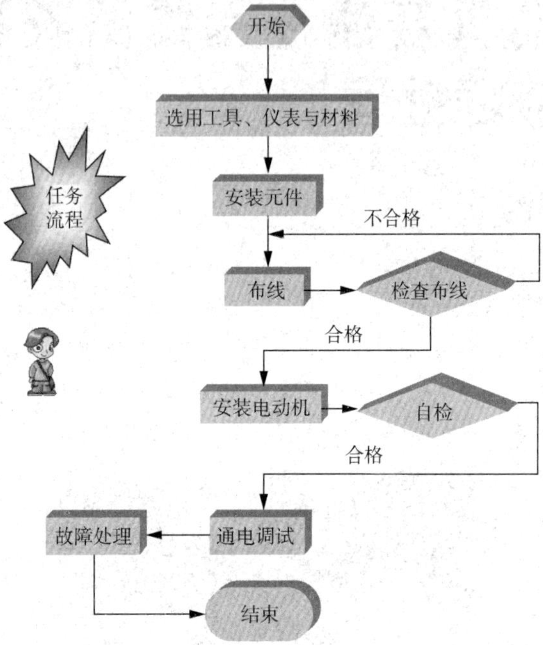

图 3.2　工作任务流程图

实践操作

活动 1　选用工具、仪表与材料

1. 工具与仪表选用

工具与仪表的选用见表 3.1。

表 3.1　工具与仪表

工　具	测电笔、螺钉旋具、尖嘴钳、斜口钳、剥线钳、电工刀等电工常用工具
仪　表	兆欧表（500V、0～500MΩ）、钳形电流表、万用表

2. 元件与材料选用

根据按钮和时间继电器控制双速异步电动机变速控制线路原理图（图 3.3）和安装图（图 3.4）选用元件与材料（表 3.2）。

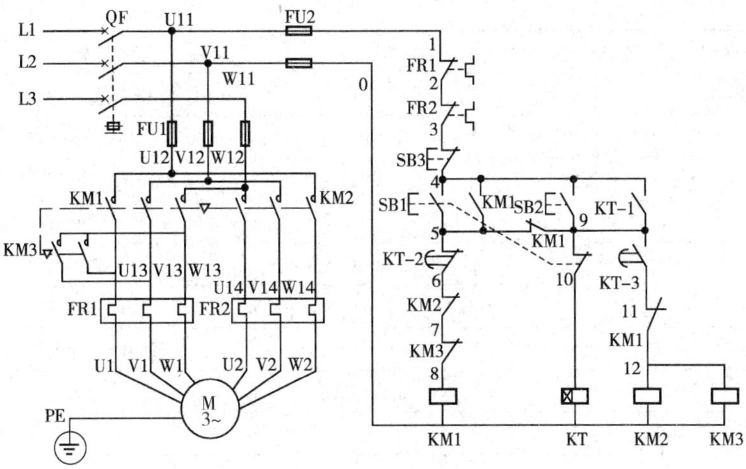

图 3.3　按钮和时间继电器控制双速异步电动机变速控制线路原理图

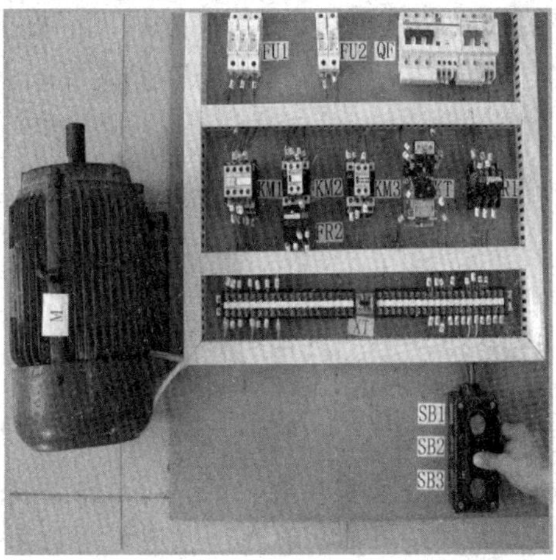

图 3.4　按钮和时间继电器控制双速异步电动机变速控制线路安装图

表 3.2　按钮和时间继电器控制双速异步电动机变速控制线路元件与材料明细表

名　称	代　号	型　号	规　格	数　量
双速异步电动机	M	YD112M-4/2	3.3kW/4kW、380V、7.4A/8.6A、△/YY、1440r/min 或 2880r/min	1 台
漏电断路器	QF	DZ47LEII-50/3N	三极、400V、16A	1 个
熔断器	FU1	RT18-32/15	500V、30A、配熔体 15A	3 个
熔断器	FU2	RT18-32/2	500V、32A、配熔体 2A	2 个
交流接触器	KM1、KM2、KM3	CJX2-0910	10A、线圈电压 380V	3 个
热继电器	FR	JRS1-09314	三极、20A、整定电流 8.6A	2 个

续表

名称	代号	型号	规格	数量
空气式时间继电器	KT	JS7-2A	线圈电压 380V	1个
按钮	SB1、SB2、SB3	LA4	380V、5A、按钮数 3	3个
端子板	XT	TD2020	380V、10A、15 节	2个
控制板			100mm×80mm	1个
导线		BVR2.5mm^2（红色）	耐压 500V	1捆
导线		BVR1.5mm^2（绿色）	耐压 500V	2捆
走线槽			25mm×40mm	10m
异形套管			1.5^2 或 2.5^{2}mm^2	1捆
各种螺钉				若干

活动 2　安装元件

根据表 3.2 配齐元件，并检验元件质量；在控制板上按图 3.4 安装元件。元件安装要求牢固可靠，并符合安装工艺要求，具体安装工艺要求参照项目 2 任务 1 的工艺要求。

活动 3　布线

在控制板上根据图 3.3 进行布线，并在线端套上编码套管。安装接线工艺应符合相关规程规定，具体的工艺要求和相关规程请参照项目 2 任务 1 的工艺要求。

活动 4　检查布线

检查主电路中接触器 KM1、KM2 在两种转速下电源相序的接线是否正确。若接错，两种转速下电动机的转向相反，换向时将产生很大的冲击电流。

活动 5　安装电动机

安装时，控制双速电动机△连接的接触器 KM1 和 YY 连接的 KM2 的主触头不能调换接线；否则，不但无法实现双速控制要求，而且会在 YY 运转时造成电源短路故障。热继电器 FR1、FR2 的整定电流不能设错，其在主电路中的接线不能接错。

活动 6　自检

用电阻法配合手动方式操作元件，模拟元件得电动作进行检查。在检查的过程中，注意电阻值的变化。通过电阻值的变化，分析判断接线的正确性。

控制回路的检查具体步骤如下。

第一步：将万用表的两支表笔放于控制回路的熔断器上，万用表显示的电阻值为无穷大，说明控制回路无短路或短接，如图 3.5 所示。

第二步：按下起动按钮 SB1，接通的是 KM1 线圈，此时测得的电阻值为 KM1 线圈的直流电阻值，如图 3.6 所示。

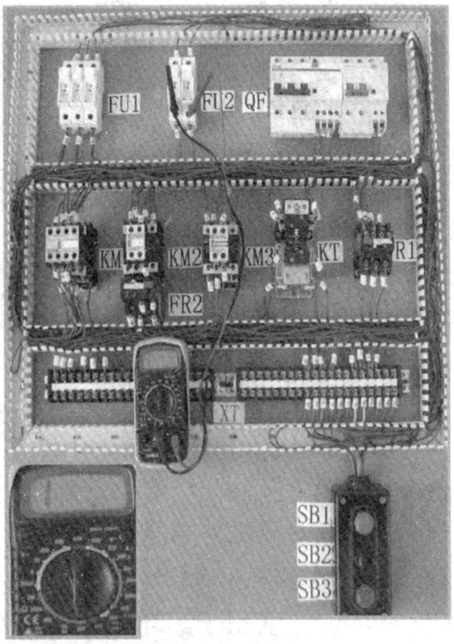

图 3.5　控制回路检查第一步

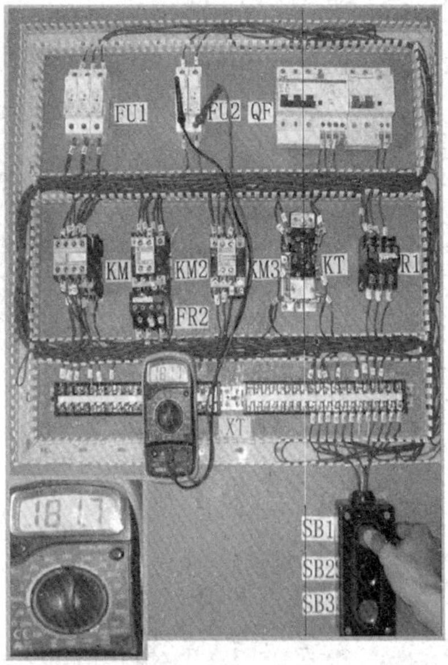

图 3.6　控制回路检查第二步

第三步：在第二步的基础上，按下停止按钮 SB3，断开 KM1 线圈，此时电阻值为无穷大，如图 3.7 所示。

第四步：按下 SB2，此时，接通的是 KT 和 KM1 线圈，测得的电阻值是 KT、KM1 线圈并联后的直流电阻值，如图 3.8 所示。

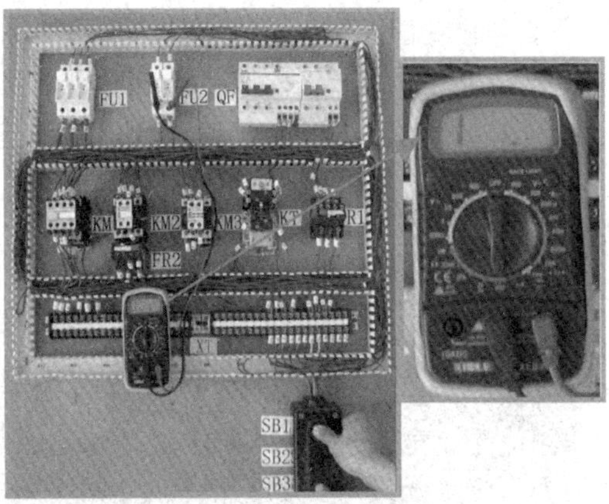

图 3.7　控制回路检查第三步

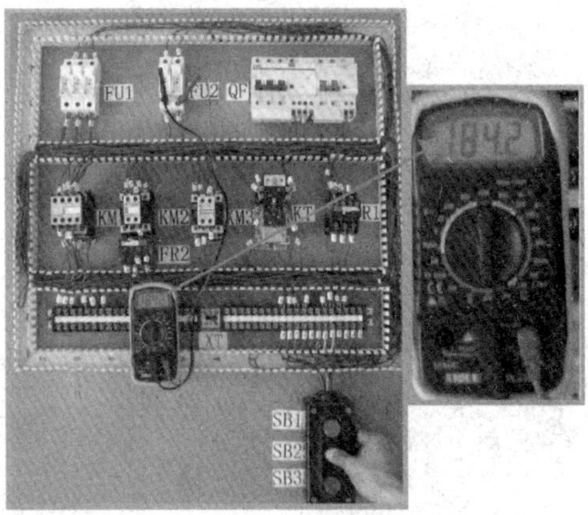

图 3.8　控制回路检查第四步

第五步：在第四步的基础上，按下停止按钮 SB3，断开 KM1 和 KT 线圈，此时电阻值为无穷大，如图 3.9 所示。

第六步：按下 SB2，首先接通的是 KT 和 KM1，经 KT 整定时间后 KM1 断开，同时 KM2 和 KM3 线圈接通，此时测得电阻值为 KT、KM2 和 KM3 线圈并联后的直流电阻值，如图 3.10 所示。

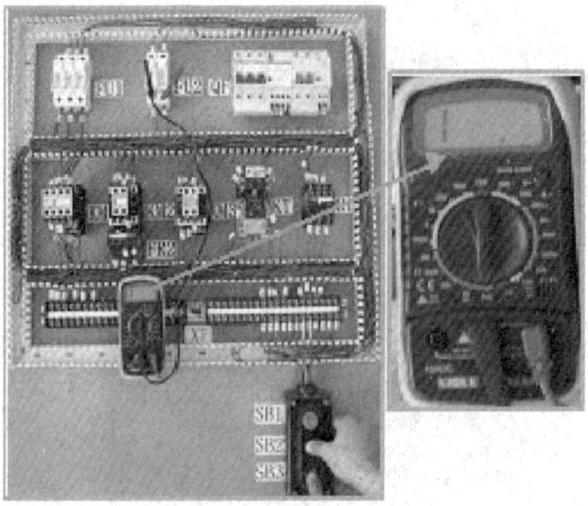

图 3.9　控制回路检查第五步

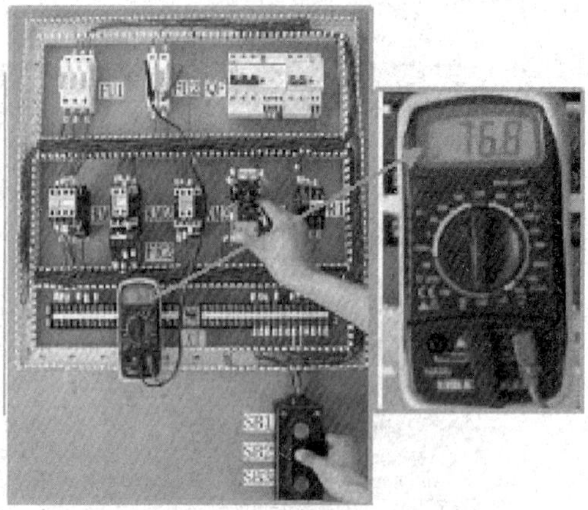

图 3.10　控制回路检查第六步

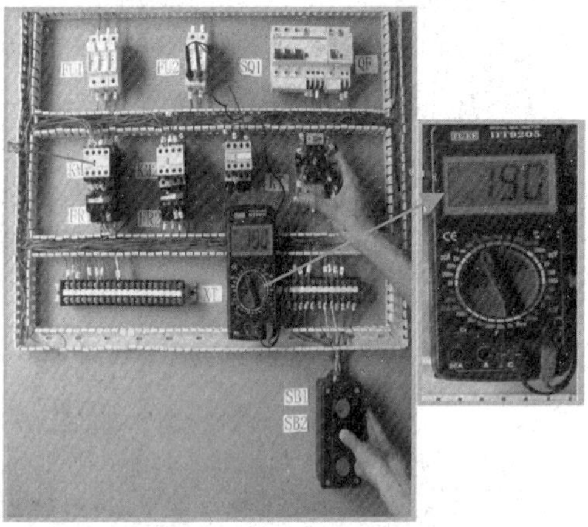

图 3.11　控制回路检查第七步

第七步：在第六步的基础上，手动压下 KM1 动铁心，断开 KM1 的常闭触头，断开 KM2、KM3 线圈。此时，测得的直流电阻值变大，即为 KT 线圈的直流电阻值，说明高速电路功能正常，如图 3.11 所示。

第八步：在第六步的基础上，按下停止按钮 SB3，此时断开 KT、KM2 和 KM3 线圈，测得电阻值为无穷大，说明高速停止功能正常，如图 3.12 所示。

第九步：手动压下 KM1 动铁心，此时接通的是 KM1 线圈，测得的电阻值为 KM1 线圈的直流电阻值，如图 3.13 所示。

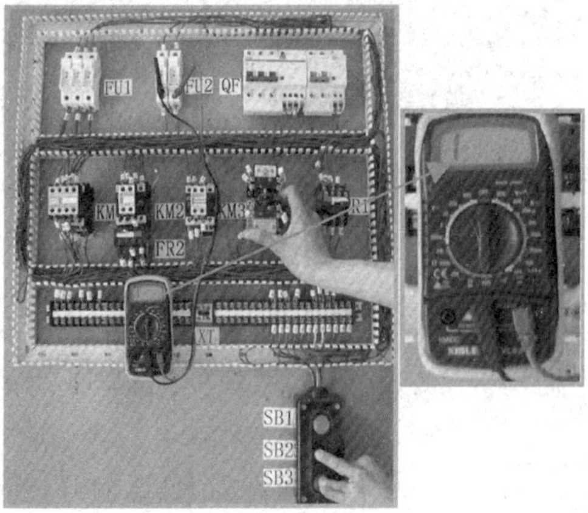

图 3.12　控制回路检查第八步

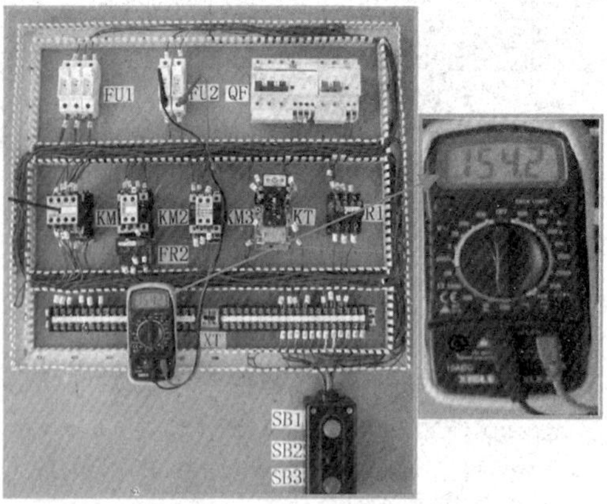

图 3.13　控制回路检查第九步

第十步：手动压下 KT，此时首先接通的是 KT 和 KM1 线圈，如图 3.14（a）所示；经时间继电器的设定延时时间后，KM1 线圈失电，同时 KT 延时闭合触头接通 KM2 和 KM3 线圈，此时测得的电阻值为 KT、KM2 和 KM3 线圈并联后的直流电阻值，如图 3.14（b）所示。

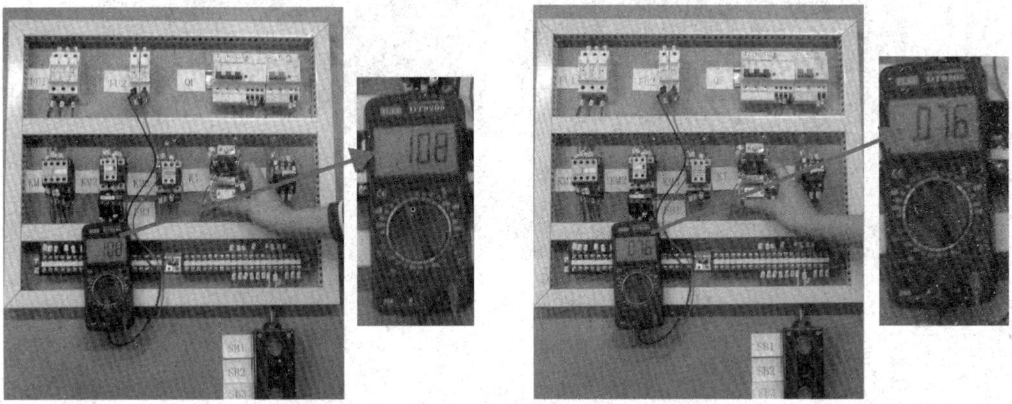

(a) 接通KT和KM1线圈　　(b) KM1线圈失电，KM2和KM3线圈接通

图 3.14　控制回路检查第十步

活动 7　通电调试

（1）控制回路通电调试

连接控制系统的电源，经实训教师检查合格后，在教师的指导下通电调试控制回路。调试时注意观察各接触器和时间继电器的动作情况。按下 SB1，接触器 KM1 线圈得电，控制电动机低速运转，接触器的动作情况如图 3.15 所示。按下 SB2，时间继电器 KT 及 KM1 线圈得电，经过整定的时间后，接触器 KM1 线圈失电，接触器 KM2 和 KM3 线圈得电，控制电动机高速运转，如图 3.16 所示。完成低速—高速两种速度的变换控制。

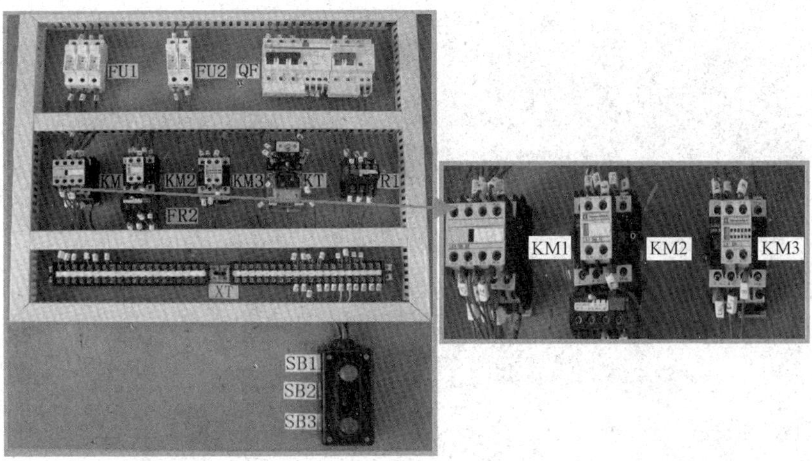

图 3.15　双速异步电动机低速运转接触器动作示意图

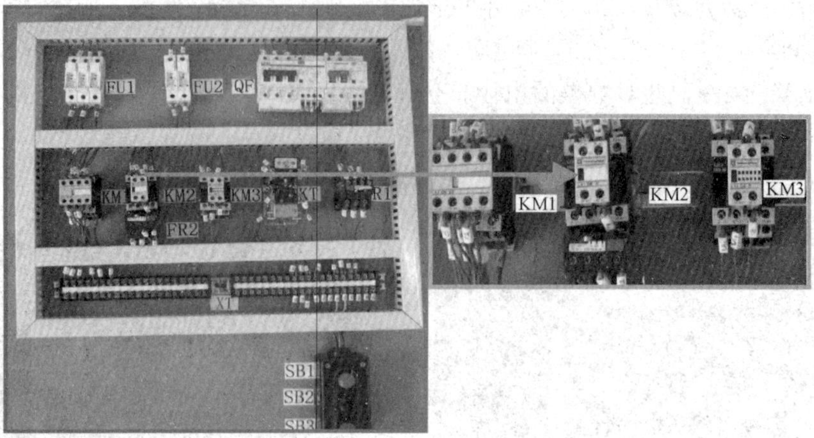

图 3.16　双速异步电动机高速运转接触器动作示意图

（2）主回路通电调试

通过观察电动机低速（图 3.17）与高速（图 3.18）的转速对比，确定主回路接线的正确性。安装电动机的电源线及连接保护接地线；注意电动机的正确接法，可靠连接电动机及各元件金属外壳的保护接地线，接线必须接在它们指定的专用接地螺钉上。安装电动机之前必须用摇表摇测电动机的绝缘电阻值。

活动 8　故障处理

1）故障一：合上电源开关，按低速起动按钮 SB1 和高速起动按钮 SB2，线路都无法起动。

故障分析及排除流程如图 3.19 所示。

图 3.17　双速异步电动机低速运行示意图

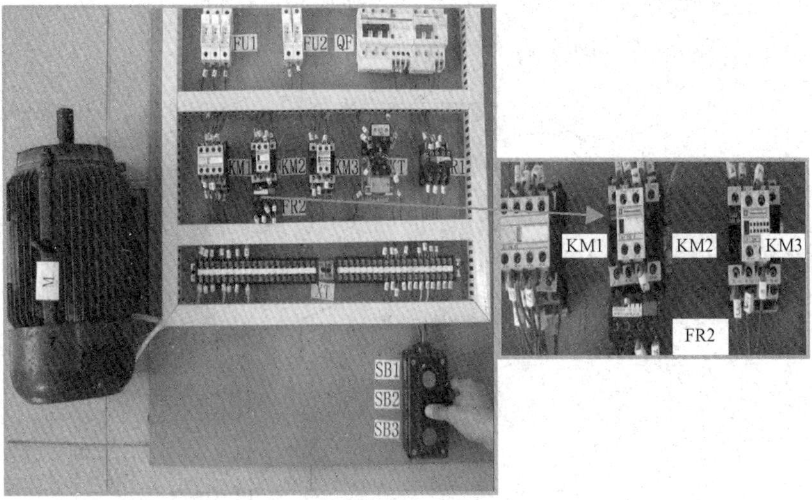

图 3.18　双速异步电动机高速运行示意图

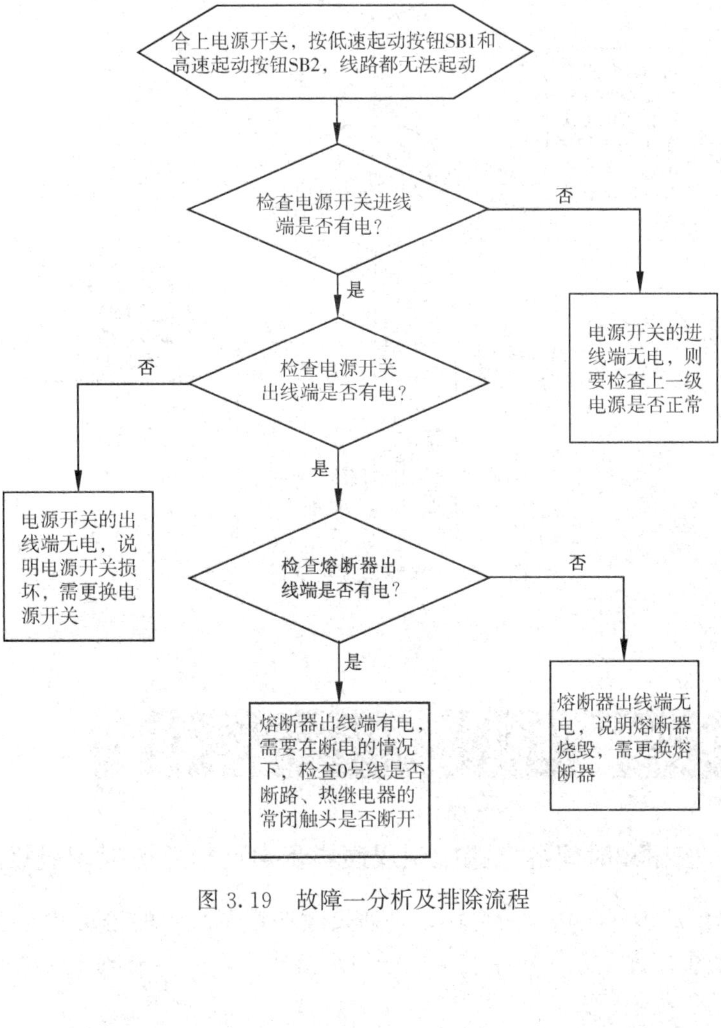

图 3.19　故障一分析及排除流程

2）故障二：电动机无法从低速运行自动变换成高速运行。

故障分析及排除流程如图 3.20 所示。

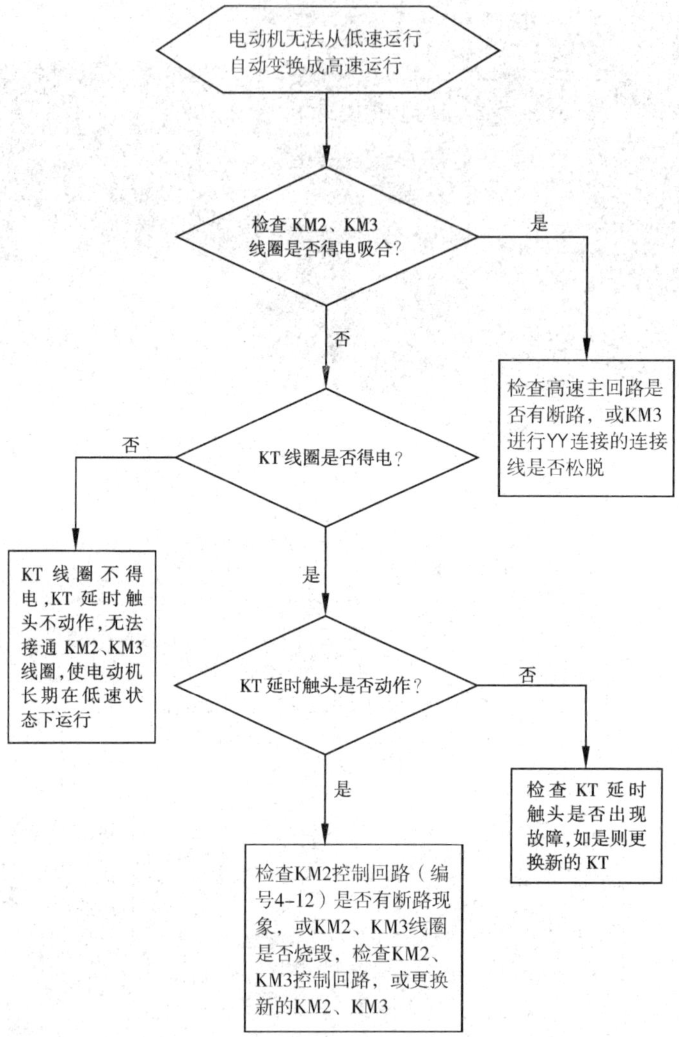

图 3.20　故障二分析及排除流程

相关理论知识

知识 1　按钮和时间继电器控制双速异步电动机变速控制线路的基础知识

双速异步电动机低、高速的变换，是通过改变定子绕组的接法从而改变其极对数来实现的。如图 3.21 所示，图中三相定子绕组接成△，由 3 个连接点接出 3 个出线端

U1、V1、W1，从每相绕组的中点各接出 1 个出线端 U2、V2、W2，这样定子绕组共有 6 个出线端。通过改变这 6 个出线端与电源的连接方式，就可以得到两种不同的转速。

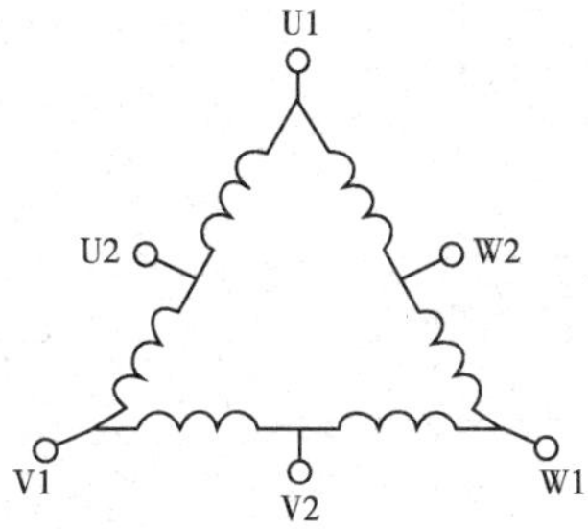

图 3.21　双速异步电动机 6 个接线端的引线方式

1）电动机在低速工作时，将电动机定子绕组接成△连接，即把三相电源分别接至 U1、V1、W1 上，另外 3 个出线端 U2、V2、W2 空着不接，如图 3.22（a）所示。此时电动机定子绕组的磁极为四极，同步转速为 1500r/min，电动机处于低速运行。

2）电动机高速工作时，将电动机定子绕组接成 YY 连接，即把 3 个出线端 U1、V1、W1 并接在一起，另外 3 个出线端 U2、V2、W2 分别接到三相电源上，如图 3.22（b）所示。此时电动机定子绕组的磁极为两极，同步转速为 3000r/min，电动机处于高速运行。对于采用△/YY 连接的双速异步电动机，它高速运转时的转速是低速运转转速的 2 倍。

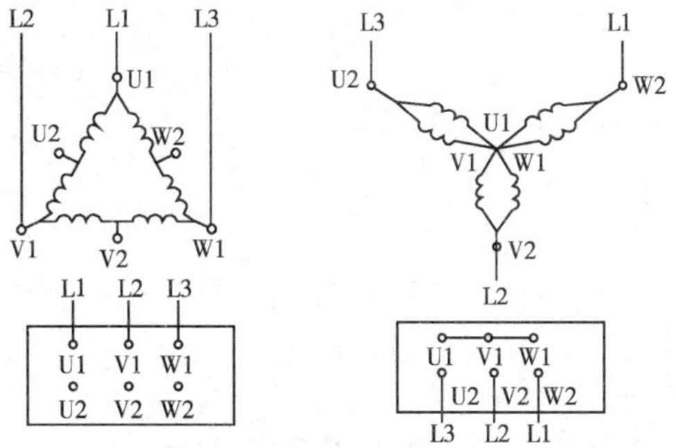

（a）低速（四极）-△连接　（b）高速（两极）-YY 连接

图 3.22　双速异步电动机三相定子绕组△/YY 接线图

知识 2　按钮和时间继电器控制双速异步电动机变速控制线路的工作原理

1）根据图 3.3 所示的按钮和时间继电器控制双速异步电动机变速控制线路原理图，线路的工作原理如图 3.23 所示。

2）停止：按下 SB3 即可。

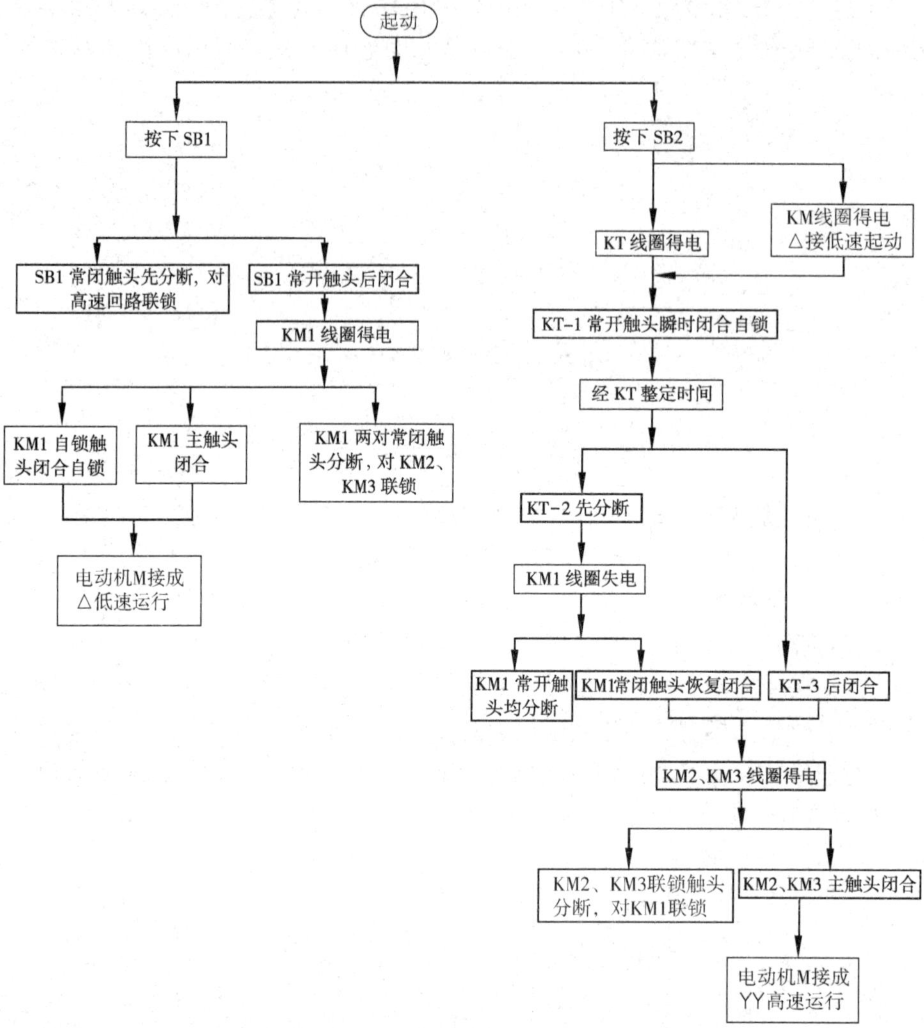

图 3.23　按钮和时间继电器控制双速异步电动机变速控制线路工作原理

巩固训练

1. 技能训练要求

1）会使用常用电工工具和电工仪表；会识别、选择、使用元件和导线。

2）能规范地进行控制线路安装、接线；能正确处理各种电气设备安全事故。

2. 实训内容

（1）实训电路

双速异步电动机自动变速控制线路原理图如图 3.24 所示。

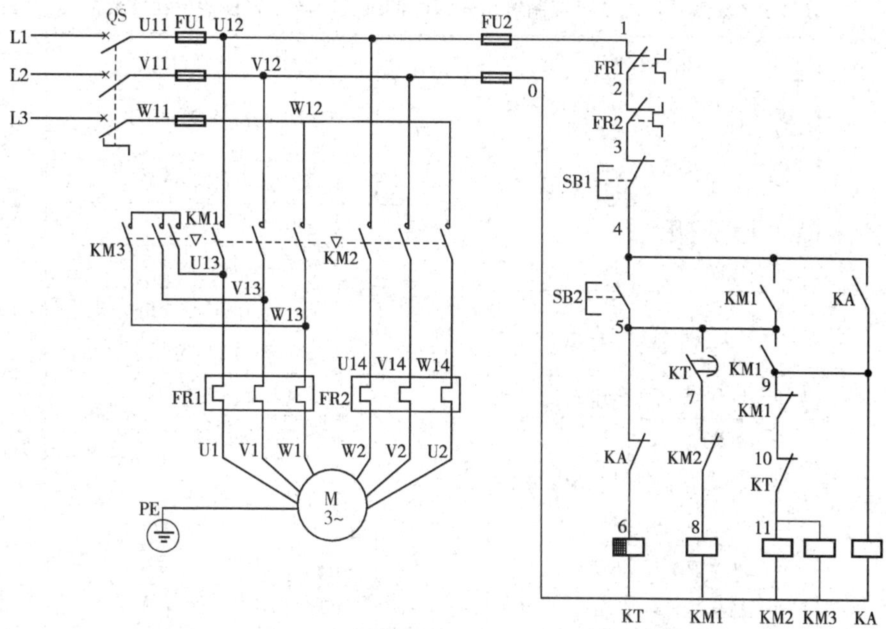

图 3.24　双速异步电动机自动变速控制线路原理图

（2）实训操作及要求

1）根据图 3.24 配齐元件，并检查元件质量。

2）在控制板上根据控制线路原理图进行线槽布线，并在线端套上编码套管。

3）根据图 3.24，对主回路和控制回路进行自检。

4）在实训教师的指导下，不带电动机进行控制线路的通电调试。

5）安装电动机。

6）在实训教师的监督下，通电试车。

思考与练习

1）写出双速异步电动机自动变速控制线路的工作原理。

2）试分析通电延时时间继电器和断电延时时间继电器的动作有何异同。

3）试分析按钮和时间继电器控制双速电动机变速控制线路与双速异步电动机自动变速控制线路有何异同。

学习检测

实训考核标准见表 3.3。

表 3.3 双速异步电动机控制线路安装、调试及故障处理技能自我评分表

项　目	技术要求	配　分	评分细则	评分记录
备料	按项目要求备料，清楚元件功能及作用、使用注意事项	5 分	不按要求备料每项扣 1 分	
	检查元件		漏检、错检每项扣 1 分	
布局安装	元件布局合理	20 分	不合理扣 15 分	
	安装牢固		不牢固每处扣 4 分	
	整齐、匀称		不整齐、不匀称每处扣 3 分	
	元件无损坏		有损坏每只扣 15 分	
线路敷设	接线无错误（含电动机接法）	40 分	有错误每处扣 4 分	
	布线合理		布线不合理每处扣 3 分	
	导线接点处理符合要求（无松动、露铜过长、反圈等）		不合要求每处扣 1 分	
	导线绝缘或线芯无破损		有损坏每处扣 5 分	
	号码管标注正确		错标或漏标每处扣 1 分	
通电试车	热继电器根据负载设定整定电流且设定正确	30 分	未根据负载设定整定电流或设定不正确每次扣 5 分	
	按通电试车流程操作		第一次试车不成功且不能迅速判定故障每次扣 20 分	
			第二次试车不成功且不能迅速判定故障每次扣 30 分	
安全规范	接地线的安装规范	5 分	安装不规范每处扣 2 分	
			漏装安全接地线每处扣 4 分	
			错装安全接地线每处扣 4 分	
定额时间			超时酌情扣分	
实训起止时间	开始时间：	结束时间：	本次成绩：	

知识拓展与链接

1. 三相异步电动机调速的方式

根据三相异步电动机转速的计算公式 $n=(1-s)60f/p$ 可知，改变三相异步电动机转速可通过三种方式来实现：一是改变电源频率 f；二是改变转差率 s；三是改变磁极对数 p。本项目所介绍的是改变磁极对数 p 来实现电动机调速的基本控制线路。

2. 变极的原理

改变三相异步电动机磁极对数的调速方式称为变极调速。变极调速是通过改变定子绕组的连接方式实现的，它是有级调速，且只适用于笼型异步电动机。凡磁极对数可改变的电动机称为多速电动机，常见的多速电动机有双速、三速、四速等几种类型。下面介绍双速异步电动机的变极原理。

单绕组双速电动机的变极方法有反向法、换相法、变跨距法等，其中反向法应用得最普遍。下面用 2/4 极双速电动机来说明反向变极的原理。假设定子上每相有两组线圈，每组线圈用一个集中绕组线圈来代表。如果把定子绕组 U 相的两组线圈 1U1—1U2 和 2U1—2U2 反向并联，如图 3.25 所示（图中只画 U 相的两组），则气隙中将形成两极磁场；若把两组线圈正向串联，使其中一组线圈的电流反向，则气隙中将形成四极磁场，如图 3.26 所示。

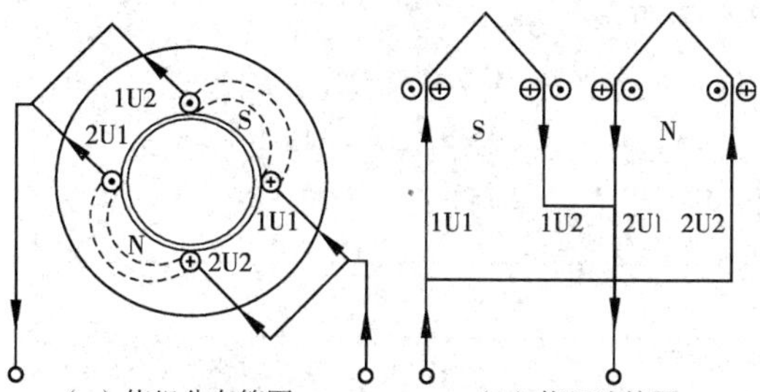

（a）绕组分布简图　　（b）绕组连接图

图 3.25　$p=1$ 时的一相绕组连接

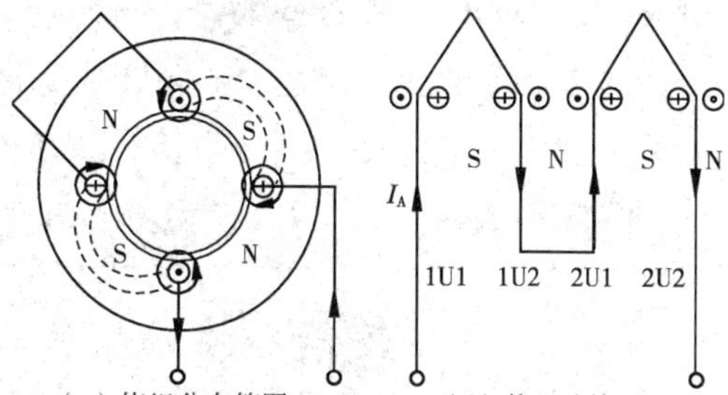

（a）绕组分布简图　　（b）绕组连接图

图 3.26　$p=2$ 时的一相绕组连接

由此可见，欲使极对数增大一倍，只要改变定子绕组的接线，使其中一半绕组中的电流反向即可实现。

项目4

绕线式异步电动机控制线路安装、调试及故障处理

教学目标

学会运用电工工具对绕线式异步电动机转子绕组串频敏变阻器自动起动控制线路进行安装、调试及故障处理，学会识读、绘制绕线式异步电动机转子绕组串频敏变阻器自动起动电气原理图，并进一步了解其工作原理。

安全规范

1. 电气线路在未经验电笔确定无电前，一律视为有电，不可用手触摸，不可绝对相信绝缘体，应认为是有电操作。
2. 工作前应详细检查自己所用的工具是否安全可靠，穿戴好必需的防护用品，以防工作时发生意外。
3. 送电前必须认真检查，看是否符合要求并和有关人员联系好，方能送电。
4. 低压设备上必须进行带电工作时，要经过实训教师批准，并要有专人监护。
5. 要处理好工作中所有已拆除的电线，包好带电线头，防止触电。
6. 工作完毕后，必须拆除临时地线，所有材料、工具、仪表等归类放置，原有防护装置应随时安装好。

技能要求

1. 能识读绕线式异步电动机转子绕组串频敏变阻器控制线路的原理图。
2. 能正确使用常用电工工具和电工仪表。
3. 能正确安装绕线式异步电动机转子绕组和频敏变阻器的接线。
4. 能安装绕线式异步电动机转子绕组串频敏变阻器控制线路。
5. 能分析、排除绕线式异步电动机转子绕组串频敏变阻器控制线路的常见故障。

素养目标

1. 培养学生小组合作、自主探究的能力。
2. 培养学生用辩证唯物主义的思想及发展的眼光，解决生产实践中遇到的工程问题。
3. 学生按照“6S”管理规定，整理工具、清理施工现场，以培养良好的职业习惯。

任务1

绕线式异步电动机串频敏变阻器自动起动控制线路安装、调试及故障排除

场景描述

绕线式异步电动机串频敏变阻器自动起动控制线路应用在重载起动和频繁起动的起重机、提升机和天车等生产机械上，这些生产机械的电动机通常采用中、大容量的绕线式异步电动机。图 4.1 所示为绕线式异步电动机在双梁起重机上的应用。在绕线式异步电动机的转子电路中串入适当的电阻器，在频繁起动的情况下，可使大部分热量产生在电动机外面的附加电阻器上，电动机本身不会过热。绕线式异步电动机串频敏变阻器自动起动控制线路能改善起动和制动的性能。

图 4.1　绕线式异步电动机在双梁起重机上的应用

本任务通过一台 2.2kW 的绕线式异步电动机串频敏变阻器自动起动控制线路的安装、调试及故障处理，让学生掌握绕线式异步电动机的控制原理和使用。

任务目标

技能点：1. 会选择、安装及标识绕线式异步电动机串频敏变阻器自动起动控制线路的元件。

2. 能安装绕线式异步电动机串频敏变阻器自动起动控制电气控制线路。

3. 能调试绕线式异步电动机串频敏变阻器自动起动控制电气控制线路。

4. 能处理绕线式异步电动机串频敏变阻器自动起动控制线路故障。

知识点：1. 掌握绕线式异步电动机串频敏变阻器自动起动控制线路的工作原理。

2. 掌握频敏变阻器的结构和工作原理。

工作任务

本任务流程如图 4.2 所示。

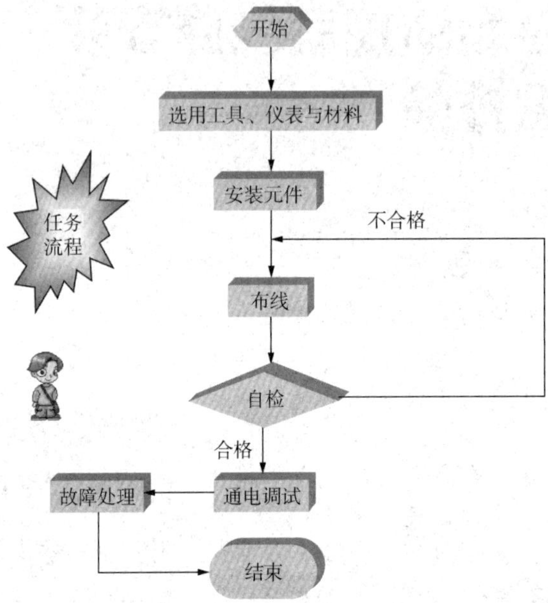

图 4.2 工作任务流程图

实践操作

活动 1 选用工具、仪表与材料

1. 工具仪表选用

工具与仪表的选用见表 4.1。

表 4.1 工具与仪表

工 具	测电笔、螺钉旋具、尖嘴钳、斜口钳、剥线钳、电工刀等电工常用工具
仪 表	兆欧表（500 V、0～500MΩ）、钳形电流表、万用表

2. 元件与材料选用

根据绕线式异步电动机转子绕组串频敏变阻器自动起动控制线路电气原理图（图 4.3）选用元件与材料（表 4.2）。

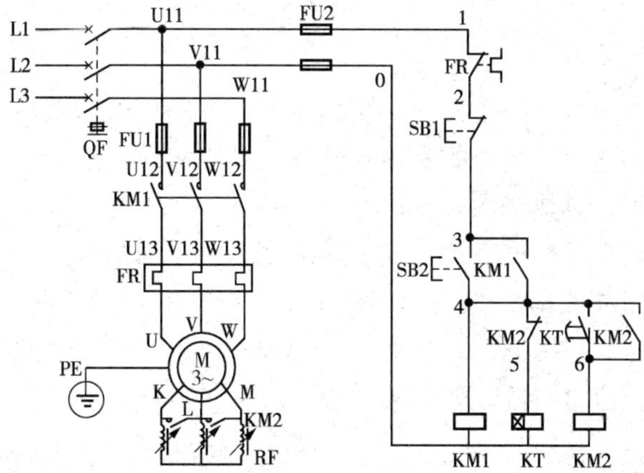

图 4.3　绕线式异步电动机转子绕组串频敏变阻器自动起动控制线路电气原理图

表 4.2　绕线式异步电动机控制元件与材料明细表

名　称	代　号	型　号	规　格	数　量
绕线式异步电动机	M	YZR-132MA-6	2.2kW、6A/11.2A、908r/min	1 台
频敏变阻器	RF	BP1-004/10003		1 个
漏电断路器	QF	DZ47LEII-50/3N	三相、400V、16A	1 个
熔断器	FU1	RT18-32/15	500V、32A、配熔体 15A	3 个
熔断器	FU2	RT18-32/2	500V、32A、配熔体 2A	2 个
交流接触器	KM1、KM2	CJX2-0910	20A、线圈电压 380V	2 个
热继电器	FR	JRS1-09314	三极、20A、整定电流 11.2A	1 个
空气式时间继电器	KT	JS7-2A	线圈电压 380V	1 个
按钮	SB1、SB2	LA4-3H	380V、5A、按钮数 3	2 个
端子板	XT	JX2-1015	380V、10A、15 节	3 个
导线		BVR2.5mm^2（红色）	耐压 500V	1 捆
导线		BVR1.5mm^2（绿色）	耐压 500V	2 捆
走线槽			ϕ40mm	10m
编码套管			ϕ4mm	1 捆
各种螺钉				若干
控制板			500mm×400mm×20mm	1 块

活动 2　安装元件

根据表 4.2 配齐元件，并检验元件质量；在控制板上按图 4.3 安装元件。元件安装要求牢固可靠，并符合安装工艺要求，具体安装工艺要求参照项目 2 任务 1 的工艺要求。

活动 3　布线

在控制板上根据图 4.3 进行布线，在布线过程中，严禁损伤线芯和导线绝缘，各接点要牢固可靠不松动，在线端套上编码套管，并符合工艺要求。安装接线工艺应符合相关规程规定，具体的工艺要求和相关规程参照项目 2 任务 1 的具体要求。

活动 4　自检

用电阻法配合手动方式操作元件，模拟元件得电动作进行检查。在检查的过程中，注意电阻值的变化。通过电阻值的变化分析判断接线的正确性。

控制回路的检查，具体步骤如下。

第一步：把万用表的两支表笔放于控制回路的熔断器上，万用表显示的电阻值为无穷大，说明控制回路无短路或短接，如图 4.4 所示。

第二步：按下起动按钮 SB2，接通的是 KM1 和 KT 线圈，此时测得的值为 KM1 和 KT 线圈并联的直流电阻值，如图 4.5 所示。

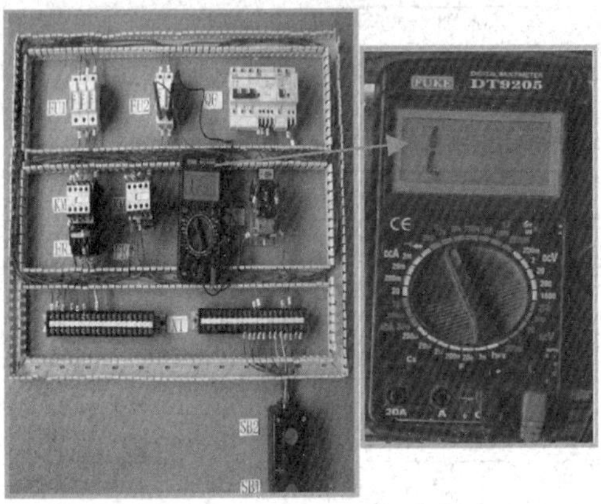

图 4.4　控制回路检查第一步

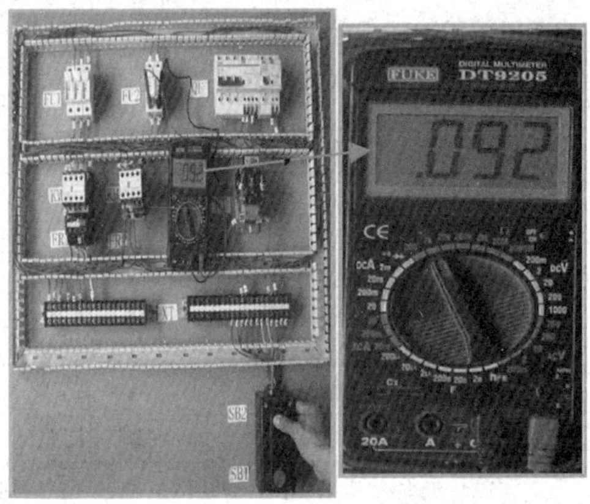

图 4.5　控制回路检查第二步

第三步：在第二步的基础上，按下停止按钮 SB1，断开 KM1 和 KT 线圈回路，此时其电阻值为无穷大，如图 4.6 所示。

第四步：按下起动按钮 SB2，动作 KT 延时触头，此时接通的是 KM1、KT 和 KM2 线圈，测得的电阻值为 KM1、KT 和 KM2 线圈并联后的直流电阻值，如图 4.7 所示。

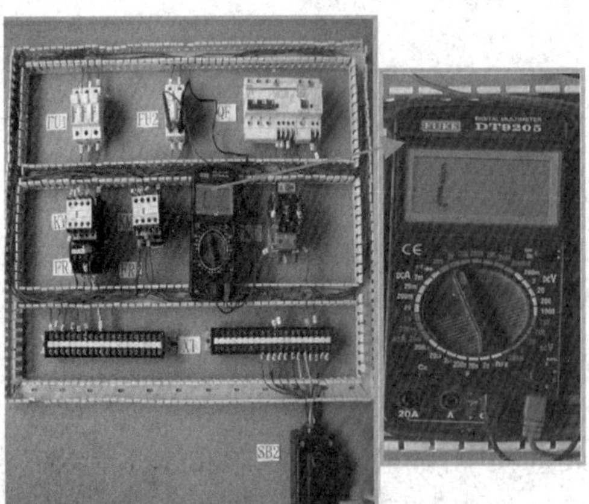

图 4.6　控制回路检查第三步

图 4.7　控制回路检查第四步

第五步：按下起动按钮 SB2，动作 KM2，KM2 辅助常闭触头断开 KT 线圈回路，KM2 辅助常开触头闭合接通 KM2 线圈，此时，接通的是 KM1 和 KM2 线圈，测得的电阻值是 KM1 和 KM2 线圈并联的直流电阻值，如图 4.8（a）所示。按下停止按钮 SB1，此时万用表显示的直流电阻值为无穷大，如图 4.8（b）所示。

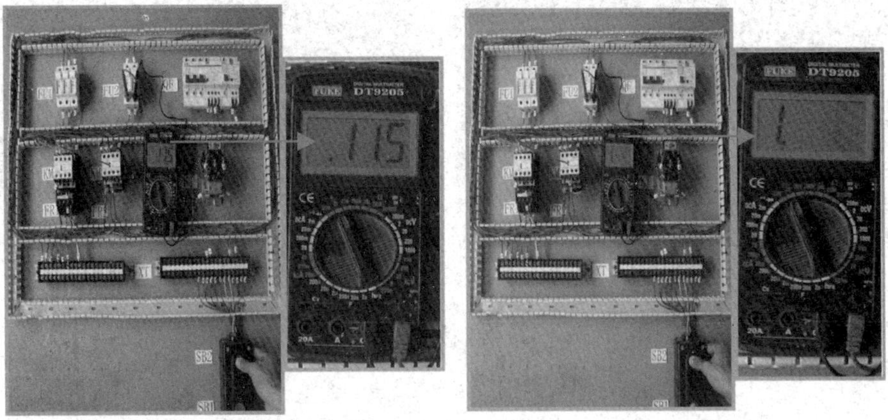

（a）电阻值是KM1和KM2线圈并联的直流电阻值　　（b）电阻值为无穷大

图 4.8　控制回路检查第五步

第六步：动作 KM1，KM1 的辅助常开触头闭合，接通的是 KM1 和 KT 线圈。此时，测得的值为 KM1 和 KT 线圈并联的直流电阻值，如图 4.9 所示。

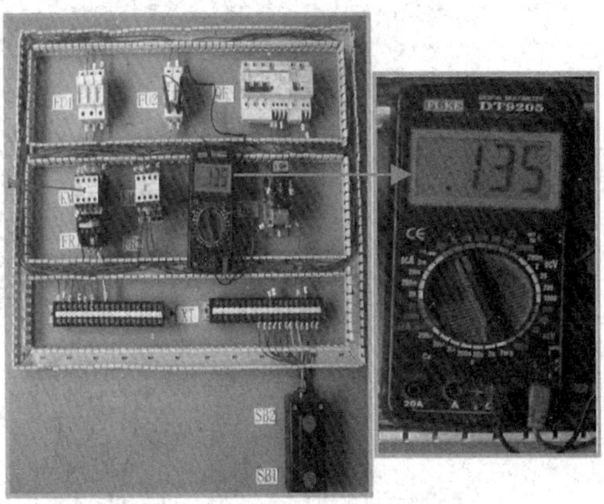

图 4.9　控制回路检查第六步

第七步：在第六步的基础上，动作 KT 延时触头，此时接通的是 KM1、KT 和 KM2 线圈，测得的电阻值是 KM1、KT 和 KM2 线圈并联后的直流电阻值（电阻器并联阻值变小），如图 4.10（a）所示。按下停止按钮 SB1，此时万用表显示的直流电阻值为无穷大，如图 4.10（b）所示。

活动 5　通电调试

（1）控制回路调试

连接控制系统的电源，经实训教师检查合格后，在教师的指导下通电调试控制回路。调试时注意观察各接触器和时间继电器的动作情况。按下起动按钮 SB2，接触器 KM1 和时间继电器 KT 线圈得电，如图 4.11 所示。时间继电器 KT 线圈得电后，经过整定的时间（线路的时间继电器采用通电延时），接触器 KM2 线圈得电，完成串频敏变阻器起动控制，如图 4.12 所示。

（a）动作KT延时触头　　（b）按下停止按钮SB1

图 4.10　控制回路检查第七步

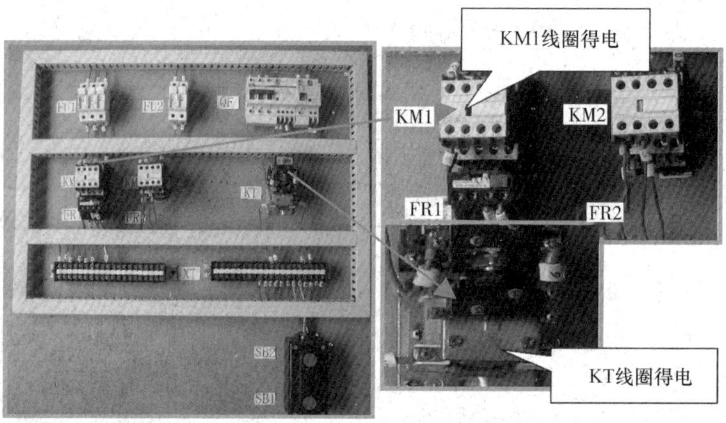

图 4.11　KM1 和 KT 线圈得电

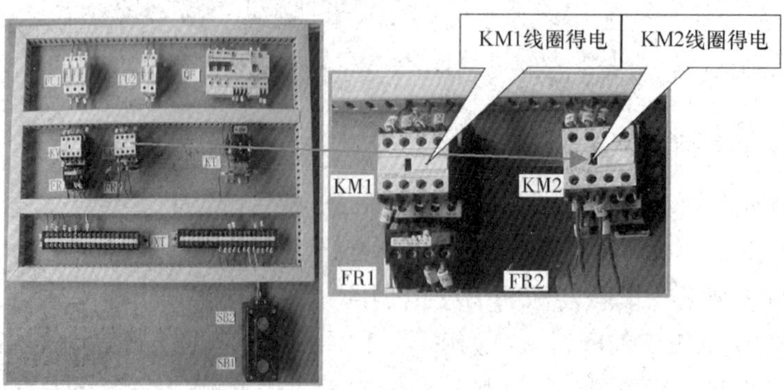

图 4.12　KM1 和 KM2 线圈得电

（2）主回路调试

通过观察电动机的转速，判断是否接入频敏变阻器。

降压起动，以确定主回路接线的正确性。在图 4.13 中 KM1 线圈得电，绕线式异步电动机串频敏变阻器降压起动；在图 4.14 中 KM1 和 KM2 得电，KM2 切除频敏变阻器，全压运行。

图 4.13　绕线式异步电动机串频敏变阻器降压起动示意图

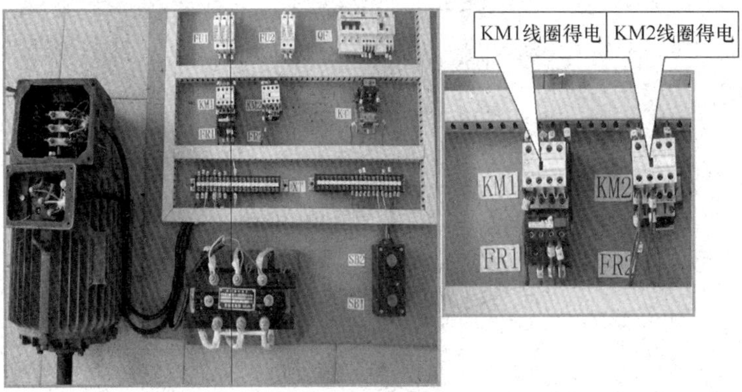

图 4.14　绕线式异步电动机全压运行示意图

活动 6　故障处理

1）故障一：合上电源开关，按起动按钮 SB2 线路无法起动。

故障分析及排除流程如图 4.15 所示。

2）故障二：绕线式异步电动机长期运行在串频敏变阻器状态。

故障分析及排除流程如图 4.16 所示。

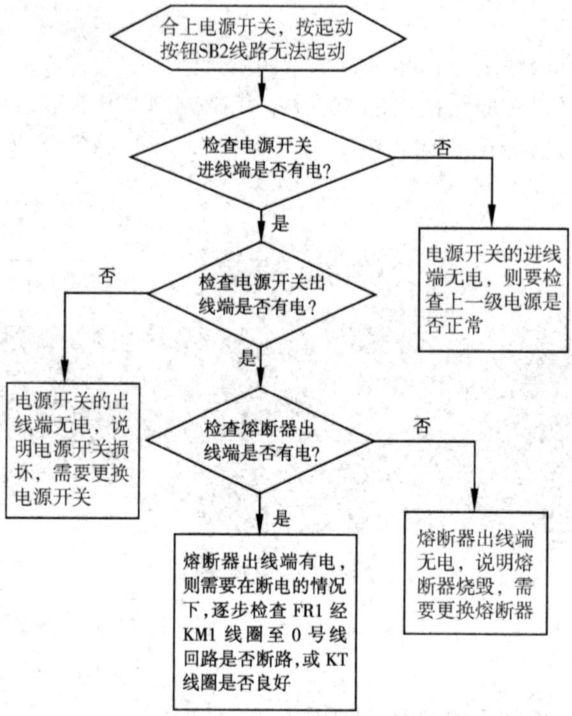

图 4.15　故障一分析及排除流程

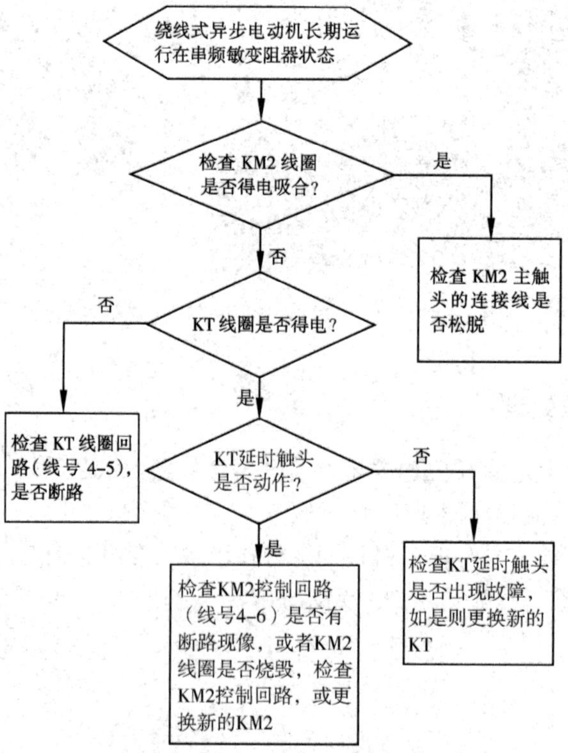

图 4.16　故障二分析及排除流程

相关理论知识

知识 1　绕线式异步电动机转子绕组串频敏变阻器自动起动控制线路的工作原理

1）图 4.3 所示为绕线式异步电动机转子绕组串频敏变阻器自动起动控制线路电气原理图，其工作原理如图 4.17 所示。

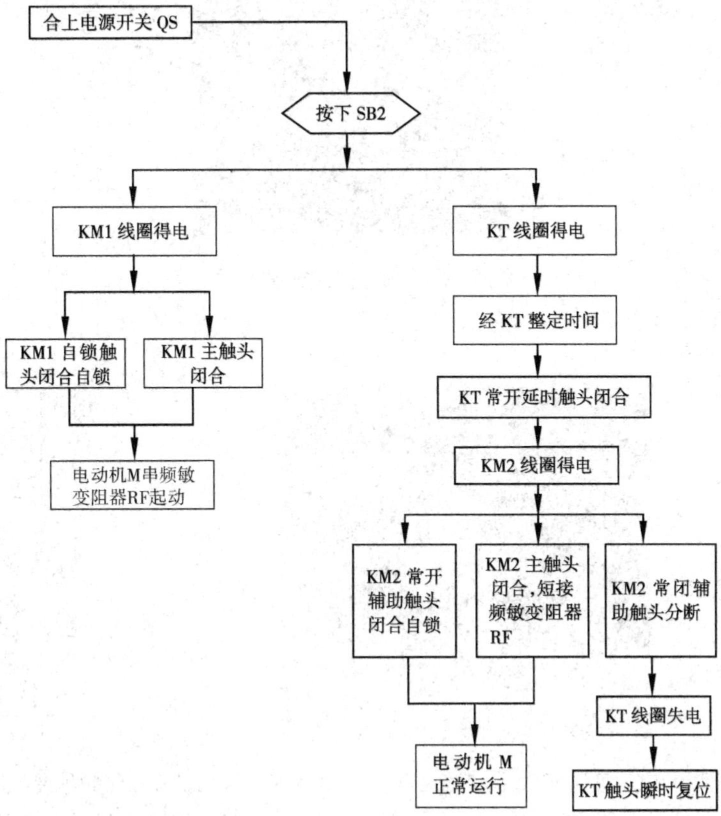

图 4.17　绕线式异步电动机转子绕组串频敏变阻器自动起动控制线路的工作原理

2）停止：按下停止按钮 SB1，电动机 M 失电停止。

知识 2　频敏变阻器的结构和工作原理

1. 频敏变阻器的结构

频敏变阻器是一种静止的、无触头的电磁元件，它为三相结构，由铁心、铁轭及绕组组成，如图 4.18 所示。频敏变阻器是利用电磁感应原理制成的，通过控制交变磁场的频率而使铁心损耗变化，相当于调节电阻器大小使电阻器上的损耗变化。为了在铁心中产生较大的涡流损耗和磁滞损耗，频敏变阻器铁心由几片或十几片厚钢板制成，铁心间有可以调节的气隙，当其绕组通过交流电流时，产生铁心损耗而发热，效果相当于接入等值电阻器而产生热量。频敏变阻器的外部结构与三相电抗器相似，由三相铁心柱和三相绕组组成，三相绕组接成星形，如图 4.19 所示；通过三相集电环和三组电刷与转子电路连接，连接线路图如图 4.20 所示。

图 4.18　频敏变阻器的结构图

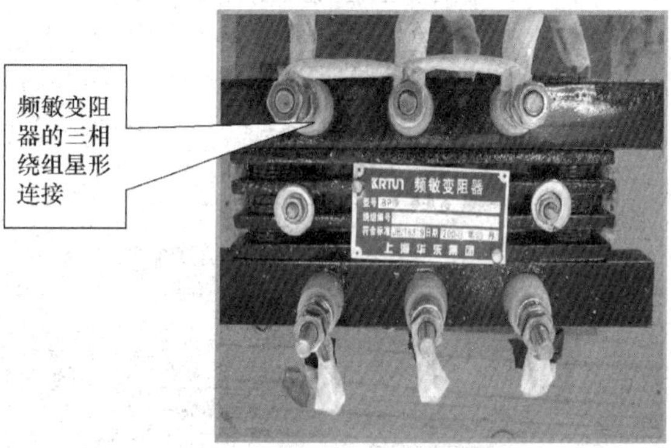

图 4.19　频敏变阻器的三相绕组星形连接实物图

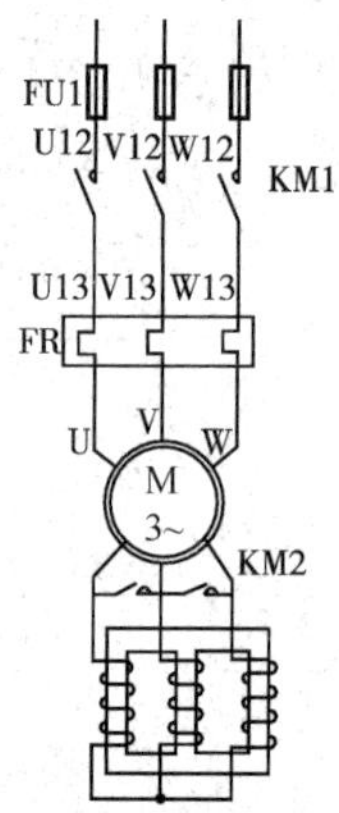

图 4.20　频敏变阻器的三相绕组星形连接线路图

2. 工作原理

频敏变阻器是根据涡流原理工作的，即铁心涡流损耗与频率的平方成正比。当转子电流频率变化时，铁心中的涡流损耗变化，频敏变阻器等值电路的参数也随之变化，故称为频敏变阻器。当起动时，转子电流频率高，励磁阻抗大，相当于串入较大的电阻器 r_p 和部分电抗器 X_p，如图 4.21 所示。在起动过程中，r_p 及 X_p 随转速升高频率降低而自动地连续减小；起动结束，即低频时，励磁阻抗已经变得几乎可以忽略不计。频敏变阻器是一种无触头的变阻器，能实现无级平滑起动，可获得恒转矩的起动特性，没有机械冲击，且结构较简单、成本低、使用寿命长、维护方便；其缺点是体积较大、设备较重。实际上，频敏变阻器的电流频率、匝数、铁心叠片的材料、结构尺寸、气隙维持一定时，电动机起动时转子电动势和电流的频率变化是等值阻抗的主要影响因数。频敏变阻器的铁心和磁轭之间设有空气隙，绕组也留有几个抽头，如图 4.22 所示，改变气隙的大小和绕组匝数使其等效阻抗改变，以达到调整电动机的起动电流和起动转矩的大小。

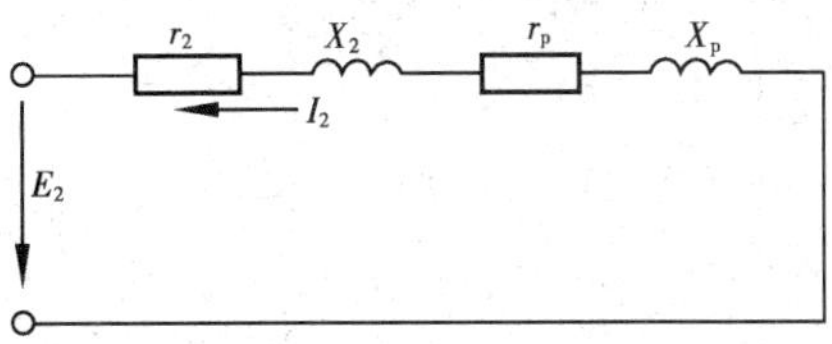

图 4.21　频敏变阻器的等效电路图

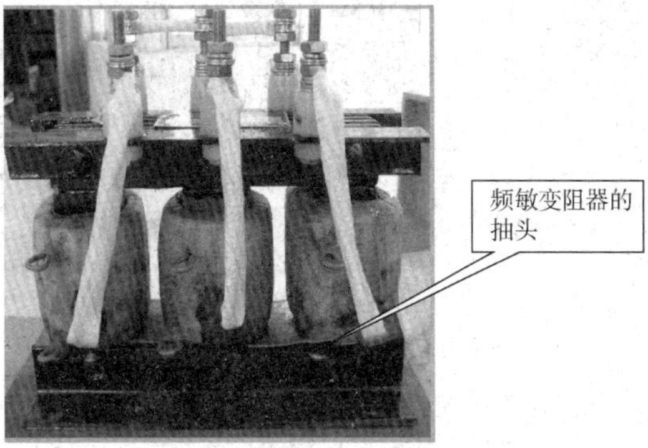

图 4.22　频敏变阻器的抽头示意图

巩固训练

1. 技能训练要求

1）会使用常用电工工具和电工仪表；会识别、选择、使用元件和导线。

2）能规范地进行控制线路安装、接线；能正确处理各种电气设备安全事故。

2. 实训内容

（1）实训电路

绕线式异步电动机转子绕组串频敏变阻器起动手/自动控制线路电气原理图如图 4.23所示。

（2）实训操作及要求

1）根据图 4.23 配齐元件，并检查元件质量。

2）在控制板上根据原理图进行线槽布线，并在线端套上编码套管。

3）根据图 4.23，对主回路和控制回路进行自检。

4）在实训教师的指导下，不带电动机进行控制线路的通电调试。

5）安装电动机。

6）在实训教师的监督下，通电试车。

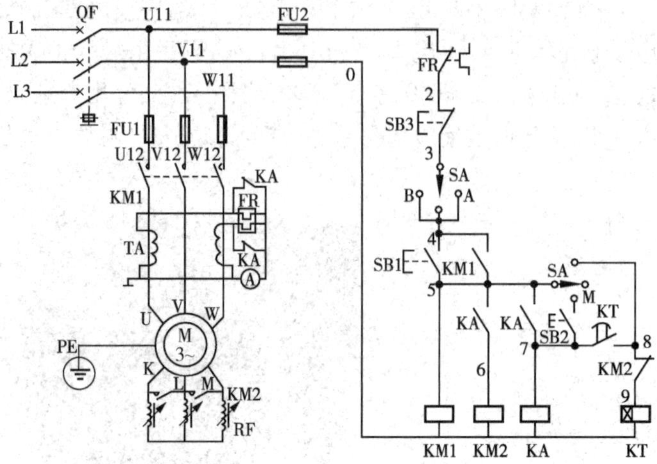

图 4.23　绕线式异步电动机转子绕组串频敏变阻器起动手/自动控制线路电气原理图

思考与练习

1）写出图 4.23 绕线式异步电动机转子绕组串频敏变阻器起动手/自动控制线路的工作原理。

2）简述频敏变阻器的结构特点及工作原理。

学习检测

实训考核标准见表 4.3。

表 4.3　绕线式异步电动机控制线路安装、调试及故障处理技能自我评分表

项　目	技术要求	配　分	评分细则	评分记录
备料	按项目要求备料，清楚元件功能及作用、使用注意事项	5 分	不按要求备料每项扣 1 分	
	检查元件		漏检、错检每项扣 1 分	
布局安装	元件布局合理	20 分	不合理扣 15 分	
	安装牢固		不牢固每处扣 4 分	
	整齐、匀称		不整齐、不匀称每处扣 3 分	
	元件无损坏		有损坏每只扣 15 分	

续表

项　目	技术要求	配　分	评分细则	评分记录
线路敷设	接线无错误（含电动机接法）	40 分	有错误每处扣 4 分	
	布线合理		布线不合理每处扣 3 分	
	导线接点处理符合要求（无松动、露铜过长、反圈等）		不合要求每处扣 1 分	
	导线绝缘或线芯无破损		有损坏每处扣 5 分	
	号码管标注正确		错标或漏标每处扣 1 分	
通电试车	热继电器根据负载设定整定电流且设定正确	30 分	未根据负载设定整定电流或设定不正确每次扣 5 分	
	按通电试车流程操作		第一次试车不成功且不能迅速判定故障扣 10 分	
			第二次试车不成功且不能迅速判定故障扣 20 分	
安全规范	接地线的安装规范	5 分	安装不规范每处扣 2 分	
			漏装安全接地线每处扣 4 分	
			错装安全接地线每处扣 4 分	
定额时间			超时酌情扣分	
实训起止时间	开始时间：	结束时间：	本次成绩：	

知识拓展与链接

1. 万能转换开关的作用

万能转换开关是由多组相同结构的触头组件叠装而成的多回路控制电器，主要用于各种控制线路的转换、电气测量仪表的转换，以及配电设备的远距离控制，也可用于控制小容量电动机的起动、制动、正反转换向及双速电动机的调速。万能转换开关的触头挡数多、换接的线路多且用途广泛。

2. 万能转换开关的分类及其型号含义

1）万能转换开关的分类。

① 按手柄形式，可分为旋钮、普通手柄、带定位可取出钥匙和带信号指示灯等。

② 按定位形式，可分为复位式和定位式。定位角有 30°、45°、60°、90°等数种，由具体系列决定。

③ 按接触系统挡数分，如 LW5 分 1、2、3、4、5、6、7、8、9、10、11、12、

13、14、15、16 共 16 种单列转换开关。

2）万能转换开关型号含义。

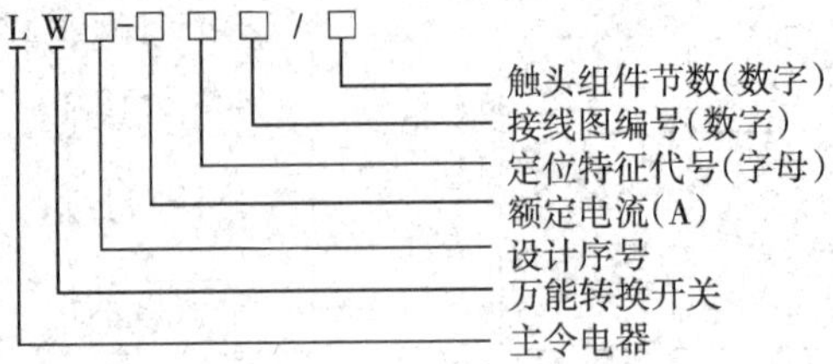

3. LW5 系列万能转换开关的主要组成部分及工作原理

1）LW5 系列万能转换开关的主要组成部分。

LW5 系列万能转换开关主要由操作机构、定位装置和触头 3 部分组成，实物如图 4.24所示，结构如图 4.25 所示。其中，触头为双断点桥式结构，动触头设计成自动调整式，以保证通断时的同步性。静触头装在触头座内。每个由胶木压制的触头座内可安装 2～3 组触头，而且每组触头上均装有隔弧装置。

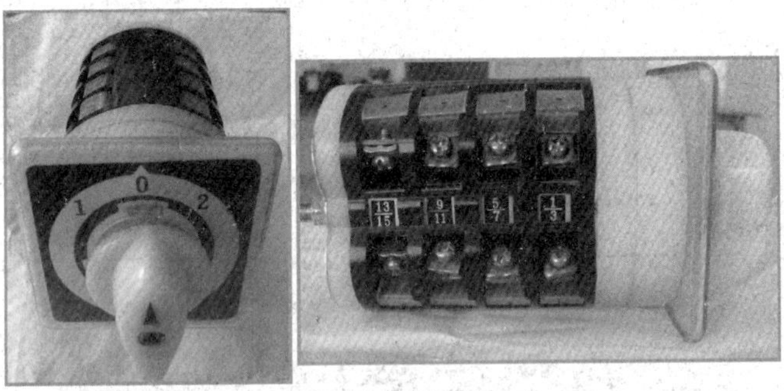

图 4.24　LW5 系列万能转换开关实物图

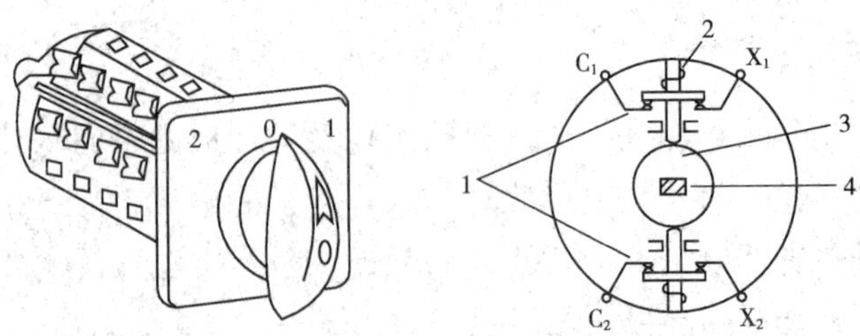

1—触头；2—触头弹簧；3—凸轮；4—轮轴。

图 4.25　LW5 系列万能转换开关的结构图

2）LW5 系列万能转换开关的工作原理。

在操作转换开关时，手柄带动转轴和凸轮一起旋转。当手柄在不同的操作位置，利用凸轮顶开和靠弹簧力恢复动触头，控制它与静触头的分与合，从而达到对电路断开和接通的目的。

4. 万能转换开关的选择

1）按额定电压和工作电流等参数选择合适的系列。

2）按控制要求，确定触头数量和接线图编号。

3）按操作需要选择手柄形式和定位特征。

项目5

典型机床线路调试及故障处理

教学目标

了解典型的机床线路，理解典型机床控制系统的工作原理，会识读典型机床控制系统的安装接线图及原理图，能调试典型机床控制系统，会分析和处理典型机床控制系统的常见故障。

安全规范

1. 对于出现故障的电气设备、装置和线路，必须及时进行检修，以保证人身和电气设备的安全。
2. 电气设备一般不能受潮，要有防止雨、雪、水侵蚀的措施。电气设备运行时，要有良好的通风散热条件和防火措施。
3. 所有电气设备的金属外壳都必须有可靠的保护接地。
4. 严格遵照机床安全操作规程运行操作。
5. 凡有可能被雷击的电气设备，都要安装防雷装置。

技能要求

1. 能掌握典型机床的安全操作。
2. 能熟练掌握典型机床线路的工作原理。
3. 能熟练掌握典型机床控制线路常见故障现象的分析、判断和故障的处理方法。
4. 能熟练掌握典型低压元件的维修方法。

素养目标

1. 培养学生小组合作、自主探究的能力。
2. 结合目前机床电气控制行业现状，展望未来，让学生树立“科技强国”的目标和社会责任感。
3. 学生按照“6S”管理规定，整理工具、清理施工现场，以培养良好的职业习惯。

任务1 Z3050 摇臂钻床控制线路调试及故障处理

场景描述

钻床是一种孔加工设备，可以用于钻孔、扩孔、铰孔、攻丝及修刮端面等多种形式的加工。按用途和结构分类，钻床可以分为立式钻床、台式钻床、多孔钻床、摇臂钻床及其他专用钻床等。在各类钻床中，摇臂钻床操作方便、灵活，适用范围广，具有典型性，特别适用于单件或批量生产带有多孔大型零件的孔加工，是一般机械加工车间常见的机床。

本任务通过教师或钻床操作人员示教如何简单操作 Z3050 摇臂钻床（图 5.1），了解本机床的机械结构和电气控制特点。在教师的指导下在本机床上进行故障的判断和排除故障的训练。

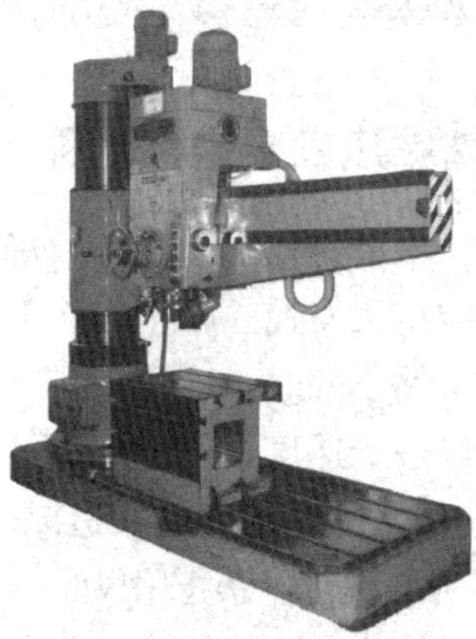

图 5.1　Z3050 摇臂钻床

任务目标

技能点：1. 能正确使用常用电工仪表。
2. 能检修和调试典型低压电器。
3. 能检修和调试 Z3050 摇臂钻床电气控制线路。
4. 能分析、判断和处理 Z3050 摇臂钻床电气控制线路故障。

知识点：掌握 Z3050 摇臂钻床电气控制线路的工作原理。

工作任务

本任务流程如图 5.2 所示。

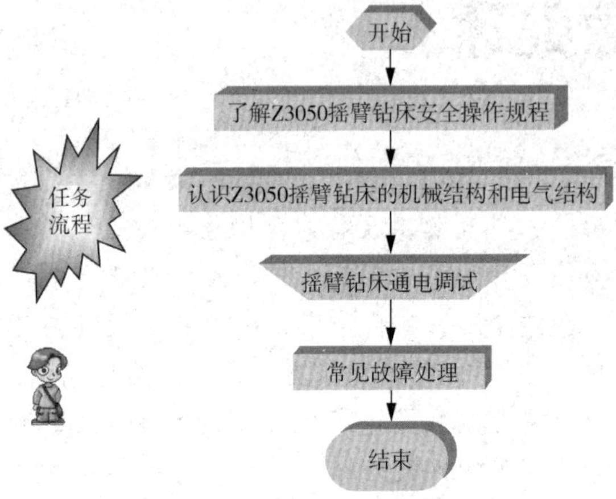

图 5.2　工作任务流程图

实践操作

活动 1　了解 Z3050 摇臂钻床安全操作规程

1）工作前对所用钻床和工卡量具进行全面检查，确认无误时方可工作。

2）严禁戴手套操作，女生应将头发挽在帽子内。

3）工件装夹必须牢固可靠。钻小件时，应用工具夹持，不准手持。

4）使用自动走刀时，要选好进给速度，调整好行程限位块。手动进刀时，一般按照逐渐增压和逐渐减压的原则进行，以免用力过猛造成事故。

5）钻头上绕有长铁屑时，要停车清除。禁止用风吹或用手拉，要用刷子或铁钩清除。

6）精铰深孔时，拔取圆器和销棒，不可用力过猛，以免手撞在刀具上。

7）不准在旋转的刀具下翻转、卡压或测量工件。手不准触摸旋转的刀具。

8）使用摇臂钻时，横臂回转范围内不准有障碍物。工作前，必须卡紧横臂。

9）横臂和工作台上不准存放物件，被加工工件必须按规定卡紧，以防工件移位造成重大人身伤害事故和设备事故。

10）工作结束时，将横臂降到最低位置，主轴箱靠近立柱，并且都要卡紧。

活动 2　认识 Z3050 摇臂钻床的机械结构和电气结构

1. 摇臂钻床的主要机械结构

Z3050 摇臂钻床主要由底座、内立柱、外立柱、摇臂、主轴箱、电源和冷却泵开关等部分组成，如图 5.3 所示。内立柱固定在底座的一端，在它的外面套有外立柱，外立柱可绕内立柱回转 360°。摇臂的一端为套筒，它套装在外立柱上，做上下移动。由于丝杠与外立柱连成一体，而升降螺母固定在摇臂上，因此摇臂不能绕外立柱转动，只能与外立柱一起绕内立柱回转。主轴箱是一个复合部件，由主传动电动机、主轴和主轴传动机构、进给和变速机构、机床的操作机构等部分组成。主轴箱安装在摇臂的水平导轨上，可以通过手轮操作，使其在水平导轨上沿摇臂移动。

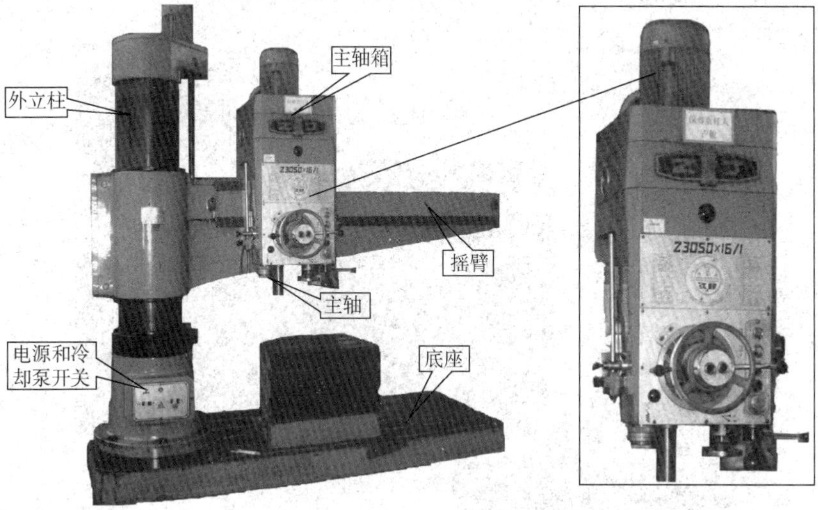

图 5.3　Z3050 摇臂钻床结构

2. 摇臂钻床的主要电气结构

1）Z3050 摇臂钻床的主要电气结构如图 5.4 所示，摇臂钻床运动部件较多，为了简化传动装置，采用多台电动机拖动。Z3050 摇臂钻床采用主轴电动机、摇臂升降电动机、液压泵电动机和冷却泵电动机 4 台电动机拖动，这些电动机都采用直接起动方式。

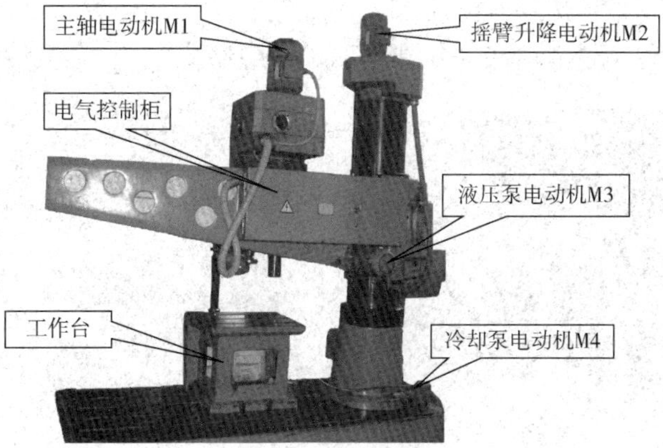

图 5.4　Z3050 摇臂钻床的主要电气结构

2）在加工螺纹时，要求主轴能正反转。摇臂钻床主轴正反转一般采用机械方法实现，因此主轴电动机仅需要单向旋转。

3）摇臂升降电动机要求能正反向旋转。

4）内外立柱的夹紧与放松、主轴与摇臂的夹紧与放松采用机械、液压装置，因此备有液压泵电动机拖动液压泵提供压力油来实现，故液压泵电动机要求能正反向旋转。

5）冷却泵电动机带动冷却泵提供冷却液，只要求单向旋转。

6）电气控制柜实物布置如图 5.5 所示。

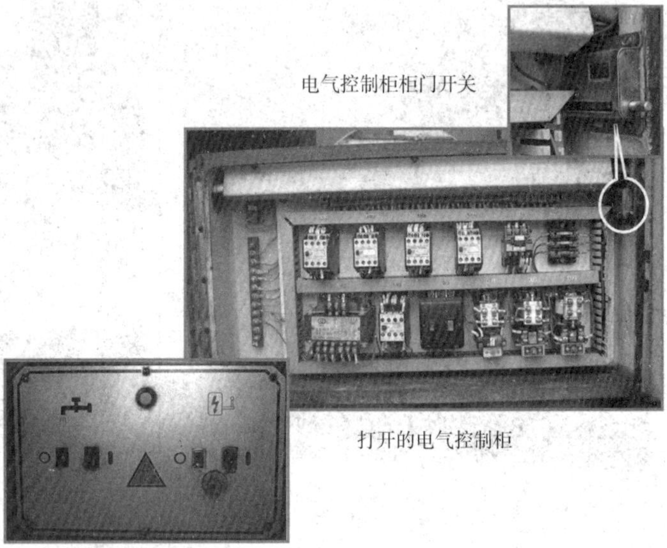

图 5.5　电气控制柜实物布置

活动 3　摇臂钻床通电调试

1. 主轴电动机的起动和停止

主轴电动机 M1 的起动和停止按钮如图 5.6 所示。

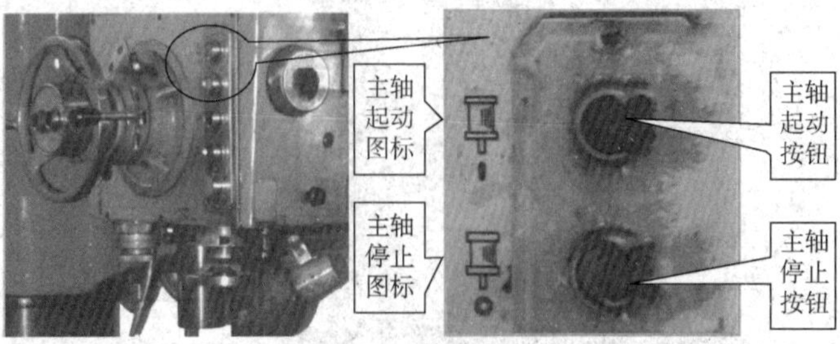

图 5.6　主轴电动机的起动和停止按钮

按下主轴起动按钮，M1 得电主轴起动；按下主轴停止按钮，M1 失电主轴停止。

2. 摇臂升降控制

摇臂升降控制按钮如图 5.7 所示。

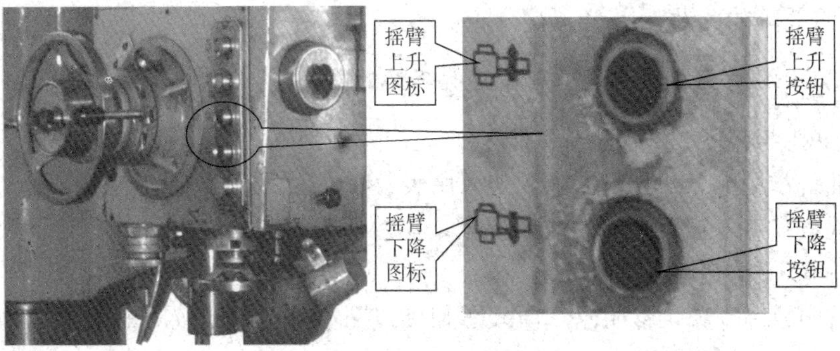

图 5.7　摇臂升降控制按钮

按下摇臂上升按钮，摇臂开始上升；松开摇臂上升按钮，则上升停止。
按下摇臂下降按钮，摇臂开始下降；松开摇臂下降按钮，则下降停止。

3. 立柱和主轴箱的夹紧和放松

立柱和主轴箱的夹紧和放松控件位置如图 5.8 所示。

图 5.8　立柱和主轴箱的夹紧和放松控件位置

（1）立柱和主轴箱的同时夹紧或放松

若需要将主轴箱和立柱同时夹紧或放松，首先将液压分配开关拨到中间位置，如图 5.8 所示，按下夹紧按钮或放松按钮，即可使立柱和主轴箱同时夹紧或放松。

（2）立柱的夹紧或放松

若需要单独夹紧或放松立柱，将液压分配开关拨至左侧，按下夹紧按钮或放松按钮，即可使立柱夹紧或放松。

（3）主轴箱的夹紧或放松

同理，将液压分配开关 SA1 拨至右侧，则可使主轴箱单独夹紧或放松。

活动 4　常见故障处理

摇臂钻床电气控制的重要环节是摇臂升降、立柱和主轴箱的夹紧与放松。Z3050 摇臂钻床的工作过程是由电气、机械及液压系统紧密配合实现的，因此，在维修中不仅要注意电气部分能否正常工作，而且也要注意它与机械和液压部分的协调关系。因此，当出现故障时，正确判断是电气故障还是机械故障，以及掌握电气与机械的配合情况，是迅速排除故障的关键。

1. Z3050 摇臂钻床典型故障一：摇臂不能升降

故障分析与检修的工作步骤如下。

1）准备常用电工工具与仪表，如万用表、500V 兆欧表、钳形电流表。

2）观察 Z3050 摇臂钻床的故障现象，在教师或钻床操作人员的指导下，做必要的通电测试，以便清楚地了解故障现象。

3）对照故障现象，参照电气原理图和接线图，分析判断故障的大致原因，借助必要的工具和仪表进行检测和通电验证，逐步缩小故障范围。

4）找出故障点，并进行故障排除。

5）检修完毕后通电调试，检测 Z3050 摇臂钻床是否正常工作，得到教师或钻床操作人员的确认后，交付使用。

Z3050 摇臂钻床摇臂不能升降故障排除流程图如图 5.9 所示。

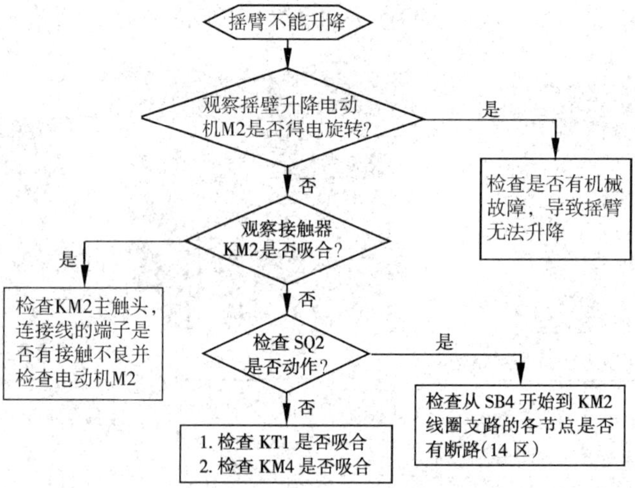

图 5.9　Z3050 摇臂钻床摇臂不能升降故障排除流程图

2. Z3050 摇臂钻床典型故障二：立柱、主轴箱不能夹紧或松开

故障分析与检修的工作步骤同故障一。

立柱、主轴箱不能夹紧或松开的可能原因有油路堵塞、接触器 KM4 或 KM5 不能吸合。出现故障时，应检查放松按钮和夹紧按钮接线情况是否良好。若接触器 KM4 或 KM5 能吸合，液压泵电动机能运转，可排除电气方面的故障，则应检查液压部分是否有故障。Z3050 摇臂钻床立柱、主轴箱不能夹紧或放松故障排除流程图如图 5.10 所示。

机床故障检修的注意事项：

1）检修前一定要正确地理解 Z3050 摇臂钻床的工作原理。熟悉机床的机械和电气结构，能简单操作机床。

2）教师在机床上设置故障时，一定要设置非短路性故障，故障点可以是 1 或 2 个。

3）允许在机床故障检修过程中通电，但通电前，一定要用万用表测量确认没有短路故障。停电后一定要验电，带电检修时，必须要有指导教师在旁监护。

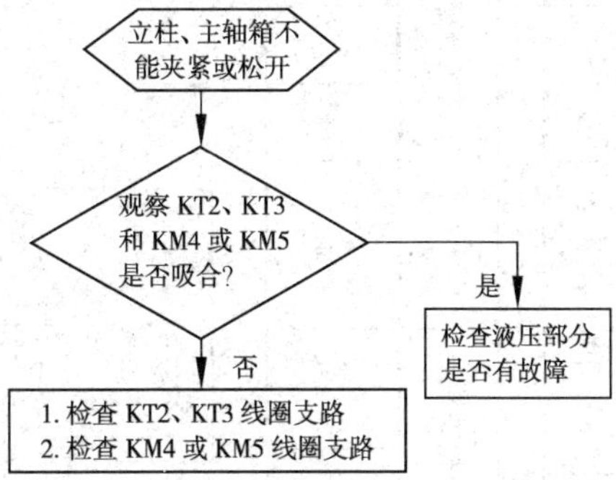

图 5.10　Z3050 摇臂钻床立柱、主轴箱不能夹紧或松开故障排除流程图

4）若实训条件允许，最好在机床上直接设置故障点；若不具备条件，可以在控制板上进行。

5）排除故障时，必须修复故障点，而且严禁扩大故障范围或产生新的故障。

6）检修时，不得随意改变机床原电动机的电源相序，以防使摇臂升、降或液压松、紧反向，造成事故。

7）注意正确使用各种检修方法，当使用电阻法检修时，切记要断电检修。

相关理论知识

知识 1　Z3050 摇臂钻床电气图

Z3050 摇臂钻床电气位置图如图 5.11 所示。

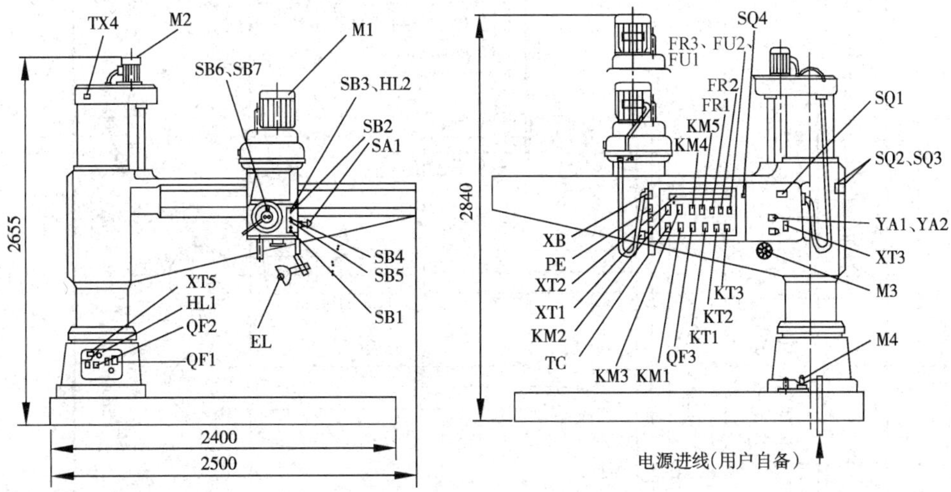

图 5.11　Z3050 摇臂钻床电气位置图

Z3050 摇臂钻床电气原理图如图 5.12 所示，其电气柜接线图如图 5.13 所示。

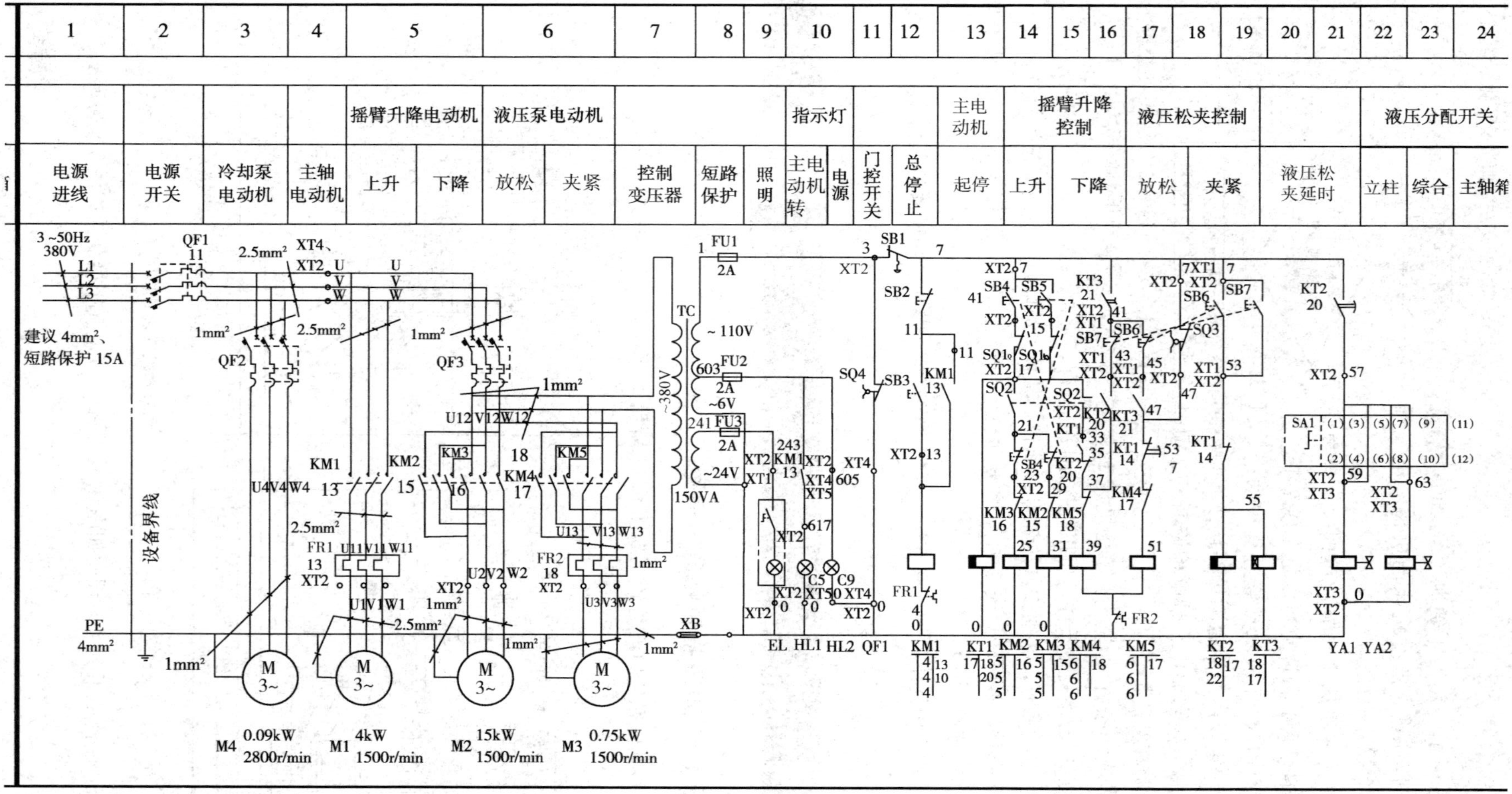

图 5.12　Z3050 摇臂钻床电气原理图

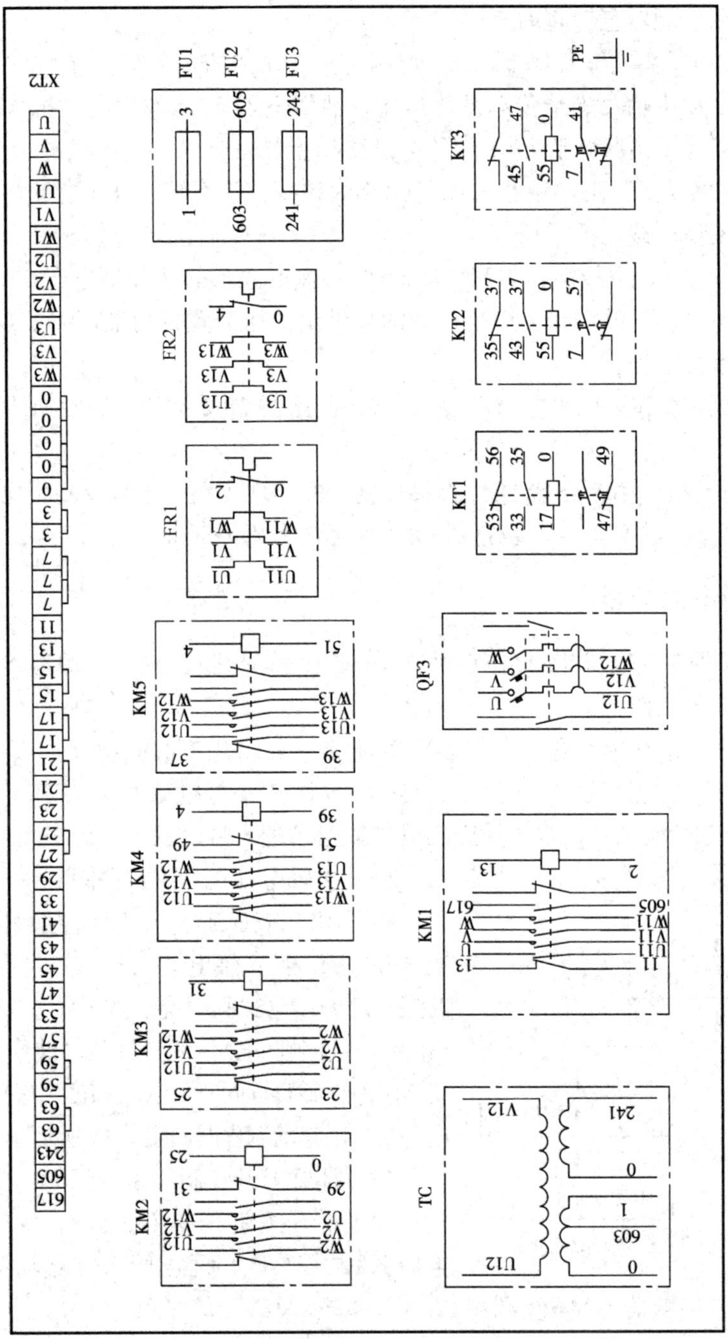

图 5.13　Z3050 摇臂钻床电气柜接线图

知识 2　主电路分析

Z3050 摇臂钻床共有 4 台电动机，除冷却泵电动机采用断路器直接起动外，其余 3 台异步电动机均采用接触器直接起动。

M1 是主轴电动机，由交流接触器 KM1 控制，只要求单方向旋转，主轴的正反转由机械手柄操作，拖动主轴及进给传动系统运转。热继电器 FR1 作为电动机 M1 的过载及断相保护，短路保护由断路器 QF1 中的电磁脱扣装置完成。

M2 是摇臂升降电动机，由接触器 KM2 和 KM3 控制其正反转。由于电动机 M2 是间断性工作，所以不设过载保护。

M3 是液压泵电动机，由接触器 KM4 和 KM5 控制其正反转，热继电器 FR2 作为过载及断相保护。该电动机的主要作用是拖动油泵供给液压装置压力油，以实现摇臂、立柱及主轴箱的夹紧与放松。

摇臂升降电动机 M2 和液压泵电动机 M3，共用断路器 QF3 中的电磁脱扣器作为短路保护。

M4 是冷却泵电动机，由断路器 QF2 直接控制，并实现短路、过载及断相保护。

主电路电源为交流 380V 电压，断路器 QF1 作为电源引入开关。

知识 3　控制电路分析

控制电路电源由控制变压器 TC 降压后供给 110V 电压，熔断器 FU1 作为短路保护。

（1）开车前的准备工作

为保证操作安全，本钻床具有“开门断电”功能，所以开车前应将立柱下部及摇臂后部的电柜门关好，方能接通电源。合上 QF3（5 区）及总电源开关 QF1（2 区），则电源指示灯 HL1（10 区）亮，表示钻床的电气线路已进入带电状态。

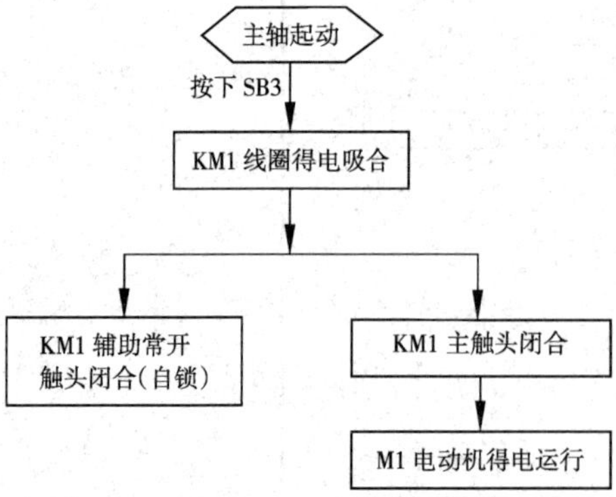

图 5.14　主轴电动机 M1 起动流程图

（2）主轴电动机 M1 的控制

按下起动按钮 SB3（12 区），接触器 KM1 吸合并自锁，使主轴电动机 M1 起动运行，同时指示灯 HL2（10 区）亮。按下停止按钮 SB2（12 区），接触器 KM1 线圈释放，使主轴电动机 M1 停止旋转，同时指示灯 HL2 熄灭。主轴电动机 M1 起动流程图如图 5.14 所示。

（3）摇臂上升控制

按下上升按钮 SB4（14 区），则时间继电器 KT1（16 区）通电吸合，其辅助常开触头（17 区）闭合，接触器 KM4 线圈（17 区）得电，KM4 的主触头（6 区）接通，液压泵电动机 M3 得电正向旋转，供给压力油。压力油经分配阀体进入摇臂的“松开油腔”，推动活塞移动，活塞推动菱形块，将摇臂松开。同时活塞杆通过弹簧片压下位置开关 SQ2，使其常闭触头断开，切断了接触器 KM4 的线圈电路，使 KM4 主触头（6

区）断开，液压泵电动机 M3 停止工作。同时 SQ2 常开触头（15 区）闭合，使交流接触器 KM2 的线圈（14 区）通电，KM2 的主触头（5 区）接通，摇臂升降电动机 M2 得电旋转，带动摇臂上升。

当摇臂上升到所需位置时，松开按钮 SB4，则接触器 KM2 和时间继电器 KT1 同时断电释放，M2 失电随之摇臂停止上升。

由于时间继电器 KT1 断电释放，经 2～3s 时间的延时后，其延时闭合的常闭触头（18 区）闭合，使接触器 KM5 吸合，液压泵电动机 M3 反向旋转，随之泵内压力油经分配阀进入摇臂的“夹紧油腔”使摇臂夹紧。在摇臂夹紧后，活塞杆推动弹簧片压下位置开关 SQ3，其常闭触头（19 区）断开，KM5 断电释放，M3 停止工作，完成了摇臂的松开→上升→夹紧的整套动作。摇臂上升流程图如图 5.15 所示。

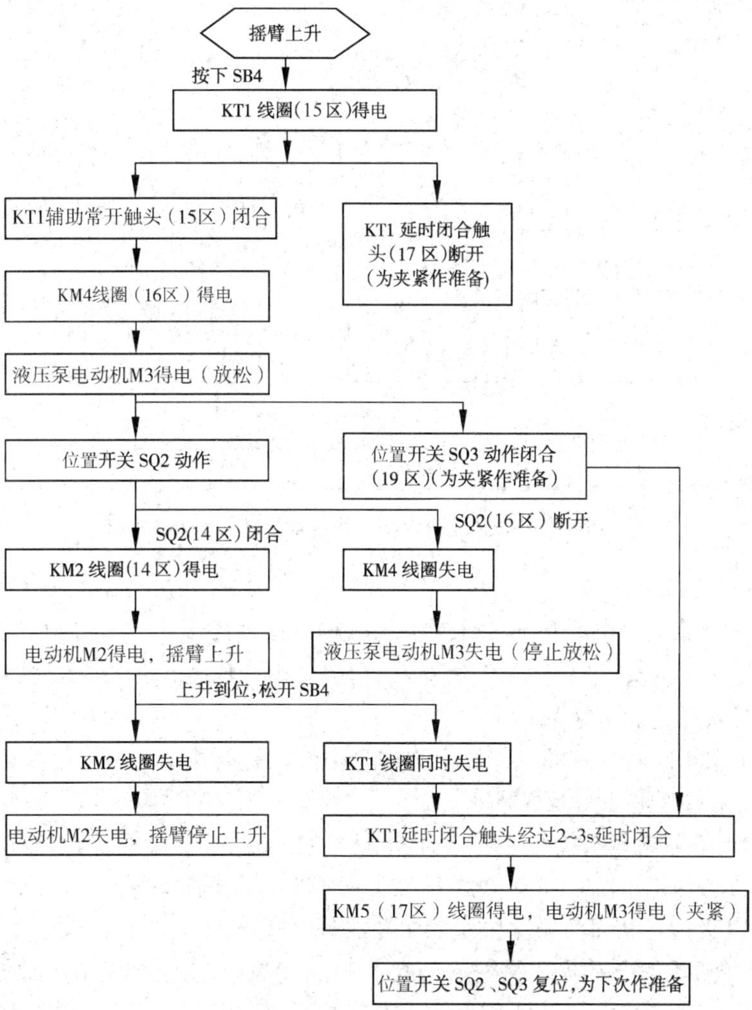

图 5.15　摇臂上升流程图

组合开关 SQ1a（13 区）和 SQ1b（14 区）为摇臂升降的超程限位保护。当摇臂上升到极限位置时，压下 SQ1a 使其断开，接触器 KM2 断电释放，M2 停止运行，摇臂停止上升；当摇臂下降到极限位置时，压下 SQ1b 使其断开，接触器 KM3 断电释放，M2 停止运行，摇臂停止下降。

（4）立柱和主轴箱的夹紧与放松控制

立柱和主轴箱的夹紧与放松既可以同时进行，也可以单独进行，由液压分配开关 SA1（20～24 区）和复合按钮 SB6 或 SB7（19 或 20 区）进行控制。

1）立柱和主轴箱同时夹紧与放松。将液压分配开关 SA1 置于中间位置，然后按下放松按钮 SB6，时间继电器 KT2、KT3 线圈（19、20 区）同时得电。KT2 延时断开瞬时闭合触头（21 区）闭合，电磁铁 YA1、YA2 得电吸合。KT3 延时闭合瞬时断开触头（16 区）经 2～3s 延时后闭合，使接触器 KM4 得电吸合，液压泵电动机 M3 正转，供给的压力油进入立柱和主轴箱的“松开油腔”，使立柱和主轴箱同时松开。主柱和主轴箱同时松开流程图如图 5.16 所示。

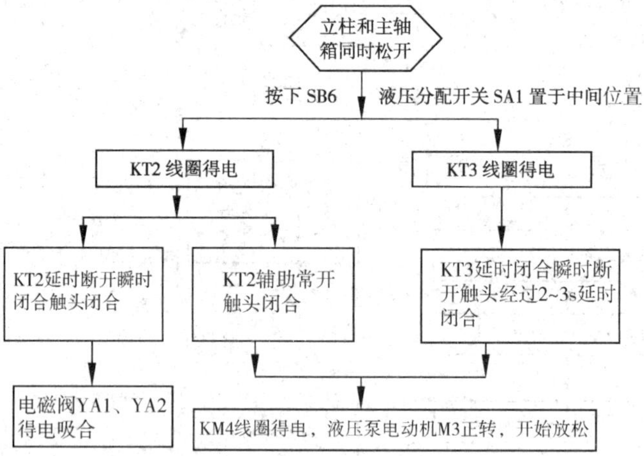

图 5.16　Z3050 摇臂钻床立柱和主轴箱同时松开流程图

松开 SB6，时间继电器 KT2 和 KT3 的线圈同时断电释放，KT3 延时闭合瞬时断开触头（16 区）瞬时分断，接触器 KM4 断电释放，液压泵电动机 M3 停转。KT2 延时断开瞬时闭合的触头（21 区）经 2～3s 后分断，电磁铁 YA1、YA2 线圈断电，立柱和主轴箱同时松开的操作结束。

立柱和主轴箱同时夹紧的工作原理与松开相似，只要按下 SB7，使接触器 KM5 得电吸合，液压泵电动机 M3 反转即可。

2）主轴箱单独夹紧与放松。将液压分配开关 SA1 置于右侧位置。按下放松按钮 SB6（或夹紧按钮 SB7），时间继电器 KT2 和 KT3 的线圈同时得电，这时只有电磁铁 YA2 单独通电吸合，从而实现主轴箱的单独放松（或夹紧）。

3）立柱单独夹紧与放松。将液压分配开关 SA1 置于左侧位置。按下放松按钮 SB6（或夹紧按钮 SB7），时间继电器 KT2 和 KT3 的线圈同时得电，这时只有电磁铁 YA1 单独通电吸合，从而实现立柱的单独放松（或夹紧）。

（5）冷却泵电动机 M4 的控制

扳动断路器 QF2，就可以接通或切断电源，操纵冷却泵电动机 M4 工作或停止。

（6）照明、指示电路分析

照明、指示电路的电源由控制变压器 TC 降压后提供 24V、6V 的电压，由熔断器 FU3、FU2 作短路保护，EL 是钻床照明灯，HL1 是电源指示灯，HL2 是主轴指示灯。

Z3050 摇臂钻床的元件明细表见表 5.1。

表 5.1　Z3050 摇臂钻床的元件明细表

名　称	代　号	型　号	规　格	数　量	用　途
主轴电动机	M1	Y112M-4	4kW、1440r/min	1 台	驱动主轴及进给
摇臂升降电动机	M2	Y90L-4	1.5kW、1400r/min	1 台	驱动摇臂升降
液压泵电动机	M3	Y802-4	0.75kW、1390r/min	1 台	驱动液压系统
冷却泵电动机	M4	AOB-25	90W、2800r/min	1 台	驱动冷却泵
交流接触器	KM1	CJX2-1810	线圈电压 110V	1 个	控制主轴电动机
交流接触器	KM2～KM5	CJX2-1210	线圈电压 110V	4 个	控制 M2、M3 正反转
熔断器	FU1～FU3	BZ-001A	2A	3 个	控制、指示、照明电路的短路保护
时间继电器	KT1、KT2	JS7-A	线圈电压 110V	2 个	
时间继电器	KT3	JS7-A	线圈电压 110V	1 个	
热继电器	FR1	JRS4-D09314	6.8～11A	1 个	M1 过载保护
热继电器	FR2	JRS4-D09307	1.5～2.4A	1 个	M3 过载保护
低压断路器	QF1	DZ5-20/330FSH	10A	1 个	总电源开关
低压断路器	QF2	DZ5-20/330H	0.3～0.45A	1 个	M4 控制开关
低压断路器	QF3	DZS-20/330H	6.5A	1 个	M2、M3 电源开关
交流电磁铁	YA1、YA2	MFJ1-3	线圈电压 110V	2 个	液压分配
控制变压器	TC	BK-150	380/110-24-6V	1 个	控制、指示、照明电路供电
按钮	SB1	LAY3-11ZS/1	红色	1 个	总停止开关
按钮	SB2	LAY3-11		1 个	主轴电动机停止
按钮	SB3	LAY3-11D	绿色	1 个	主轴电动机起动
按钮	SB4	LAY3-11		1 个	摇臂上升
按钮	SB5	LAY3-11		1 个	摇臂下降
按钮	SB6	LAY3-11		1 个	放松控制
按钮	SB7	LAY3-11		1 个	夹紧控制
组合开关	SQ1	HZ4-22		1 个	摇臂升降限位
位置开关	SQ2、SQ3	LX5-11		2 个	摇臂松、紧限位
门控开关	SQ4	JWM6-11		1 个	门控
万能转换开关	SA1	LW6-2/8071		1 个	液压分配开关
指示灯	HL1	XD1	6V、白色	1 个	电源指示
指示灯	HL2	XDI	6V	1 个	主轴指示
钻床工作灯	EL	JC-25	40W、24V	1 个	钻床照明

任务2 MY7132A 平面磨床控制线路调试及故障处理

场景描述

磨床是用砂轮的周边或端面对工件的表面进行机械加工的一种精密加工机床，当在机械加工过程中，对零件的表面粗糙度要求较高时，就需要用磨床进行加工。根据用途的不同，磨床可分为平面磨床、内圆磨床、外圆磨床、无心磨床等。

本任务通过教师或磨床操作人员在现场示教如何简单操作 MY7132A 平面磨床，了解本机床的机械结构和电气控制特点，在教师的指导下在本机床上进行故障的判断和排除故障的训练。MY7132A 平面磨床外形图如图 5.17 所示。

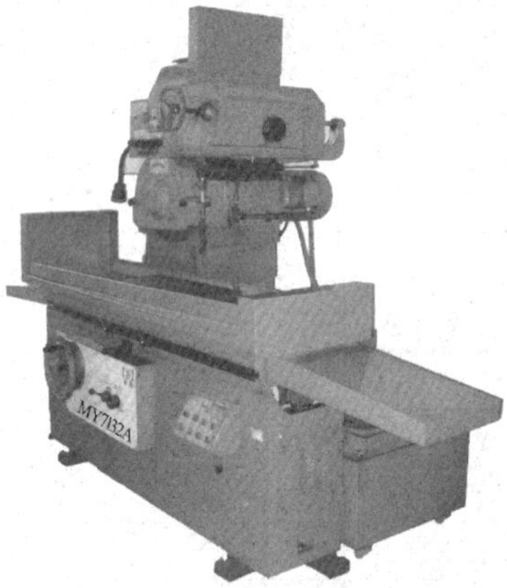

图 5.17　MY7132A 平面磨床外形图

任务目标

技能点：1. 能正确使用常用电工仪表。

2. 能检修和调试典型低压电器。

3. 能检修和调试 MY7132A 平面磨床电气控制线路。

4. 能分析、判断和处理 MY7132A 平面磨床电气控制线路故障。

知识点：掌握 MY7132A 平面磨床电气控制线路的工作原理。

工作任务

本任务流程如图 5.18 所示。

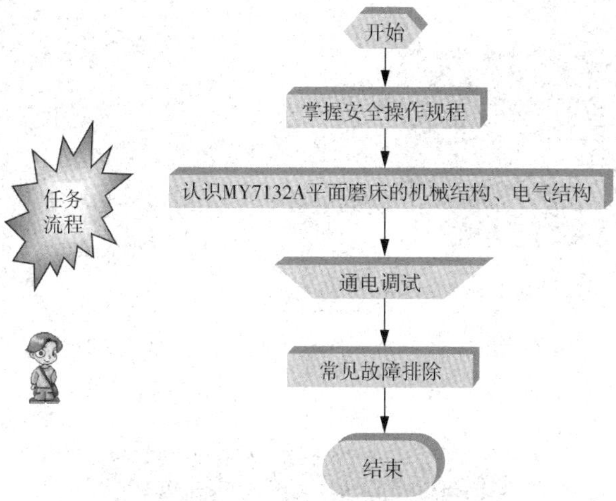

图 5.18　工作任务流程图

实践操作

活动 1　掌握安全操作规程

1）手要远离砂轮，禁止戴手套操作。

2）砂轮旋转或磨削工件时，不得用快速升降开关进行上下进给。

3）砂轮须经过静平衡后方能使用，新砂轮必须经过两次平衡，即修整后再平衡一次后方能使用。

4）安装砂轮时多个螺钉应均匀拧紧，防止压力过大，砂轮破损。

5）电磁吸盘充磁或夹紧后，才能驱动工作台磨削工件，停机后才能退磁或松开夹具。

活动 2　认识 MY7132A 平面磨床的机械结构、电气结构

1. 机械结构

MY7132A 平面磨床的机械结构如图 5.19 和图 5.20 所示。

2. 电气结构

MY7132A 平面磨床电气柜实物图如图 5.21 所示。

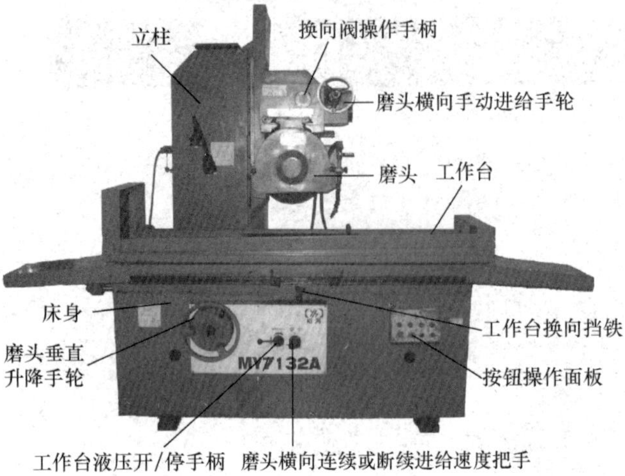

图 5.19　MY7132A 磨床的正面结构

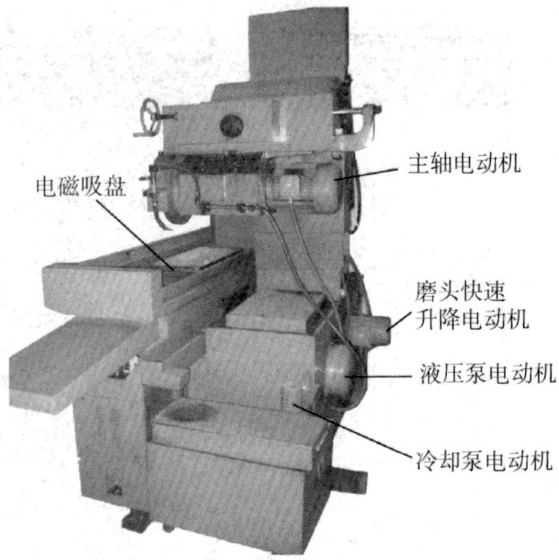

图 5.20　MY7132A 磨床的侧面结构

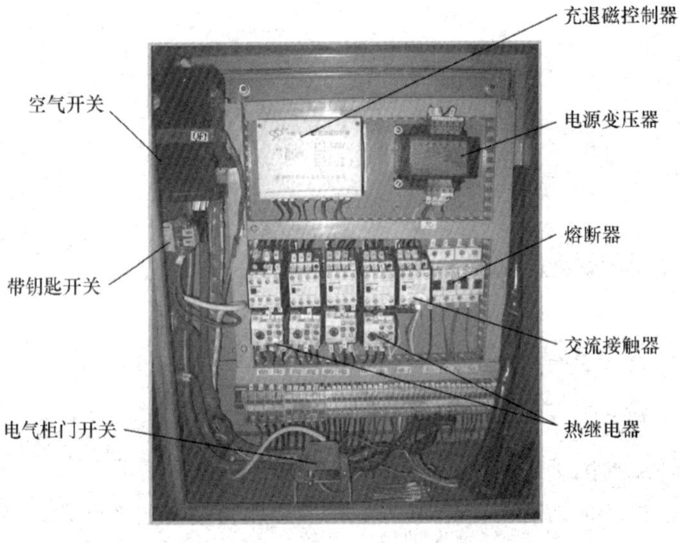

图 5.21　MY7132A 磨床电气柜实物图

图 5.22　电气柜门开关

（1）电气柜门开关

电气柜门开关（图 5.22）是一种安全保护电器，通常设置在机床柜门处。它的作用是电气柜门一旦打开，整个控制电路就全部失电，达到保护操作人员或维修人员的目的。

（2）充退磁控制器和电磁吸盘

电磁吸盘（图 5.23）是用来固定加工工件的一种夹具。它与机械夹具相比，具有夹紧迅速、操作快速简便、不损伤工件、一次能固定多个小工件，以及加工过程中发热工件可自由伸缩不变形等优点。

充退磁控制器（图 5.24）需要与电磁吸盘配合使用，用来控制电磁吸盘的充退磁。

图 5.23　电磁吸盘

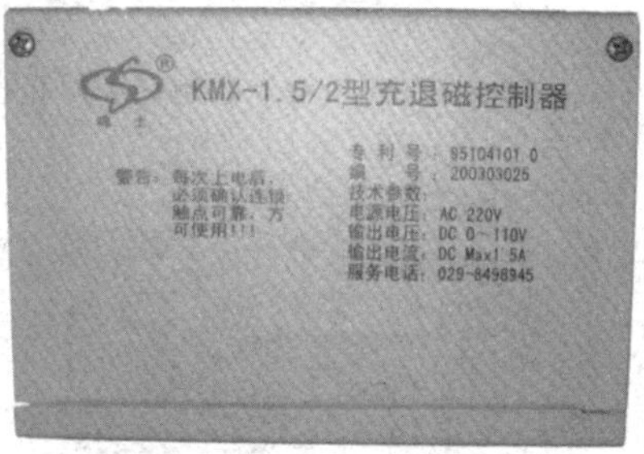

图 5.24　充退磁控制器

活动 3　通电调试

1. 熟悉按钮操作面板

按钮操作面板如图 5.25 所示。

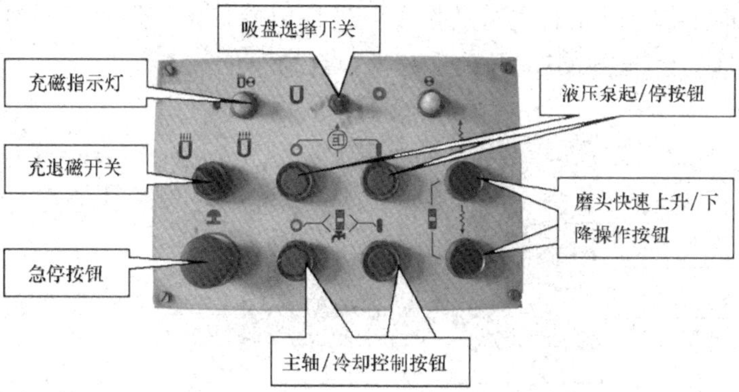

图 5.25　按钮操作面板图

2. MY7132A 磨床的操作步骤

(1) 液压泵起动和停止（图 5.26）

按下液压泵起动按钮 SB3，液压泵起动。

按下液压泵停止按钮 SB2，液压泵停止。

(2) 主轴和冷却泵的起动与停止（图 5.27）

按下主轴起动按钮 SB5，主轴和冷却泵起动。

按下主轴停止按钮 SB4，主轴和冷却泵停止。

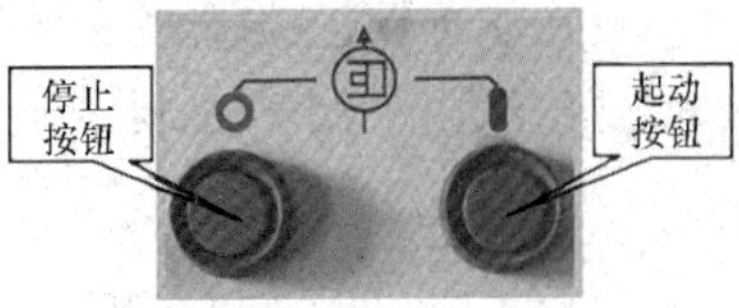

图 5.26　液压泵起动和停止按钮

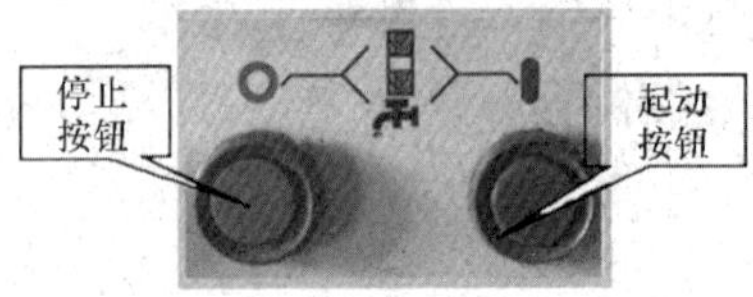

图 5.27　主轴和冷却泵的起动与停止按钮

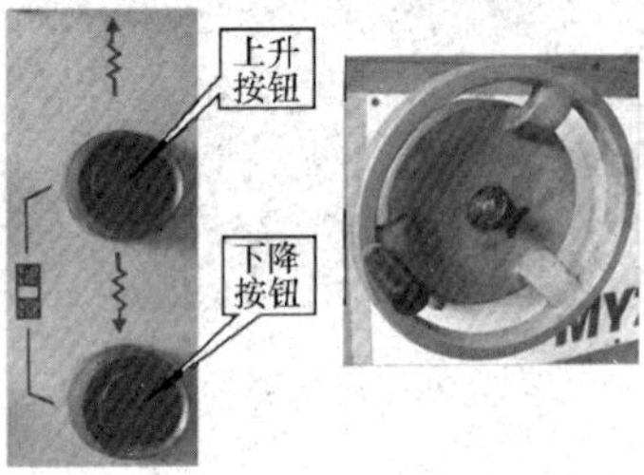

（a）自动按钮　　（b）手动手轮

图 5.28　磨头升降控制装置

（3）磨头升降操作控制（图 5.28）

磨头升降有手动和自动 2 种工作状态，手动时应将手动手轮中心手柄推进，此时摇动手轮，磨头即可慢速上下移动。若需自动，应先将手轮中心手柄拉出，此时按下上升按钮 SB6，M4 得电正转，磨头快速上升；按下下降按钮 SB7，M4 得电反转，磨头快速下降。磨头垂直快速下降时必须停止砂轮电动机（主轴电动机），否则只能手动进给。

（4）工作台纵向进给操作（图 5.29）

在液压泵起动后，将工作台液压开/停手柄沿顺时针方向由“卸荷”位置扳到“开始”位置，此时工作台开始有进给动作，但进给很慢，将手柄沿顺时针旋转越多，则工作台的进给速度会越来越快；反之会越慢，直到停止。

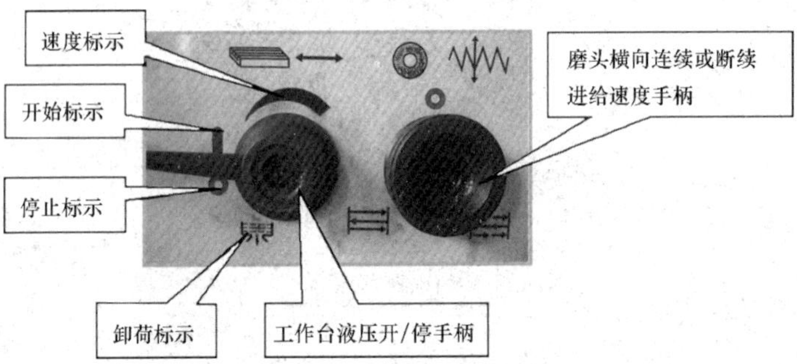

图 5.29　工作台纵向进给操作装置

（5）磨头横向手动进给（图 5.30）

若需要磨头横向手动进给，则首先要将换向阀操作手柄拉出，并逆时针旋转到手动图标位置，此时摇动磨头横向手动进给手轮可以进行磨头横向手动进给操作。

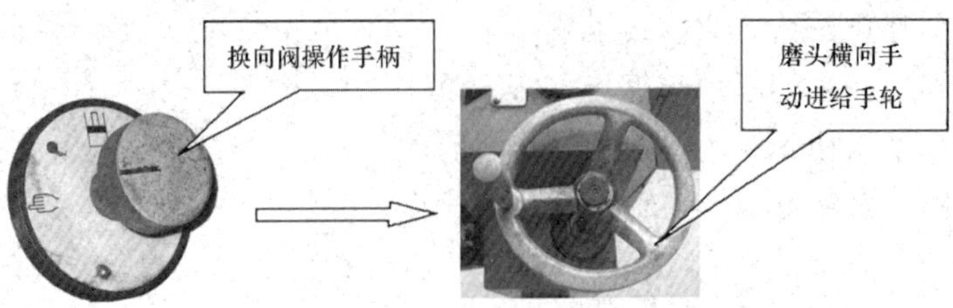

图 5.30　磨头横向手动进给操作装置

(6) 磨头横向自动进给（图 5.31）

若需要磨头横向自动进给，则首先要将换向阀操作手柄拉出，并顺时针旋转到自动图标位置，此时再将磨头横向连续或断续进给速度手柄按照需要进行调整。顺时针旋转为断续进给操作，逆时针旋转为连续进给操作。

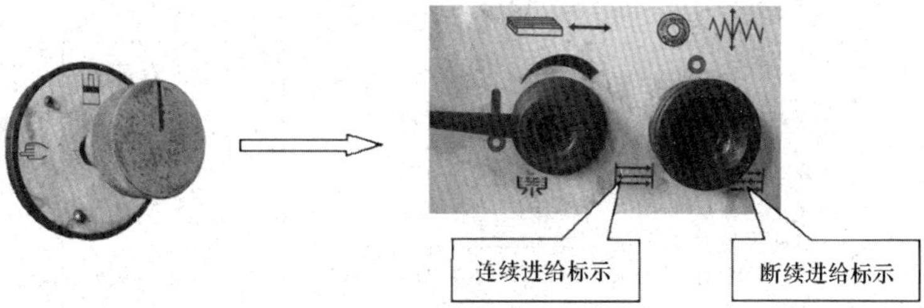

图 5.31　磨头横向自动进给操作装置

(7) 电磁吸盘充退磁操作（图 5.32）

首先将吸盘选择开关 SA2 拨到吸盘图标处，然后将充退磁选择开关 SA3 置于相应位置，即可完成充退磁操作。

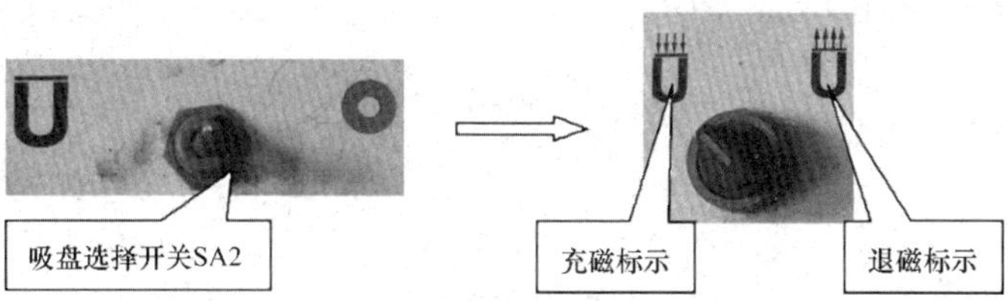

图 5.32　电磁吸盘充退磁操作装置

活动 4　常见故障排除

1. MY7132A 平面磨床典型故障一：主轴和水泵均不能起动

故障分析与检修的工作步骤：

1）准备常用电工工具与仪表，如万用表、500V 兆欧表、钳形电流表。

2）观察 MY7132A 平面磨床的故障现象，在教师或磨床操作人员的指导下，做必要的通电测试，以便清楚地了解故障现象。

3）对照故障现象，参照电气原理图和接线图，分析判断故障的大体原因，借助必要的工具和仪表进行检测和通电验证，逐步缩小故障范围。

4）找出故障点，并进行故障排除。

5）检修完毕后通电调试，检测 MY7132A 平面磨床是否正常工作，并得到教师或磨床操作人员的确认后，交付使用。故障一检修流程如图 5.33 所示。

2. MY7132A 平面磨床典型故障二：电磁吸盘没有吸力

故障分析与检修的工作步骤同故障一。

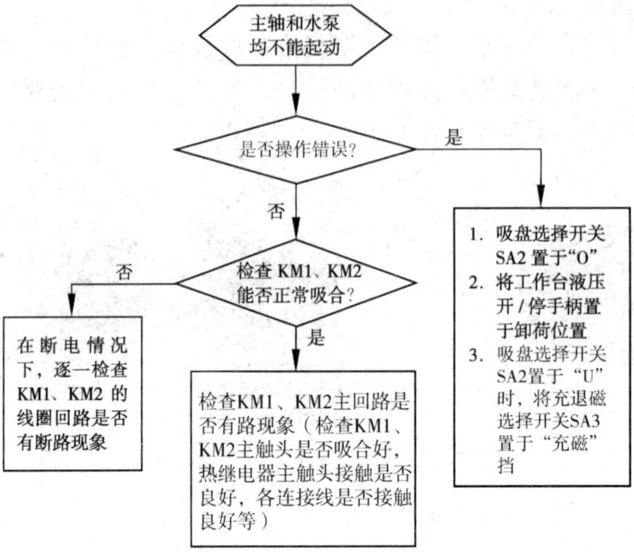

图 5.33　故障一检修流程

故障二检修流程如图 5.34 所示。

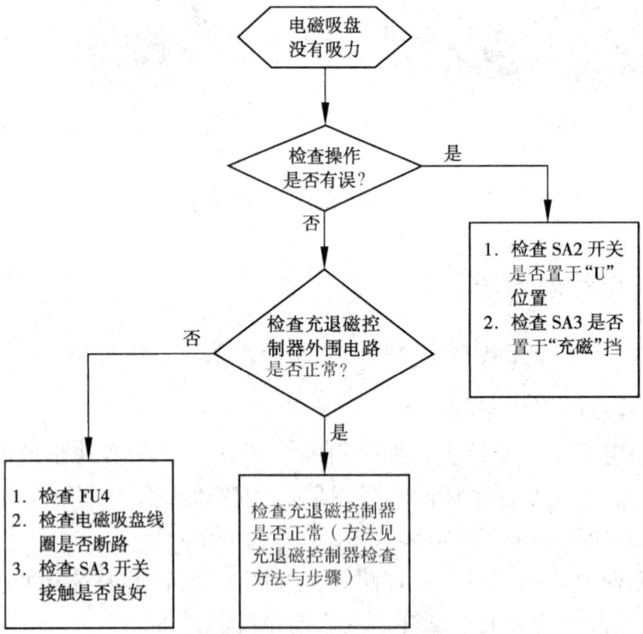

图 5.34　故障二检修流程

充退磁控制器检查方法与步骤：当充退磁控制器不能正常工作时，应首先检查外接线路及电磁吸盘，确认外接线路无问题，则断开输出端负载及外接调节电位器，确保状态转换开关工作正常，输入端上电，延迟约 1.5s 后，按以下要求测试，若符合，即可判断充退磁控制器正常。

1）用万用表 DC20V 挡测 5 号端子与 10 号端子之间的电压，应为 15V 左右。

2）将开关置于“充磁”（万用表 DC500V）挡，1 号端子与 2 号端子之间的输出电压（1 号端子为负）应为输入电压的 1.4 倍左右。

3）将开关置于“停磁”挡，输出电压应为 0。

4）将开关置于“退磁”挡，输出电压应正反向振荡（幅值同充磁电压不衰减），经过 3～18s（具体时间由面板上的电位器调节）后归零。

机床故障检修的注意事项：

1）检修前一定要认真阅读电气原理图，能正确地理解 MY7132A 平面磨床的工作原理。熟悉机床的机械、电气结构，能简单操作机床。

2）教师在机床上设置故障时，一定要设置非短路性故障，故障点可以是 1 个或 2 个。

3）允许在机床故障检修过程中通电，但通电前，一定要用万用表测量确认没有短路故障。停电后一定要验电，带电检修时，必须有指导教师在旁监护。

4）若实训条件允许，最好在机床上直接设置故障点，若不具备条件，可以在控制板上进行。

5）排除故障时，必须修复故障点，而且严禁扩大故障范围或产生新的故障。

6）检修时，不得随意改变机床原电动机的电源相序，以防使主轴快速升、降反向，造成事故。

7）注意正确使用各种检修方法，当使用电阻法检修时，切记要断电检修。

8）本机床电气设备维修过程中切勿因台面磁力不足而肆意短接常开触头（K11 和 K12），必须查明磁力不足的原因，及时进行修复，否则将造成严重事故。

9）更换断路器及热继电器时要严格按要求选用，不能过大或过小，以免损坏相应元件。

10）应保持电气柜内及分装在机床各部位的元件清洁并定时检查，如发现有异常情况应及时查明修复。

相关理论知识

知识 1　概述

本机床系采用砂轮周边磨削工件平面的机床，亦可使用砂轮的端面磨削工件垂直面。按工件的不同可将其吸牢在电磁吸盘上或直接固定在工作台上，亦可用其他夹具夹持磨削。本机床主要部件运动的特点如下：

工作台纵向运动为液压驱动。磨头在拖板上的横向运动为液压驱动，亦可手动，并有自动互锁装置。拖板（连同磨头）在立柱上，上、下垂直运动具有手动进给和自动快速升降功能，并有机械互锁装置。升降丝杠为滚珠丝杠，操纵轻便灵活。

知识 2　电气系统分析

本机床电气系统主要由主电路、控制电路和照明电路 3 部分组成。

1. 主电路分析

主电路由一台主轴电动机 M1、一台水泵电动机 M2、一台液压泵电动机 M3、一台主轴快速升降电动机 M4 组成。FR1、FR2、FR3、FR4 分别对 M1、M2、M3、M4 进行过载保护。为安全起见，本电路设有开门断电机构，开启电柜门时，电源开关 QF1 会自动切断电源，若要接通电源，必须关好电柜门后方能合闸。MY7132A 平面磨床主电路电气原理图如图 5.35 所示。

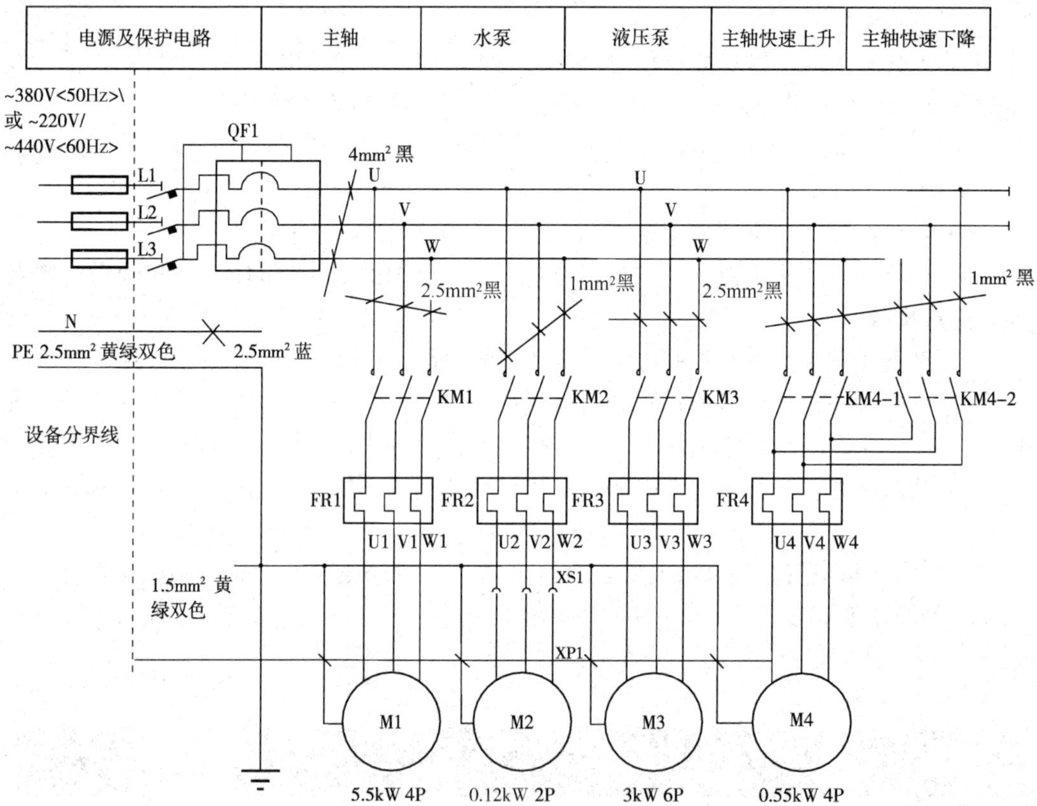

图 5.35　MY7132A 平面磨床主电路电气原理图

2. 控制电路分析

MY7132A 平面磨床控制电路电气原理图如图 5.36 所示。

控制电路电源由控制变压器 TC1 提供，电压为 AC110V，该电路设有小型断路器作为短路保护。

（1）开机前的准备

1）检查所使用的电源是否与电柜电气铭牌上的数据相符。

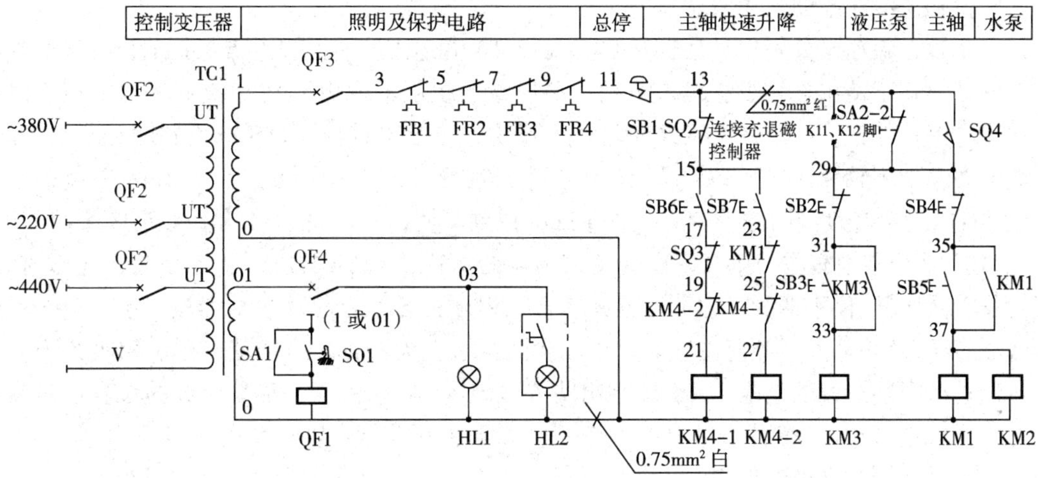

图 5.36　MY7132A 平面磨床控制电路电气原理图

2）将吸盘选择钮子开关拨至“O”位，电柜左侧的钥匙开关拨至“开”位，关好电柜门，合上电源开关 QF1，此时电源指示灯点亮，机床可以起动。

（2）主轴和水泵的起动与停止

按下主轴起动按钮 SB5，交流接触器 KM1 和 KM2 线圈同时得电吸合。KM1 的辅助常开触头闭合（自锁），同时 KM1 和 KM2 的主触头闭合，主轴电动机 M1 和水泵电动机 M2 得电旋转。

当按下 SB4 时，交流接触器 KM1 和 KM2 线圈同时释放，电动机 M1 和 M2 同时失电停止。

主轴和水泵的起动流程如图 5.37 所示。

（3）液压泵的起动与停止

按下液压泵起动按钮 SB3，交流接触器 KM3 线圈得电吸合，其辅助常开触头闭合（自锁），同时 KM3 的主触头闭合，液压泵电动机 M3 得电旋转。

按下液压泵停止按钮 SB2，接触器 KM3 线圈失电，液压泵电动机 M3 失电停止。

液压泵的起动流程如图 5.38 所示。

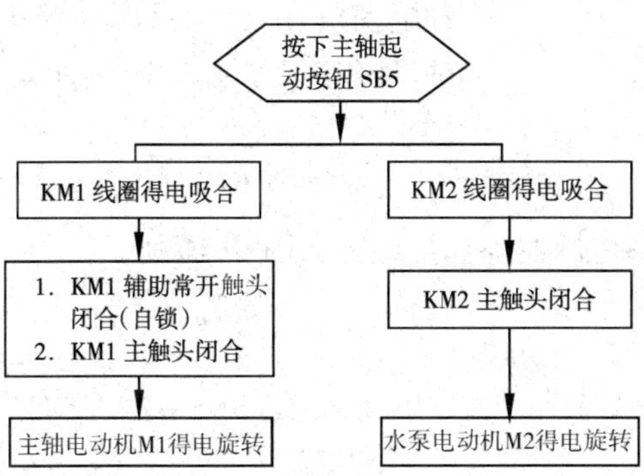

图 5.37　主轴和水泵的起动流程

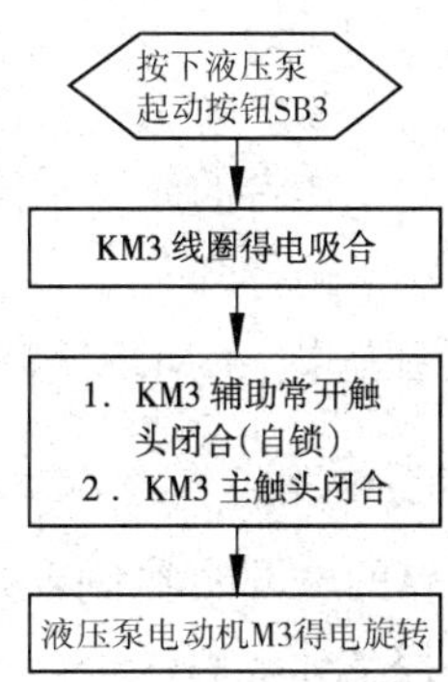

图 5.38　液压泵的起动流程

主轴与液压泵的起动注意事项：

主轴、液压泵分别与吸盘选择开关 SA2-2，充退磁控制器欠电流保护 K11、K12 端口联锁。当不使用电磁吸盘时，主轴、液压泵的控制电源由 SA2-2 接通，按下相应的起动与停止按钮，主轴、液压泵即起动与停止。当使用吸盘时，SA2-2 常闭触头断开，此时要起动主轴和液压泵必须满足如下两个条件之一：

① 工作台液压开/停手柄必须置于卸荷位置，使行程开关 SQ4 常开触头接通。

② 吸盘必须充磁工作（使充退磁控制器的 K11、K12 端接通）。当吸盘未充磁时，工作台液压开/停手柄置于卸荷位置并压合行程开关 SQ4，起动主轴和液压泵；当工作台液压开/停手柄离开卸荷位置时，主轴和液压泵自动停止。这样就避免了因吸盘未充磁而进行磨削造成的危险。SQ4 的作用是当工作台液压开/停手柄置于卸荷位置，对磁力工作台进行充、退磁装卸工件时，保持主轴和液压泵能正常运转而不停机。

（4）主轴升降操作控制

主轴升降有手动和自动 2 种工作状态。手动时，应将操作手轮中心手柄推入，使蜗轮、蜗杆脱开，联锁开关 SQ2 常闭触头断开，此时摇动操作手轮，主轴即可慢速上升或下降。自动时，应先将操作手轮中心手柄拉出，使蜗轮、蜗杆啮合，同时联锁开关 SQ2 常闭触头接通，此时按下主轴垂直快速上升按钮 SB6，交流接触器 KM4-1 线圈得电吸合，其主触头闭合，电动机 M4 得电正转，主轴快速上升；按下主轴垂直快速下降按钮 SB7，交流接触器 KM4-2 线圈得电吸合，其主触头闭合，电动机 M4 得电反转，主轴快速下降。SQ3 是主轴垂直快速上升的终点极限开关。主轴垂直快速下降时必须停止砂轮电动机（主轴电动机），否则只能手动进给。主轴升降流程如图 5.39 所示。

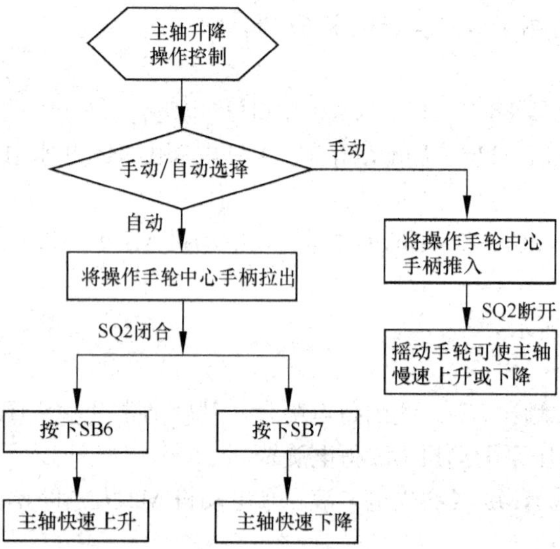

图 5.39　主轴升降流程图

（5）磁力工作台的充退磁操作

首先将吸盘选择开关 SA2 拨至 U 位置，使用吸盘充退磁选择开关 SA3，即可对吸盘进行充退磁操作。KMX-1.5/2 充退磁控制器外部接线图如图 5.40 所示。

3. 照明电路

照明电路的电源由控制变压器 TC1 提供，设计电压为 AC24V，该电路单独设有 QF4 小型断路器作短路保护。

MY7132A 平面磨床元件清单详见表 5.2，其连线示意图如图 5.41 所示。

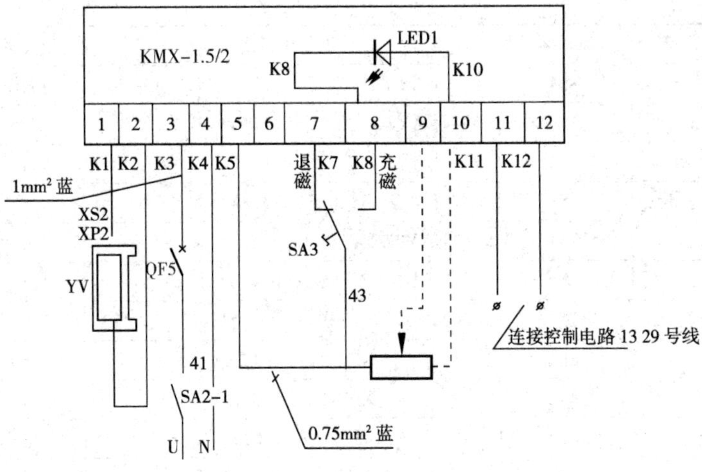

图5.40　KMX-1.5/2充退磁控制器外部接线图

表5.2　MY7132A平面磨床元件清单

名　称	符　号	型号和规格	数　量	备　注
主轴电动机	M1	Y132M-4/B5　5.5kW　4P	1台	
水泵电动机	M2	DB-25　0.12kW　2P	1台	
液压泵电动机	M3	Y132S-6　3kW　6P	1台	
快速升降电动机	M4	YJ801-4　0.55kW　4P	1台	
主轴电动机热继电器	FR1	JRS2-12.5	1个	
水泵热继电器	FR2	JRS2-12.5/Z	1个	380V、50Hz
液压泵热继电器	FR3	JRS2-12.5/Z	1个	380V、50Hz
快速升降电动机热继电器	FR4	JRS2-12.5/Z	1个	380V、50Hz
主轴电动机接触器	KM1	CJX1-22/22　$I_e=16A$ $V_e=660V$　$V_{线}=110V$	1个	
水泵电动机接触器	KM2	CJX1-9/22　$I_e=9A$　$V_{线}$=AC110V	1个	
液压泵电动机接触器	KM3	CJX1-9/22　$I_e=9A$　$V_{线}$=AC110V	1个	
快速升降电动机接触器	KM4	CJX1-9/22　$I_e=9A$　$V_{线}$=AC110V	1个	
电源开关	QF1	TG30　60A	1个	
控制变压器	TC1	JBK3-160　380V/110V （100VA）24V（60VA）	1个	380V、50Hz
门开关	SQ1	JWM6-11　$U_e=500V$　$I_e=3A$	1个	
主轴手动与 自动转换开关	SQ2	LXW5-11W1/F	1个	
主轴上升限位开关	SQ3	LX12-2	1个	
液压起动保护开关	SQ4	LX12-2	1个	
水泵电源插头	XS1　XP1	YD20J/K4T/Z	1个	
吸盘电源插头	XS2　XP2	YD20J/K3T/Z	1个	
总停止按钮	SB1	LAY3-11M/11　$U_e=110V$　$I_e=6A$	1个	
液压泵停止按钮	SB2	LAY3-11/1　$U_e=110V$　$I_e=6A$	1个	
液压泵起动按钮	SB3	LAY3-11/2　$U_e=110V$　$I_e=6A$	1个	

续表

名　称	符　号	型号和规格	数　量	备　注
主轴停止按钮	SB4	LAY3-11/1　U_e=110V　I_e=6A	1个	
主轴起动按钮	SB5	LAY3-11/2　U_e=110V　I_e=6A	1个	
主轴快速上升按钮	SB6	LAY3-11/1　U_e=110V　I_e=6A	1个	
主轴快速下降按钮	SB7	LAY3-11/2　U_e=110V　I_e=6A	1个	
钥匙开关	SA1	LAY3-11Y/Z　U_e=110V　I_e=6A	1个	
吸盘选择开关	SA2	KN3-3　U_e=110V　I_e=6A	1个	
充退磁选择开关	SA3	LAY3-11X/33（黑）　U_e=110V　I_e=6A	1个	
指示灯	HL1	XD0-24V　AC24V	2个	
指示灯	HL2	XD0-12V　AC12V	2个	
小型断路器	QF2	DZ47-60211TH	3个	
小型断路器	QF3	DZ47-60231TH	1个	
小型断路器	QF4	DZ47-60231TH	1个	
小型断路器	QF5	DZ47-60231TH	1个	
充退磁控制器	KMX-1.5/2	KMX-1.5/2	1个	
工作灯	EL1	HY8332.4　AC24V　40W	1个	

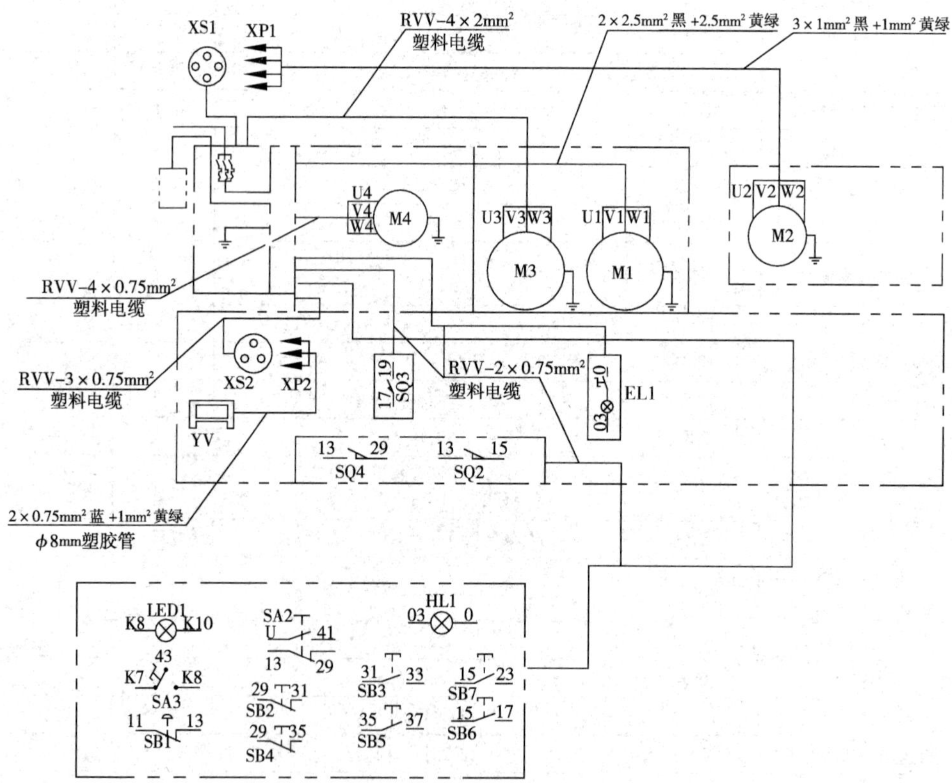

图 5.41　MY7132A 平面磨床连线示意图

任务3

T68 镗床控制系统调试及故障处理

场景描述

镗床（图 5.42）是一种精密加工机床，主要用来加工各种复杂和大型工件，如箱体零件、机体等，除镗孔外，还可进行钻孔、扩孔、铰孔、车削内外螺纹、用丝锥攻丝、车外圆柱面和端面、用面铣刀或圆柱铣刀铣削平面等。镗床按用途不同，可分为卧式镗床、坐标镗床、金刚镗床及专用镗床等。

图 5.42　镗床外形图

本任务通过教师或镗床操作人员示教如何简单操作 T68 卧式镗床，了解镗床的机械结构和电气控制特点，能在教师的指导下对 T68 卧式镗床进行故障的判断和排除故障的训练。

任务目标

技能点：1. 能正确使用常用电工仪表。
2. 能检修和调试典型低压电器。
3. 能检修和调试 T68 卧式镗床电气控制线路。
4. 能分析、判断和处理 T68 卧式镗床电气控制线路故障。

知识点：掌握 T68 卧式镗床电气控制线路的工作原理。

工作任务

本任务流程如图 5.43 所示。

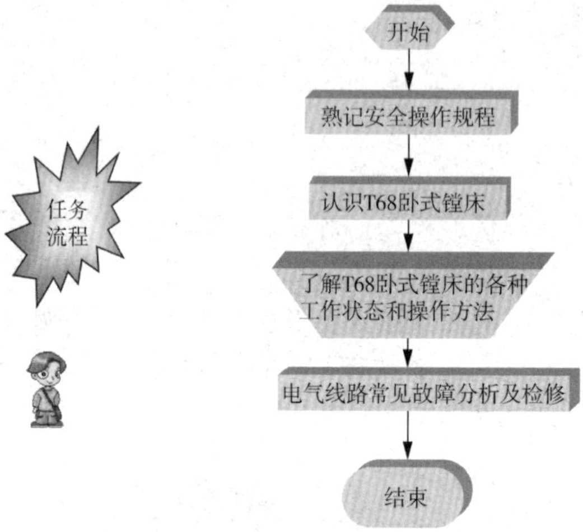

图 5.43　工作任务流程图

实践操作

活动 1　熟记安全操作规程

1）工件的安置，应使工作台受力均匀，毛坯面不准直接放到工作台面上，装夹用的垫板、压板等必须平正。

2）拆卸带锥度的刀具时，须用标准楔冲下，不准用其他工具随意敲打。

3）使用镗杆制动装置时，应在镗杆惯性转速降低后再进行。

4）不准同时做两个及以上的机构运动，如主轴箱升降时，不准移动镗杆。

5）不准机动对刀，当刀具快接近工件时，应改为手动对刀。

6）使用花盘径向刀架做径向进给时，镗杆应退回主轴箱内，同时径向刀架不准超出极限。

7）机床上的光学装置或精密刻度尺，应小心使用，目镜用后应将盖子盖住，保持目镜和刻度尺清洁。不准用一般布料和不清洁的擦料擦拭，不准任意拆卸和调整光学装置和刻度尺。

8）在主轴旋转时，主轴与主轴套筒的间隙随温度升高而缩小，操作时要特别注意。若主轴移动困难，必须立即停车，等待一段时间，温度下降间隙增大后再工作。

9）严禁利用工作台面或落地镗床的大平台面进行其他作业，如校正工件、焊接工件等。

10）将工作台放在中间位置，镗杆退回主轴内。

11）主变速手柄及走刀变速手柄未扳转到 180°时，不准回转手柄。当主轴降到最低转数时，方能将手柄推下。

12）将工作台回转 90°时，不准用力过大，防止撞击定位挡铁。

活动 2　认识 T68 卧式镗床

在教师或 T68 卧式镗床操作人员的指导下熟悉 T68 卧式镗床的机械结构、电气结构、运动形式和控制要求。

1. T68 卧式镗床的机械结构

T68 卧式镗床主要由床身，镗头架，前、后立柱，工作台，上、下滑座，镗轴，平旋盘和尾架等组成，如图 5.44 所示。

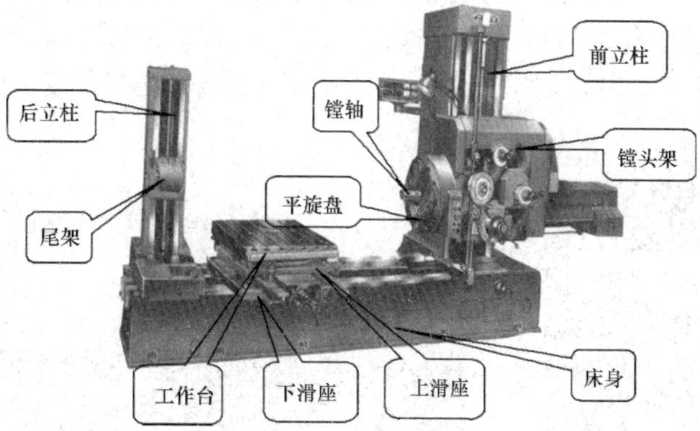

图 5.44　T68 卧式镗床外形图

床身由整体的铸件制成，在它的一端装有固定不动的前立柱，在前立柱的垂直导轨上装有镗头架（图 5.45）。镗头架可沿导轨上下移动，并由悬挂在前立柱空心部分内

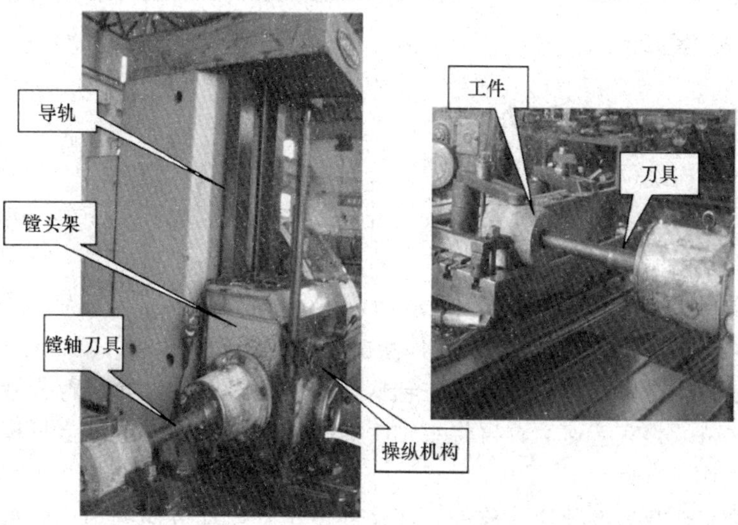

图 5.45　卧式镗床的镗头架

的对重来平衡。镗头架上集中有主轴部件、变速箱、进给箱与操纵机构等。切削刀具安装在镗轴前端的锥孔里，或装在平旋盘的刀具滑座上。在工作过程中，镗轴一边旋转，一边沿轴向做进给运动。平旋盘只能旋转，装在它上面的刀具滑座可在垂直于主轴轴线方向的径向做进给运动，平旋盘主轴是空心轴，镗轴穿过其中空部分，通过各自的传动链传动，因此两者可独立转动。在大部分工作情况下使用镗轴加工，只有在用车刀切削端面时才使用平旋盘。

后立柱（图 5.46）由丝杠、导轨和尾座组成。尾座用来夹持装夹在镗轴上的镗杆的末端，它可以随镗头架同时升降，因而两者的轴心线始终在同一直线上。后立柱可沿床身导轨在镗轴轴线方向上调整位置。

安装工件的工作台安放在床身中部的导轨上，它由下滑座、上滑座与工作台组成（图 5.47）。下滑座可沿床身导轨做纵向移动，上滑座可沿下滑座上的导轨做横向移动，工作台相对于上滑座可做回转运动。这样，配合镗头架的垂直移动，工作台的横向、纵向移动和回转运动，就可加工工件上一系列与轴心线相互平行或垂直的孔。

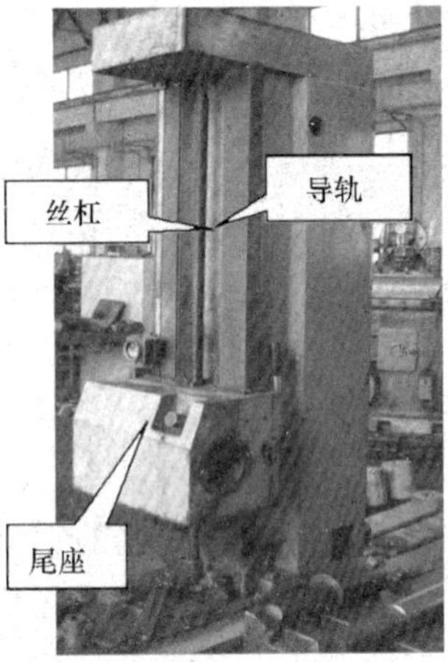

图 5.46　卧式镗床的后立柱

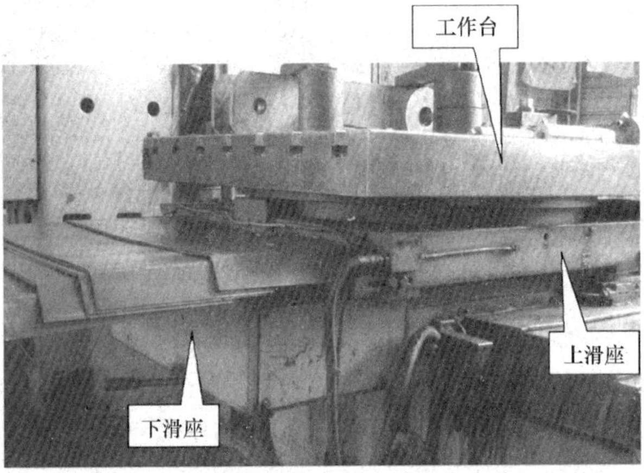

图 5.47　卧式镗床的下滑座、上滑座与工作台

2. T68 卧式镗床的电气结构

镗床电气结构部件如图 5.48 所示。

T68 卧式镗床的电气控制主要由按钮开关、操作手柄、行程开关、电气控制电路及电动机等部分组成。

主轴电动机正反转起动由正、反转起动按钮 SB2、SB3 控制，主轴电动机正反转点动由按钮 SB4、SB5 控制，主轴电动机停止由按钮 SB1 控制。

主轴在运行中需要变速时，可将主轴变速操纵手柄拉出，相应行程开关控制电动机通电状态，待调整完转速后，再将主轴变速操纵手柄推回，电动机将按照变速后的新转速进行工作。

镗头架和工作台做各种快速移动，运动部件及其运动方向的预选由装设在工作台前方的操纵手柄进行，由镗头架上的快速操作手柄控制。当扳动快速操作手柄时，将

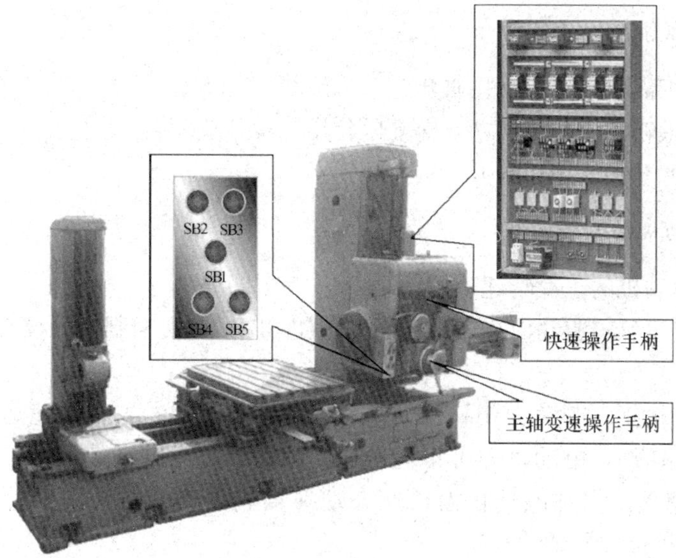

图 5.48　镗床电气结构部件

压合行程开关实现快速进给电动机 M2 的正转（或反转），再通过相应的传动机构使运动部件按选定方向做快速移动。当快速操作手柄复位时，行程开关不再受压，M2 停止旋转，快速移动结束。

3. T68 卧式镗床的运动形式和控制要求

卧式镗床有主运动、进给运动和辅助运动 3 种运动形式。

主运动是镗轴的旋转运动与平旋盘的旋转运动；进给运动包括镗轴的轴向进给、平旋盘刀具滑座的径向进给、镗头架的垂直进给、工作台的横向进给与纵向进给；辅助运动包括工作台的回转运动、后立柱的轴向移动及尾架的垂直移动。

卧式镗床的拖动特点及控制要求如下。

1）主轴应有较大的调速范围，且要求恒功率调速，一般采用机电联合调速。

2）变速时，为使滑移齿轮顺利进入正常啮合位置，应有低速或断续变速冲动。

3）主轴能做正反转低速调整，要求主轴电动机实现正反转。

4）为使主轴迅速、准确停车，主轴电动机应具有电气制动。

5）由于进给运动直接影响切削量，而切削量又与主轴转速、刀具、工件材料、加工精度等因素有关，因此一般卧式镗床主运动与进给运动由一台电动机拖动，由各自传动链传动。主轴和工作台除工作进给外，为缩短辅助时间，还应由另一台快速移动电动机拖动。

6）由于镗床运动部件较多，应设置必要的联锁与保护，并使操作尽量集中。

活动 3　了解 T68 卧式镗床的各种工作状态和操作方法

在教师或 T68 卧式镗床操作人员的指导下试操作 T68 卧式镗床，了解 T68 卧式镗床的各种工作状态和操作方法。

1. 开车前准备

1）按照加工需要，选择好主轴转速和进给量。

2）调整主轴箱和工作台位置，保证限位用行程开关闭合。

3）合上电源开关，接通电源。

2. 主轴电动机控制

（1）主轴电动机的正反转起动控制

主轴电动机正反转起动由正、反转起动按钮 SB2、SB3 控制。另设有主轴高、低速选择开关。

以主轴电动机正转起动为例，按下正转起动按钮 SB2，主轴低速运转时，将速度选择手柄置于低速挡，电动机即可正向低速起动运转。主轴高速运转控制，将主轴变速手柄置于高速挡，主轴电动机由低速自动换接成高速。如果需反转控制，则按下 SB3，电动机即可反向起动。

（2）主轴电动机的点动控制

主轴电动机由正反转点动按钮 SB4、SB5 控制，实现低速点动调整。点动按钮松开后，电动机自然停车，若此时电动机转速较高，则可按下停止按钮 SB1，但要按到底，实现迅速停车。

（3）主轴电动机的停车与制动控制

主轴电动机在运行中，按下停止按钮 SB1，可实现主轴电动机的停止并反接制动（务必将 SB1 按到底）。以主轴电动机运行在低速正转状态为例，停车时，按下 SB1，主轴电动机定子串入限流电阻器进行反接制动。若主轴电动机在高速正转状态，当按下 SB1 后，主轴电动机串入限流电阻器，接成△连接，进行反接制动，直至速度继电器触头释放，反接制动结束，之后自由停车至速度为零。

（4）主轴变速与进给变速控制

T68 镗床主运动与进给运动速度变换，是通过变速操纵盘改变传动链的传动比实现的。可在主轴与进给电动机未起动前预选速度，也可在运行中进行变速。下面以主轴变速为例说明其变速控制。

1）变速操作过程。主轴变速时，首先将变速操纵盘上的操纵手柄拉出，然后转动变速操纵盘，选好速度后，将变速操纵手柄推回。在拉出或推回主轴变速操纵手柄的同时，与其联动的主轴变速时自动停车与起动开关和主轴变速齿轮啮合冲动开关相应动作。

2）主轴运行中的变速控制过程。主轴在运行中需要变速，可将主轴变速操纵手柄拉出，使电动机定子串入限流电阻器 R 进行反接制动。若电动机原运行在低速挡，电动机接成△连接串入 R 进行反接制动；若电动机原运行在高速挡，则此时将 YY 连接切换成△连接，串入 R 进行反接制动。

转动变速操纵盘至所需转速位置，将主轴变速操纵手柄推回原位，若此时齿轮啮合不上则变速操纵手柄推不上，电动机将在转速 40～120r/min 范围内重复动作，直至齿轮啮合后，方能推合变速操纵手柄，变速冲动才结束。手柄推合后，主轴电动机自行起动，拖动主轴在新选定的转速下旋转。

(5) 镗头架、工作台快速移动控制

由快速进给电动机 M2 经传动机构拖动镗头架和工作台做各种快速移动。运动部件及其运动方向的预选由装设在工作台前方的操纵手柄进行，用镗头架上的快速操作手柄控制。当扳动快速操作手柄时，实现 M2 的正转（或反转），再通过相应的传动机构使运动部件按选定方向做快速移动。当快速操作手柄复位时 M2 停止旋转，快速移动结束。

活动 4　电气线路常见故障分析及检修

1. T68 卧式镗床故障现象及原因分析

T68 卧式镗床的工作环境比较恶劣，某些主要电气设备和元件的密封很困难，同时工作频繁、结构复杂，因此维修不方便。T68 卧式镗床常见故障现象、原因及处理方法见表 5.3。

表 5.3　T68 卧式镗床常见故障现象、原因及处理方法

序号	故障现象	故障原因	处理方法
1	主轴电动机不能起动	1）如点动正常，KA1、KA2、接触器 KM3 有关的电路中存在故障。 2）如点动均不正常，接触器 KM1、KM2、KM4 无吸合声，故障在电源及控制电路部分。 3）因整定电流过小而动作，整个控制电路断电。 4）若 KM1、KM2、KM4 吸合正常，则故障在主电路中	1）检查按钮 SB2、SB3 是否接触良好，KM3 线圈是否有断裂或脱落，行程开关 SQ1-1、SQ3-1 是否接触不良。 2）检查熔断器是否熔断，热继电器 FR 是否因过载而脱扣；KM1、KM2、KM4 线圈及有关电路，停止按钮 SB1 常闭触头、时间继电器 KT 延时断开常闭触头是否接触良好。 3）查明电动机过载的原因，并予以排除。若是整定电流过小，则将其调到电动机的额定电流值。 4）检查接触器 KM1、KM2、KM4 主触头是否接触不良，电动机绕组是否断线或接线脱落等
2	主轴电动机单方向不能起动	主轴电动机单方向能起动，说明电源、主电路正常，故障在相关控制电路上	反向起动按钮 SB3 接触不良，中间继电器 KA2 线圈断线或常开触头接触不良，反转接触器 KM2 线圈断线或主触头接触不良
3	主轴电动机换速失常	1）故障的主要原因是时间继电器 KT 的延时闭合常开触头接触不良。 2）行程开关 SQ7 安装的位置移动，使 SQ7 总处于通或断的状态。 3）时间继电器 KT 线圈损坏、机械卡阻、触头不动作	1）检查时间继电器 KT 的延时闭合常开触头。 2）检查接触器 KM4 的常闭辅助触头是否接触良好，接触器 KM5 线圈是否断线，主触头是否接触不良等。 3）检查行程开关 SQ7 安装情况。 4）检查时间继电器 KT 线圈、触头
4	主轴电动机在运行中转速变慢且有“嗡嗡”声	故障的原因是电动机的三相电源有一相断路缺相	发生这种故障时，应立即切断电源。否则，长期断相运行会烧毁电动机。检查三相电源开关 QS 接触不良，熔断器 FU1 一相熔断，接触器 KM1 或 KM2 的三个主触头中有一个接触不良，电动机定子接线端一相断线或接触不良等

续表

序号	故障现象	故障原因	处理方法
5	主轴变速操纵手柄拉出后，主轴电动机不能冲动；或变速完毕合上手柄后，主轴电动机不能自动运行	1）故障是由受主轴变速操作盘控制的行程开关SQ3、SQ6引起的。 2）若接点（4—9）短路，就会造成变速操纵手柄拉出后，尽管SQ3已经动作，但由于接点（4—9）仍接通，主轴仍以原来转速旋转，此时变速将无法进行	1）检查装在主轴箱下部的SQ3、SQ6，往往由于其紧固不牢、位置偏移，接点接触不良。 2）SQ3、SQ6是由胶木塑压成型的，检查其绝缘击穿情况
6	主轴的实际转速比标牌指示数多1倍或是原来的$\frac{1}{2}$	撞钉的动作与标牌指示不相符。如果安装调整不当，使SQ7动作恰好相反，则会出现主轴转速比标牌指示数多1倍或是原来的$\frac{1}{2}$的故障现象	T68镗床主轴有18种转速，是采用双速电动机和机械滑移齿轮来实现变速的。主轴电动机高、低速的转换通过行程开关SQ7的通断实现。行程开关SQ7安装在主轴调速手柄的旁边，主轴调速机构转动时推动1个撞钉，撞钉推动簧片使SQ7通或断。所以在安装调整时，应使撞钉的动作与标牌指示相符
7	主轴停车时没有制动作用	速度继电器SR发生了故障	1）检查SR中推动触头的胶木摆杆有无断裂。 2）检查SR的触头接触是否良好。 3）检查速度继电器SR的弹性连接件损坏、螺钉松动或打滑等机械故障
8	扳动正向快速或反向快速操作手柄，快速移动不起作用	1）SQ8、SQ9触头接触不良。 2）接触器KM7、KM8线圈断线。 3）M2电动机主电路发生故障	1）检查SQ8、SQ9触头接触是否良好。 2）检查接触器KM7、KM8线圈断线。 3）电动机M2绕组断线或接线脱落

2. T68卧式镗床电气控制线路的检修

（1）工具与仪表

1）工具：电工常用工具。

2）仪表：MF47型万用表、500V兆欧表、钳形电流表。

（2）实训过程

1）在操作人员的指导下，熟悉T68卧式镗床的结构和各种操作控制及注意事项。

2）在教师指导下，对照T68卧式镗床电气控制线路，明确元件的安装位置、走线情况及各元件的作用。

3）在T68卧式镗床上人为设置故障点，由教师示范检修。

4）由教师设置学生事先知道的故障点，指导学生如何从故障现象着手进行分析，逐步引导学生掌握正确的检修步骤和检修方法。

5）教师设置故障点，由学生检修，要求如下。

① 学生通过通电试车仔细观察故障现象，进行认真分析，并在电气原理图中标出

最小故障范围。

② 采用电压法或电阻法在故障范围内找出故障点并修复。

③ 排除故障时，必须修复故障点，不得采用元件代换法、借用触头及更改线路的方法。

④ 排除故障的思路应清晰，检查方法应得当。

（3）注意事项

1）要掌握双速电动机的接线方法并了解其变速原理。

2）参观、检修必须在 T68 卧式镗床停止工作且切断电源时进行，不准带电操作。

3）不具备在 T68 卧式镗床上训练的条件时，可在模拟盘上进行电气故障的检修练习，着重掌握检修故障的基本思路和方法。

4）检修时，应有指导教师在现场监护，并及时做好实习记录。

相关理论知识

知识　T68 卧式镗床电气控制线路分析

1. 电气控制线路组成

T68 型卧式镗床电气控制线路如图 5.49 所示。

主轴电动机 M1 为主轴与进给电动机，是一台 4/2 极的双速电动机，绕组接法为△/YY，通过变速箱等传动机构带动主轴、平转盘及润滑泵转动。M1 由 5 只接触器控制，其中 KM1、KM2 为电动机正、反转接触器，KM3 为制动电阻器短接接触器，KM4 为低速运转接触器，KM5 为高速运转接触器（KM5 是 1 只双线圈接触器或由 2 只接触器并联使用）。主轴电动机正、反转及停车时，均由速度继电器 SR 控制实现反接制动，为减小制动电流和机械冲击，M1 在制动、点动及主轴变速冲动控制时串入限流电阻器。另外还设有短路保护和过载保护。

进给电动机 M2 由接触器 KM6、KM7 实现正、反转控制，设有短路保护。因快速移动为点动控制，所以 M2 为短时运行，无须采用热继电器进行过载保护。

2. 开车前准备

1）选择好主轴转速和进给量。行程开关 SQ3～SQ6 的通断情况见表 5.4。

2）调整主轴箱和工作台位置，保证行程开关 SQ1 和 SQ2 的常闭触头均处于闭合状态。

3）合上电源开关 QS，引入电源，信号指示灯 HL 亮。合上照明开关 SA，局部工作照明灯 EL 亮。

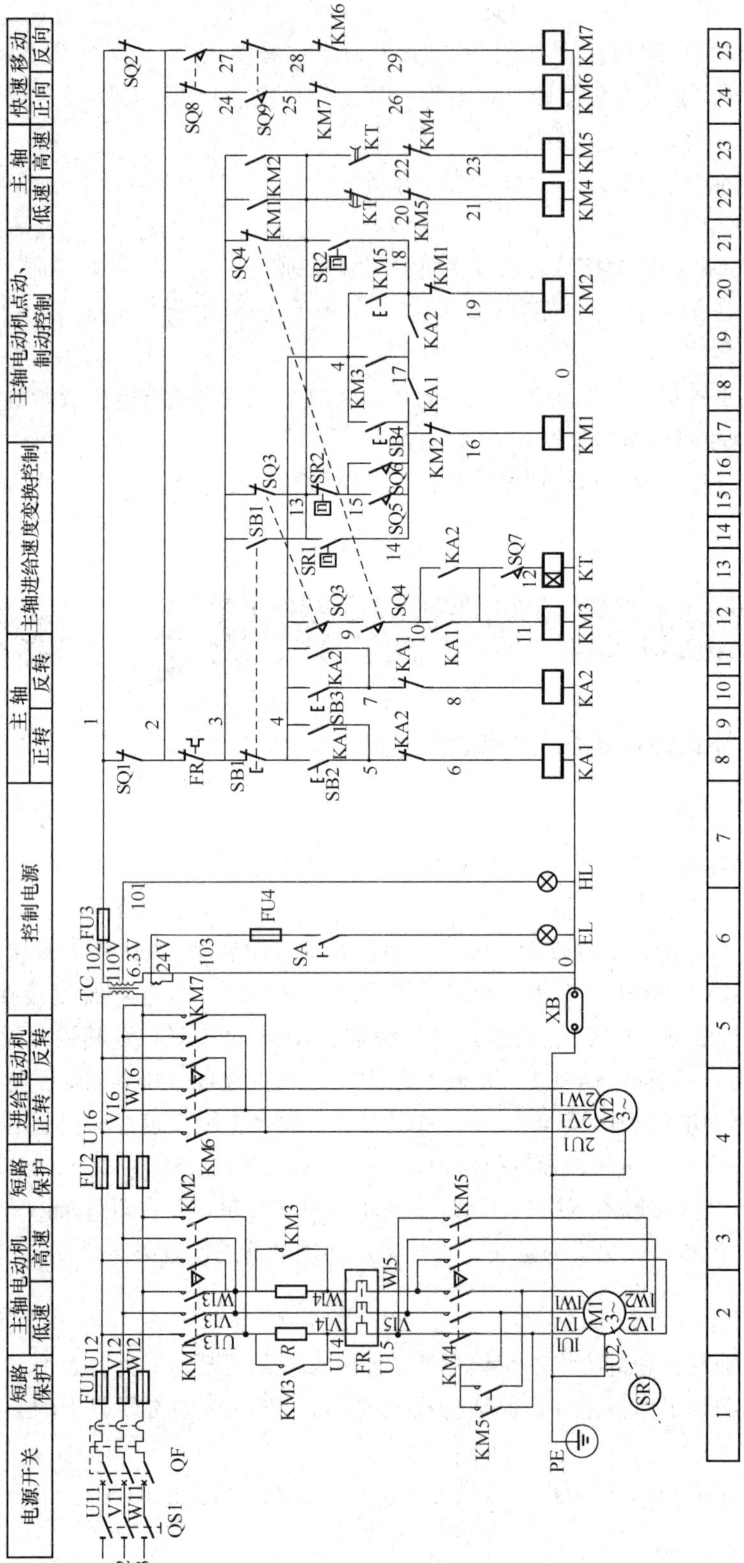

图 5.49　T68 型卧式镗床电气控制线路

表 5.4 行程开关 SQ3～SQ6 的通断情况

变速操作	行程开关触头	正常工作时	变速时	变速后手柄推不上时
主轴变速	SQ3（12 区）	通	断	断
	SQ3（15 区）	断	通	通
	SQ5（15 区）	断	断	通
进给变速	SQ4（12 区）	通	断	断
	SQ4（21 区）	断	通	通
	SQ6（16 区）	断	通	通

3. 主轴电动机控制

(1) 主轴电动机的正反转起动控制

主轴电动机正反转起动控制环节由正、反转起动按钮 SB2、SB3，中间继电器 KA1、KA2 和正反转接触器 KM1、KM2 等组成，另设有主轴高、低速选择开关 SQ3。

主轴低速运转时（△连接/1460r/min），将速度选择手柄置于低速挡，此时与速度选择手柄有联动关系的行程开关 SQ3 不受压，触头 SQ3（12 区）断开，触头 SQ3（15 区）闭合，触头 SQ5 闭合。主轴高速运转时（YY 连接/2880r/min），将速度选择手柄置于高速挡，经联动机构将行程开关 SQ3 压下，触头 SQ3（12 区）闭合，触头 SQ3（15 区）断开，触头 SQ7 闭合。

主轴电动机正转起动控制过程如下。

按下 SB2→KA1 线圈得电→KA1 常开触头（12 区）闭合→KM3 线圈得电→KM3 主触头闭合，短接 R→KM3 常开触头（19 区）、KA1 常开触头（18 区）闭合→KM1 线圈得电→KM1 常开触头（22 区）闭合→KM4 线圈得电 →KM1、KM4 主触头闭合，M1 低速正转起动，当转速达到 120r/min 时，SR2（21 区）闭合，为反接制动做准备。

主轴电动机低速正转控制电流通路如图 5.50 所示。

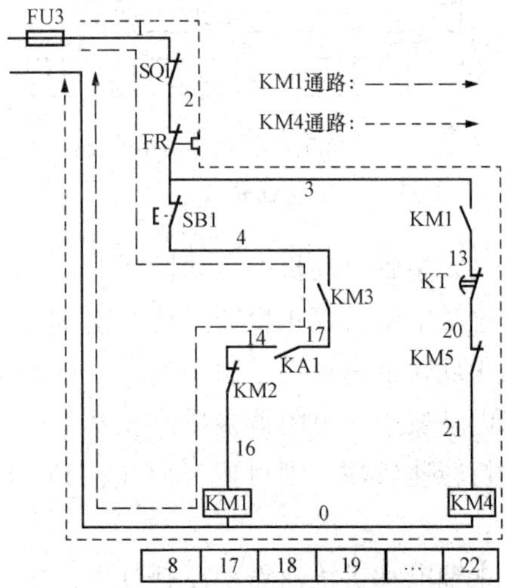

图 5.50 主轴电动机低速正转控制电流通路

KM1/KM4 通路：SQ1(8 区)→FR(8 区)→SB1(8 区)→KM3(19 区)→KA1(18 区)→KM2(17)→KM1 线圈
→KM1(22 区)→KT(22 区)→KM5(22 区)→KM4 线圈。

主轴电动机低速反转时只需按下反转起动按钮 SB3 即可，动作原理同正转。主轴电动机低速反转控制电流通路如图 5.51 所示。

主轴电动机高速控制过程：

若电动机已经处于低速运行，则将变速手柄扳向高速，SQ7 常开触头（13 区）闭合，接通 KT 线圈，延时后，KT 常闭触头（22 区）断开，切断 KM4 线圈回路，KT

常开触头（23 区）闭合，接通 KM5 线圈回路，KM5 主触头闭合，主轴电动机 M1 为 YY 连接，高速运行。

若电动机原来处于停止状态，则需先压下 SQ7，再按下起动按钮，同理，主轴电动机 M1 先低速起动，再进入高速运行。

主轴电动机高速控制电流通路（图 5.52）：

FU3→SQ1(8 区)→FR(8 区)→KM1(22 区)→KT(23 区)→KM4(23 区)→KM5 线圈
　　　　　　　　　　　　└→SB1→KM3(19 区)→KA1(18 区)→KM2(17 区)→KM1 线圈。

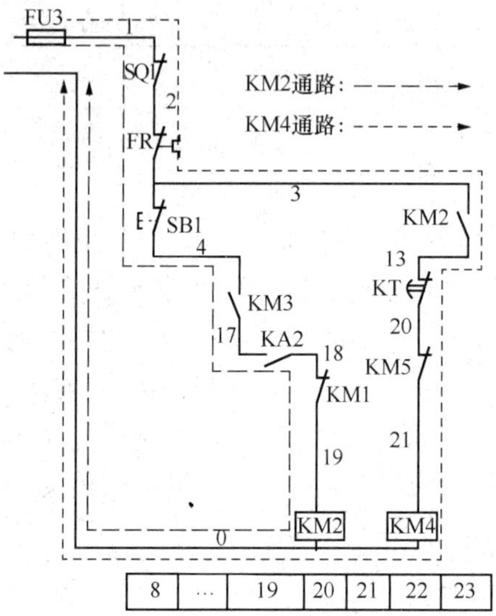

图 5.51　主轴电动机低速反转控制电流通路

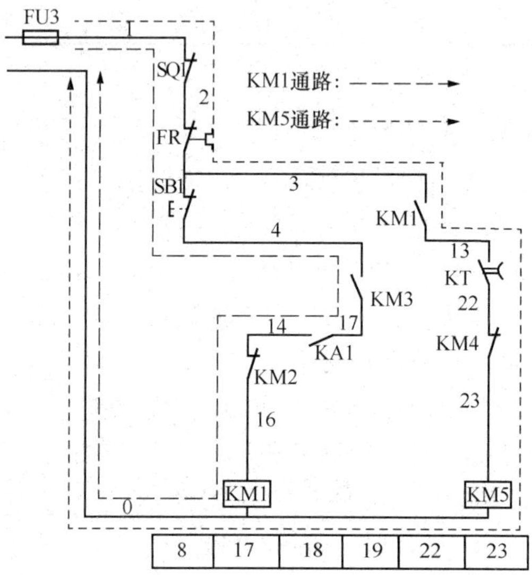

图 5.52　主轴电动机高速控制电流通路

（2）主轴电动机的点动控制

主轴电动机由正反转点动按钮 SB4、SB5，接触器 KM1、KM2 和低速接触器 KM4 构成正反转低速点动控制环节，实现低速点动调整。点动控制时，由于 KM3 未通电，所以电动机串入电阻器接成△低速起动。点动按钮松开后，电动机自然停车，若此时电动机转速较高，则可按下停止按钮 SB1，但要按到底，以实现反接制动，实现迅速停车。

主轴电动机正向点动控制过程：

按下 SB4→KM1 线圈得电→KM1 常开触头（22 区）闭合→KM4 线圈得电→KM1、KM4 主触头闭合，M1 串电阻器 R 正向起动；松开 SB4→KM1、KM4 线圈失电，主触头断开→电动机 M1 失电，自由停转。反转控制同理，按下反向点动按钮 SB5，接触器 KM2 和 KM4 线圈得电吸合，主触头闭合，M1 串电阻器 R 反向起动，松开 SB5，KM2、KM4 线圈失电，主触头断开，电动机 M1 失电，自由停转。

正、反向点动电流通路（图 5.53）：

FU3→SQ1(8)→FR(8)→KM1(22 区)→KT(22 区)→KM5(22 区)→KM4 线圈
　　　　　　　　　└→KM2(23 区)→KT(22 区)→KM5(22 区)→KM4 线圈。

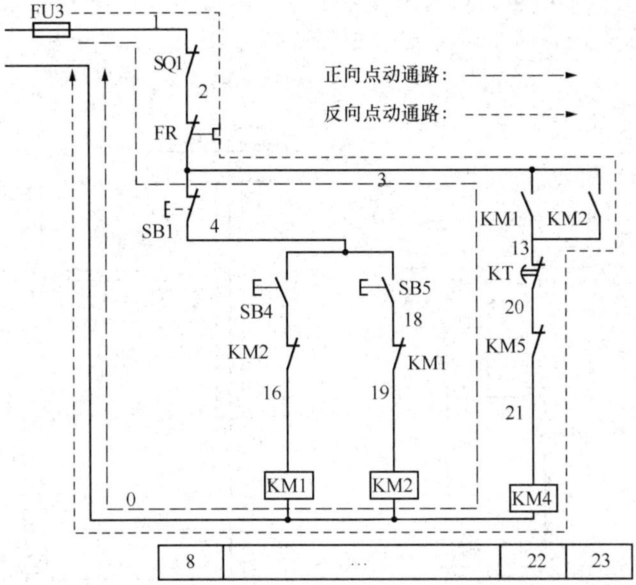

图 5.53　正、反向点动时的电流通路

（3）主轴电动机的停车与制动控制

主轴电动机 M1 在运行中，按下停止按钮 SB1，可实现主轴电动机的停止并反接制动（将 SB1 按到底时）。由 SB1、SR、KM1、KM2 和 KM3 构成主轴电动机正反转反接制动控制环节。

主轴电动机低速正转时的反接制动：

正转速度达 120r/min 以上时，SR2 常开触头（21 区）闭合，为反接制动做准备。按下 SB1→SB1 常闭触头（8 区）断开→KA1 线圈、KM3 线圈、KM1 线圈依次失电→KM1 常开触头（22 区）打开→KM4 线圈失电→KM1、KM4 主触头断开，电动机 M1 断电，惯性运行停车。

SB1 常开触头（14 区）闭合→通过 SR2 常开触头（21 区）、KM1 常闭触头（20 区）→KM2 线圈得电→KM2 常开触头（23）闭合→KM4 线圈得电→KM2、KM4 主触头闭合，M1 串入 R 反接制动→转速 $n<100$r/min 时，SR2 触头（21 区）打开→KM2、KM4 线圈失电→KM2、KM4 主触头断开，M1 失电，制动完毕。

反转与正转反接制动原理相同，反转时，SR1 触头（14 区）闭合，为反接制动（KM1 线圈得电）做准备。

若电动机原来处于高速状态，KT 线圈是得电的。在制动时，SB1 常闭触头（8 区）断开，KT 线圈失电，KT 常开触头（23 区）分断 KM5 线圈回路，则制动时 KM5 线圈不得电，只有 KM4 线圈会得电。也就是说，高速状态制动时，首先是进入低速状态，再进行制动。

主轴正转反接制动电流通路（图 5.54）：

SQ1(8 区)→FR(8 区)→KM2(23 区)——→SR2(21 区)→KM1(20 区)→KM2 线圈
　　　　　　　　　　　　　　　　　└→KT(22 区)→KM5(22 区)→KM4 线圈。

主轴反转反接制动电流通路（图 5.55）：

SQ1(18 区)→FR(8 区)→SB1(14 区)→SR1(14 区)→KM2(17 区)→KM1 线圈
　　　　　　　　　　→KM1(22 区)→KT(22 区)→KM5(22 区)→KM4 线圈。

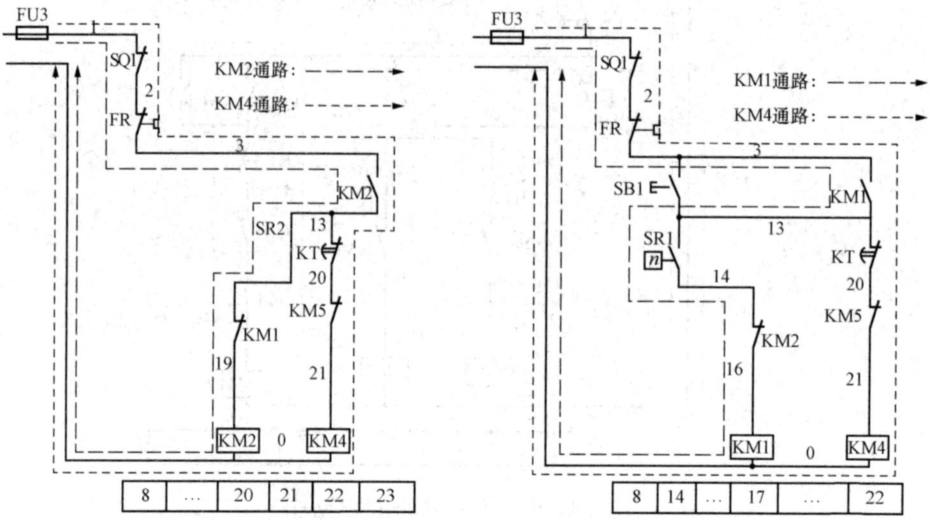

图 5.54　主轴正转反接制动电流通路　　　图 5.55　主轴反转反接制动电流通路

停车操作时，务必将 SB1 按到底，否则将无法反接制动，只是自由停车。

（4）主轴变速与进给变速控制

1）变速操作过程。主轴变速时，首先将变速操纵盘上的主轴变速操纵手柄拉出，然后转动变速操纵盘，选好速度后，将变速操纵手柄推回。在拉出或推回变速操纵手柄的同时，与其联动的行程开关 SQ3（主轴变速时自动停车与起动开关）、SQ5（主轴变速齿轮啮合冲动开关）相应动作，在手柄拉出时开关 SQ3 不受压，SQ5 受压。推上手柄时压合情况正好相反。

2）主轴运行中的变速控制过程。拉出主轴变速操纵手柄→SQ3 常开触头（12 区）打开→KM3 线圈失电→KM3 常开触头（19 区）打开→KM1、KM4 线圈依次失电→M1 断电→SQ3 常闭触头（15 区）闭合→［通过 SR2（21 区）］KM2 线圈得电→KM2 常开触头（23 区）闭合→KM4 线圈得电→M1 串电阻器 R 反接制动→SR2 触头（21 区）打开→M1 停车→进行变速，结束后将手柄复位→SQ3 被重新被压合→KM3、KM1、KM4 线圈依次得电→M1 以新转速起动。

3）主轴变速冲动过程。

变速时，若因齿轮顶齿手柄不能推入，则 SQ6 被压合（SQ6、SQ5 正常工作时为打开状态），此时 M1 已完成反接制动。

SQ6（16 区）触头闭合 →［SR2（15 区）已恢复闭合］KM1、KM4 线圈依次得电，主触头闭合→M1 正向起动→当 $n>120\text{r/min}$ 后→SR2（15 区）常闭触头打开→KM1、KM4 线圈依次失电→SR2（21 区）触头闭合→KM2、KM4 线圈依次得电吸合，主触头闭合→电动机 M1 反接制动→$n<100\text{r/min}$ 后→SR2（15 区）触头闭合→M1 又

恢复正向起动→……→M1，如此重复间歇起动和制动，直到齿轮啮合好，变速操纵手柄能推复原位→SQ6（16 区）触头打开→SQ3（13 区）触头闭合→变速冲动结束。

主轴/工作台变速冲动电流通路如图 5.56 所示。

SQ1(8 区)→FR(8 区)→SQ3(15 区)→SR2(15 区)→SQ6(16 区)→KM2(17 区)→KM1 线圈
└→SQ5(15 区)→KM2(17 区)→KM1 线圈。

（5）镗头架、工作台快速移动控制

由快速电动机 M2 经传动机构拖动镗头架和工作台做各种快速移动。运动部件及其运动方向的预选由装设在工作台前方的操纵手柄进行，而控制则用镗头架上的快速操作手柄控制。当扳动快速操作手柄时，将压合行程开关 SQ8（或 SQ9），接触器 KM6（或 KM7）通电，实现 M2 的正转（或反转），再通过相应的传动机构使运动部件按选定方向做快速移动。当快速移动操作手柄复位时，行程开关 SQ8（或 SQ9）不再受压，KM6（或 KM7）断电释放，M2 停止旋转，快速移动结束。

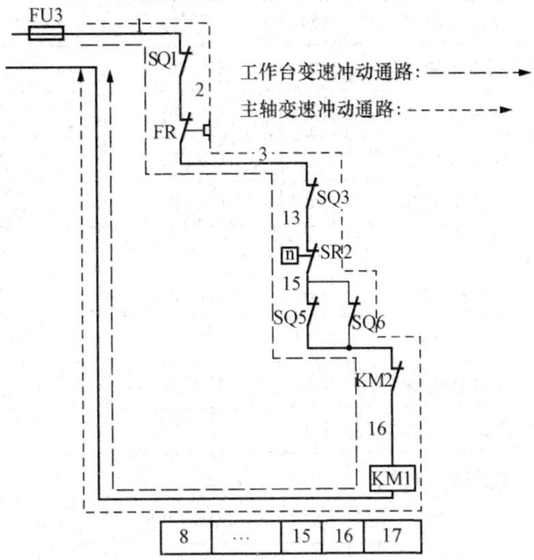

图 5.56　主轴工作台变速冲动电流通路

（6）机床的联锁保护

T68 卧式镗床具有较完善的机械和电气联锁保护。例如，当工作台或镗头架自动进给时，不允许主轴或平旋盘刀架进行自动进给，否则将发生事故，为此设置了两个联锁保护行程开关 SQ1 和 SQ2。其中 SQ1 是与工作台和镗头架自动进给手柄联动的行程开关，SQ2 是与主轴和平旋盘刀架自动进给手柄联动的行程开关。将 SQ1、SQ2 动断触头并联后串接在控制电路中，若扳动两个自动进给手柄，将使触头 SQ1 与 SQ2 断开，切断控制电路，使主轴电动机、快速移动电动机均不能起动或运转，实现联锁保护。

T68 卧式镗床主要元件明细见表 5.5。

表 5.5　T68 卧式镗床主要元件明细表

名称	代号	型号	规格	数量	作用
三相双速异步电动机	M1	JD02-52-4/2	5.2/7kW、380V、1440/2900r/min	1 台	主轴旋转及进给
三相异步电动机	M2	J02-32-4	3kW、380V、6.47A、1430r/min	1 台	进给快速移动
转换开关	QS1	HZ2-60/3	60A、3 相	1 个	电源总开关
熔断器	FU1	RL1-60	熔体 40A	3 个	电源短路保护
熔断器	FU2	RL1-15	熔体 15A	3 个	M2 短路保护

续表

名称	代号	型号	规格	数量	作用
熔断器	FU4	RL1-15	熔体 2A	1 个	控制电路短路保护
熔断器	FU3	RL1-15	熔体 2A	1 个	照明电路短路保护
交流接触器	KM1	CJ0-40		1 个	主轴正转
交流接触器	KM2	CJ0-40		1 个	主轴反转
交流接触器	KM3	CJ0-20		1 个	主轴制动
交流接触器	KM4	CJ0-40	110V、40A	1 个	主轴低速
交流接触器	KM5	CJ0-40	110V、40A	2 个	主轴高速
交流接触器	KM6	CJ0-40	110V、40A	1 个	M2 正转快速
交流接触器	KM7	CJ0-20	110V、40A	1 个	M2 反转快速
热继电器	FR	JB0-40	14.5A	1 个	M1 过载保护
中间继电器	KA1	JZ7-44	110V、5A	1 个	接通主轴正转
中间继电器	KA2	JZ7-44	110V、5A	1 个	接通主轴反转
时间继电器	KT	JS7-2	110V	1 个	主轴高速延时
速度继电器	SR	JY-1		1 个	主轴反接制动
电阻器	R	ZB1-09	0.9Ω	1 个	主轴电动机反接制动
变压器	TC	BK-300	300W、380V/110V、36V、6.3V	1 个	控制和照明两用
照明灯	EL	JC6-2		1 个	低压照明
信号指示灯	HL	DK-1-10	6.3V，2W、绿色灯罩	1 个	电源接通指示
按钮	SB1	LA2		1 个	主轴停止
按钮	SB2	LA2	500V、5A	1 个	主轴正转起动
按钮	SB3	LA2		1 个	主轴反转起动
按钮	SB4	LA2	500V、5A	1 个	主轴正转点动
按钮	SB5	LA2		1 个	主轴反转点动
限位开关	SQ1	LX1-11J		1 个	主轴进刀与工作台移动联锁
限位开关	SQ2	LX3-11K		1 个	主轴进刀与工作台移动联锁
限位开关	SQ3	LX1-11K		1 个	进给速度变换
限位开关	SQ4	LX1-11K		1 个	主轴速度变换
限位开关	SQ5	LX1-11K	500V、6A	1 个	进给速度变换
限位开关	SQ6	LX5-11		1 个	主轴速度变换
限位开关	SQ7	LX1-11K		1 个	接通高速
限位开关	SQ8	LX3-11K		1 个	快速移动正转
限位开关	SQ9	LX3-11K		1 个	快速移动反转
插座	XS			1 个	工作照明

任务4　20/5t 桥式起重机控制系统调试及故障处理

场景描述

起重机广泛适用于现代厂房、安装工地和集装箱货场及室内外仓库完成装卸和运输作业，它在地面很高的轨道上运行，占地面积较小，并能保证在几乎整个厂房面积内服务，省工省力省时，是现代厂房、仓库必不可少的装卸搬运设备。

本任务通过教师或桥式起重机操作人员示教如何简单操作桥式起重机，了解本设备的机械结构和电气控制特点，在教师的指导下在设备上进行故障的判断和排除故障的训练。20/5t 桥式起重机如图 5.57 所示。

图 5.57　20/5t 桥式起重机

任务目标

技能点：1. 能正确使用常用电工仪表。
2. 能检修和调试典型低压电器。
3. 能检修和调试 20/5t 桥式起重机电气控制线路。
4. 能分析、判断和处理 20/5t 桥式起重机电气控制线路故障。

知识点：了解 20/5t 桥式起重机电气控制线路的工作原理。

工作任务

本任务流程如图 5.58 所示。

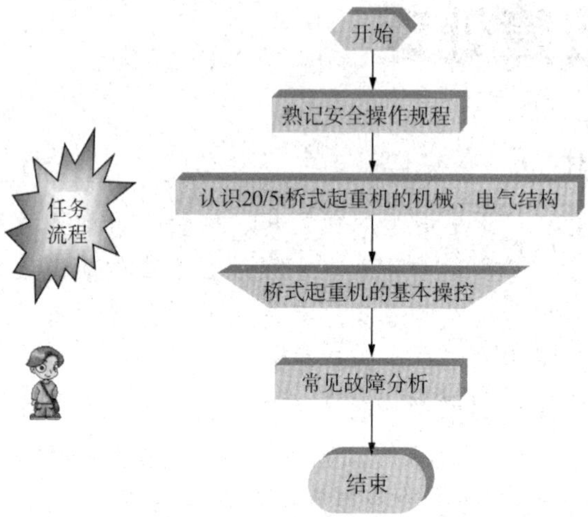

图 5.58　工作任务流程图

实践操作

活动 1　熟记安全操作规程

1）工作前严禁饮酒。

2）不准带无关人员上车。

3）开车前先检查机械、电气、安全装置是否良好；车上有无可碰、卡、挂现象；确认一切正常，打铃告警后，再送电试车。

4）操作中要始终做到稳起、稳行、稳落。在靠近邻车或接近人时必须及时打铃警告。

5）吊运物品坚持“三不越过”（不从人头上越过，不从带电的高架线上越过，不从可能造成人身伤害的设备设施上越过）原则。

6）运行时，任何人发出停车信号均应立即停车。

7）操作带翻、游翻、兜翻时应在安全地方进行。

8）起吊重物时，距地面距离不许超过 0.5m。

9）吊运接近额定负荷时，应升至 100mm 高度停车检查制动能力。

10）吊运过程中，不允许同时操作三个机构（即大车、小车、卷扬机不能同时动作）。

11）正常情况下不准打反车。

12）严禁使用两台起重量不同的起重机共吊一物。用两台起重能力相等的起重机共吊一物时，应采取使两台起重机均能保持垂直起重的措施，其吊物重量加吊具重量之和不准超过两台起重机起重能力总和的 80%，且总工程师或其指派的专人在场指挥，方能起吊。

13）上下车时需由梯子平台通过，不准从一台车爬至另一台车，不准沿轨道行走。

14）车上不准堆放其他物品，工具应加以固定。

15）同一跨轨道上有两台以上吊车时，不准相互推车碰撞。

16）吊钩不载荷运行时，应升至一人以上高度。

17）露天起重机作业完毕后应加以固定。

18）在处理故障或离车时，控制器必须置于零位，切断电源。不准悬挂重物离开车。下班时把小车停于驾驶室一端，吊钩升至规定高度。

19）认真填写交接班记录，特别是不安全因素必须交代清楚。

活动 2　认识 20/5t 桥式起重机的机械、电气结构

桥式起重机的桥架沿铺设在两侧高架上的轨道纵向运行，起重小车沿铺设在桥架上的轨道横向运行，可以充分利用桥架下面的空间吊运物料，不受地面设备的阻碍。这种起重机被广泛用在室内外仓库、厂房、码头和露天贮料场等处。桥式起重机可分为普通桥式起重机、简易梁桥式起重机和冶金专用桥式起重机 3 种。

本任务以 20/5t 双钩桥式起重机为例分析桥式起重机的电气控制线路。图 5.59 所示为生产车间中常用的 20/5t 桥式起重机，它是一种用来吊起或放下重物并使重物在短距离内水平移动的起重设备，俗称吊车、行车或天车。

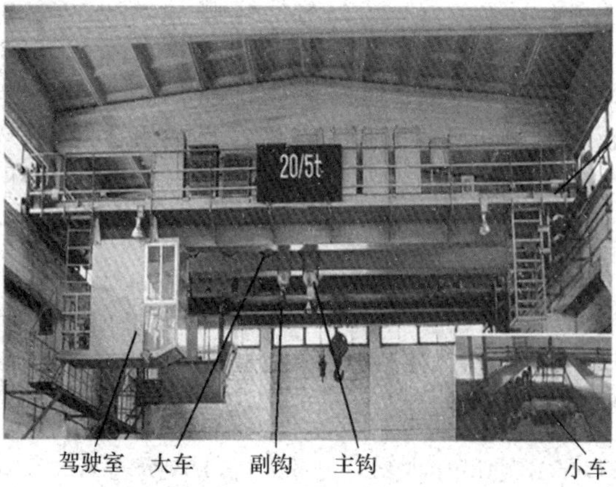

图 5.59　20/5t 桥式起重机

1. 20/5t 桥式起重机主要机械结构和运动形式

桥式起重机的结构如图 5.60 所示，主要由起升机构［主钩（20t）、副钩（5t）］、运行机构（大车、小车）和驾驶室等部分组成。普通桥式起重机主要采用电力驱动，一般是在驾驶室内操纵。

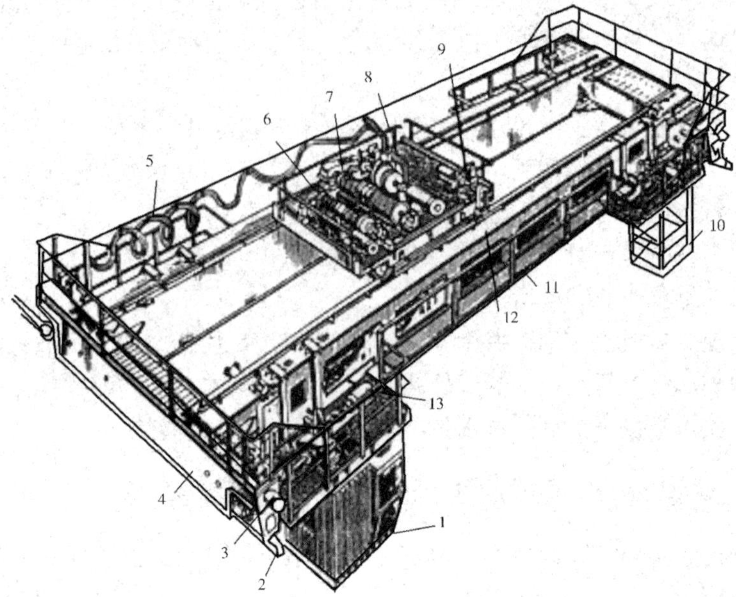

1—驾驶室；2—大车轨道；3—缓冲器；4—大梁；5—电缆；6—副起升机构；7—主起升机构；
8—起重小车；9—小车运行机构；10—检修吊笼；11—走台栏杆；12—主梁；13—大车运行机构。

图 5.60　桥式起重机的结构

桥式起重机的结构、作用及组成见表 5.6。

表 5.6　桥式起重机的结构、作用及组成

结　构		作用及组成
起升机构		起升机构由电动机、减速器、传动轴、卷绕系统、取物装置、制动器及安全装置等组成。一般起重机只装配 1 套起升机构，当起重量大于 10t 时，为提高工作效率，常设主、副 2 套起升机构，副钩的额定起重量一般为主钩的 15%～20%。主钩用来提升重物，副钩除可提升轻物外，还可以协同主钩完成工件的吊运，但不允许主、副钩同时提升 2 个物件。当主、副钩同时工作时，物件的重量不允许超过主钩的额定起重量
运行机构	小车运行机构	小车运行机构为多集中驱动自行式结构，由电动机、减速机、联轴器、传动轴、制动器、车轮组和轨道，以及安全装置等组成。由于运行轨距较小，使用单轮线车轮、方钢或扁钢形状的钢轨直接铺设在金属结构上。采用立式减速机将驱动部分和行走车轮布置在起重小车上下 2 个层面上。小车安全装置有行程限位开关、缓冲器和轨道端部止挡，防止小车超行程运行脱轨
	大车运行机构	大车的轨道铺设在车间两侧的立柱上，可在轨道上纵向移动；大车上装有小车轨道，供小车横向移动；桥式起重机可以在大车能够行走的整个车间范围内进行起重运输。 大车运行机构按传动形式不同分为集中驱动和分别驱动两类。当起重机跨度小于 16.5m 时，可以采用集中驱动或分别驱动；跨度大于 16.5m 时，一律采用分别驱动。大车运行机构采用双轮缘车轮，驱动力为主动车轮轮压与轨道之间的摩擦产生的附着力。因此，必须要进行主动轮的打滑验算，以确保有足够的驱动力。 大车运行机构的安全装置有行程限位开关、缓冲器和轨道端部止挡。室外起重机必须配备夹轨器、扫轨板和支承架，以及暴露的活动零部件防护罩

续表

结　构	作用及组成
驾驶室	驾驶室的组成部分是金属结构，能提供驾驶人操作所需要的作业空间。驾驶室内布置有操纵设备、驾驶座椅和成套的控制显示装置，应考虑为操作人员创造良好的作业环境，使驾驶人工作安全、舒适、高效。 驾驶室分类： 1. 按是否运动分类，它可分为固定式和移动式两类。桥式起重机的驾驶室一般是固定的，装在无滑线一侧的桥架上。操纵驾驶室也有移动式的，随小车一起运行。例如，大跨度的装卸桥、港口卸船机等的驾驶室，大多与起重小车连接在一起。 2. 按与外界的关系分类，它可分为敞开式和封闭式两类。对于无特殊要求、在室温为10～40℃的厂房内工作的起重机驾驶室一般制成敞开式的（图a）；在有粉尘和有害气体的场所、露天及高温车间工作的起重机，驾驶室一般制成封闭式的（图b）  图a  图b

2. 20/5t桥式起重机主要电气结构

桥式起重机的大车桥架跨度一般较大，两侧装置两个主动轮，分别由两台相同规格的电动机（图5.61）拖动，沿大车轨道纵向同速运动。小车（图5.62）移动机构由一台电动机拖动，沿固定在大车桥架上的小车轨道向两侧运动。主钩、副钩各由一台电动机拖动进行升降（图5.63）。

图5.61　大车电动机

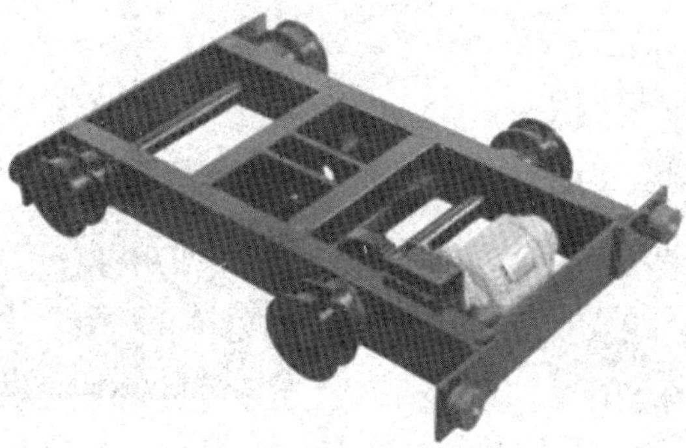

图5.62　小车

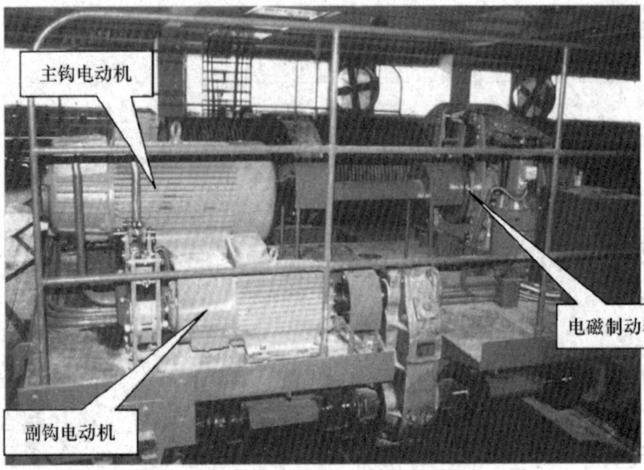

图 5.63　主钩、副钩升降电动机

整机线路由主电路和控制电路两部分组成。控制电路又分为凸轮控制器控制和主令控制器控制两种形式。

活动 3　桥式起重机的基本操控

1. 准备阶段

在起重机投入运行前应当将所有凸轮控制器手柄置于零位，合上紧急开关，关好舱门和横梁栏杆门，使其安全开关处于闭合状态（图 5.64）。

2. 起动运行阶段

操作人员按下保护控制柜上的起动按钮，主接触器得电吸合，但由于各凸轮控制器手柄均在零位，故电动机不运转。

3. 大车、小车和副钩运行凸轮控制器的控制

桥式起重机的大车、小车和副钩电动机容量较小，一般采用凸轮控制器（图 5.65）控制。现以大车为例说明控制过程。由于大车被两台电动机同时拖动，因此大车凸轮控制器控制电动机正反转（即大车的前进和后退）。

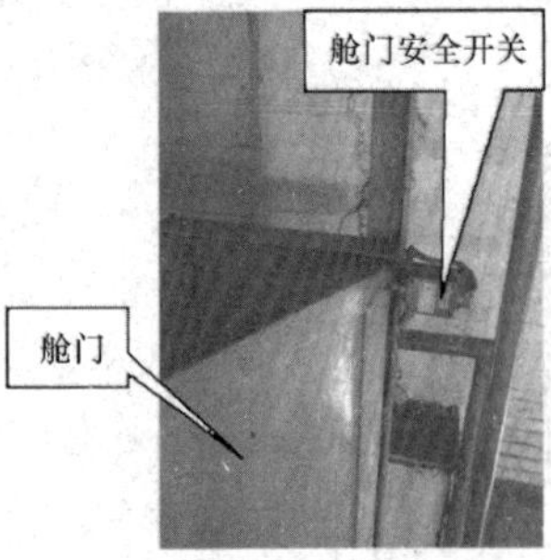

图 5.64　舱门安全开关闭合状态

图 5.65　凸轮控制器

合上电源总开关，使主接触器线圈得电运行。扳动大车运行凸轮控制器手柄向后置于1位，两电动机接通三相电源，同时电磁铁得电，使制动器放松，大车慢速向后运行。

扳动大车运行凸轮控制器手柄向后置于2位，电动机转速略有升高。当手柄置于3位时，电动机转速进一步升高。大车运行凸轮控制器手柄从2位循序转到5位的过程中，控制触头依次闭合，电动机转速逐渐升高。

当大车运行凸轮控制器手柄扳至向前时，通过主触头将电动机电源换相，电动机反方向旋转。其他工作过程与向后运行完全一样。

断电或操作手柄扳至零位时，电动机电源和电磁铁线圈断电，制动器将电动机制动。

小车和副钩的控制过程与大车相同。

4. 主钩主令控制器的控制

主钩电动机是桥式起重机容量最大的一台电动机，一般采用主令控制器，如图5.66所示。

主钩运行有升降两个方向，主钩上升控制与凸轮控制器的工作过程基本相似，区别在于它是通过接触器控制的。

主钩下降控制如下。

图5.66　主令控制器

准备阶段：合上电源总开关、主钩电源开关，接通主电路和控制电路电源，主令控制器手柄置于零位，为主钩电动机起动控制做准备。主钩下降分6挡位置："J"挡、"1"挡、"2"挡为制动下降位置，防止在重载下降时速度过快，电动机处于反接制动运行状态；"3"挡、"4"挡、"5"挡为强力下降位置，主要用于轻负载时快速强力下降。主令控制器在下降位置时，6个挡位的工作情况如下：

(1) 制动下降位置"J"挡

主令控制器手柄扳至"J"挡时，制动器未释放，主钩电动机仍处于制动状态，迫使电动机不能起动旋转。这种操作常用于主钩上吊有很重的货物或工件停留在空中或在空间移动时。因负载很重，防止制动器制动失灵或打滑，所以使电动机产生一个向上的提升力，协助制动器制动克服重负载所产生的重力，以减轻制动器制动的负担，保证运行安全。

(2) 制动下降位置"1"挡

当主令控制器手柄扳至"1"挡时，若此时负载足够大，则在负载重力作用下电动机做反向（下降方向）旋转，电磁转矩成为反接制动力矩迫使负载低速下降。

(3) 制动下降位置"2"挡

当主令控制器手柄扳至"2"挡时，重负载下降速度较"1"挡时快。操作人员可根据重负载情况及下降速度要求，适当选择"1"挡或"2"挡作为重负载合适的下降速度。

（4）强力下降位置“3”挡、“4”挡、“5”挡

主令控制器手柄扳至“3”挡、“4”挡、“5”挡时，轻负载在电动机下降转矩作用下强力下降。

负载重力作用较大使实际下降速度超过电动机同步转速时，由电动机运行特性可知，电磁转矩由驱动转矩转变为制动转矩（即发电制动），能起到一定的制动下降作用，保证下降速度不致太高。

活动4　常见故障分析

1. 20/5t桥式起重机常见故障现象及原因

桥式起重机因工作环境比较恶劣、工作频繁、结构复杂、某些主要电气设备和元件拆封困难等原因，造成日常维修不便。常见故障现象及原因见表5.7。

表5.7　常见故障现象及原因

故障现象	原　因
合上空气开关QS1并按起动按钮SB后，主接触器KM不吸合	1. 线路无电压：熔断器FU1熔断。 2. 紧急开关QS4或安全开关SQc、SQd、SQe未合上。 3. 主接触器KM线圈断路。 4. 各凸轮控制器手柄没在零位，SA1-7、SA2-7、SA3-7触头分断。 5. 过电流继电器KI0～KI4动作后未复位
主接触器KM吸合后，过电流继电器KI0～KI4立即动作	1. 凸轮控制器SA1～SA3电路接地。 2. 电动机M1～M4绕组接地。 3. 电磁铁YA1～YA4线圈接地
接通电源，扳动凸轮控制器手柄后，电动机不转动	1. 凸轮控制器主触头接触不良。 2. 滑触线与集电刷接触不良。 3. 电动机定子绕组或转子绕组断路。 4. 电磁铁线圈断路或制动器未放松
扳动凸轮控制器后，电动机起动运转，但不能输出额定功率且转速明显减慢	1. 线路压降太大。 2. 制动器未全部松开。 3. 转子电路中的附加电阻器未全部切除
凸轮控制器扳动过程中卡住或扳不到位	1. 凸轮控制器动触头卡在静触头下面。 2. 定位机构松动
凸轮控制器扳动过程中火花过大	1. 动、静触头接触不良。 2. 控制容量过载
制动电磁铁线圈过热	1. 电磁铁线圈电压与线路电压不符。 2. 电磁铁的牵引力过载。 3. 电磁铁吸合后，动、静铁心间的间隙过大。 4. 制动器的工作条件与电磁铁线圈特性不符。 5. 电磁铁铁心歪斜
电磁铁噪声大	1. 交流电磁铁短路环开路。 2. 电磁铁过载；动、静铁心端面有油污。 3. 磁路弯曲
主钩既不能上升也不能下降	1. 如欠电压继电器KV不吸合，可能是KV线圈断路，过电流继电器KI5未复位，主令控制器SA4的零位联锁触头未闭合，熔断器FU2熔断。 2. 如欠电压继电器吸合，则可能是自锁触头未接通。 3. 主令控制器的触头S2、S3、S4、S5或S6接触不良，电磁铁线圈开路未松闸

2. 20/5t桥式起重机电气控制线路的检修

(1) 工具与仪表

1) 工具。电工常用工具。

2) 仪表。MF47型万用表、500V兆欧表、钳形电流表。

(2) 实训过程

1) 在操作人员的指导下，熟悉20/5t桥式起重机的结构和各种操作控制及注意事项。

2) 在教师的指导下，对照20/5t桥式起重机电气控制线路，明确元件的安装位置、走线情况及各元件的作用。

3) 在20/5t桥式起重机上人为设置故障点，由教师示范检修。

4) 由教师设置学生事先知道的故障点，指导学生如何从故障现象着手进行分析。逐步引导学生掌握正确的检修步骤和检修方法。

5) 教师设置故障点，由学生检修。要求如下：

① 学生通过通电试车仔细观察故障现象，进行认真分析，并在电气原理图中标出最小故障范围。

② 采用电压法或电阻法在故障范围内找出故障点并修复。

③ 排除故障时，必须修复故障点，不得采用元件代换法、借用触头及更改线路的方法。

④ 排除故障的思路应清晰，检查方法应得当。

(3) 注意事项

1) 由于是空中作业，必须严格遵守空中作业的规定，做好各种安全防护措施。检修时必须思想集中，确保人身安全。在起重机移动时不准走动，停车时走动也要手扶栏杆，以防发生意外。

2) 检修前备好所需的全部工具，操作时手要握紧工具，防止工具坠落伤人。

3) 参观、检修必须在起重机停止工作且切断电源时进行，不准带电操作。

4) 不具备在起重机上训练的条件时，可在模拟盘上进行电气故障的检修练习，着重掌握检修故障的基本思路和方法。

相关理论知识

知识 20/5t桥式起重机电气控制线路分析

20/5t桥式起重机电气控制原理图和分合表如图5.67所示。

1. 主接触器控制

主接触器线圈由一系列保护器件触头串联控制，主触头控制大车、小车及副钩电动机的总电源。

AC1

	向下						向上				
	5	4	3	2	1	0	1	2	3	4	5
V13–1W							×	×	×	×	×
V13–1U	×	×	×	×	×						
U13–1U							×	×	×	×	×
U13–1W	×	×	×	×	×						
1R5	×	×	×	×				×	×	×	×
1R4	×	×	×						×	×	×
1R3	×	×								×	×
1R2	×										×
1R1	×										×
AC1–5						×	×	×	×	×	×
AC1–6	×	×	×	×	×	×					
AC1–7						×					

(a) 副钩凸轮控制器触头分合表

AC2

	向左						向右				
	5	4	3	2	1	0	1	2	3	4	5
V14–2W							×	×	×	×	×
V14–2U	×	×	×	×	×						
U14–2U							×	×	×	×	×
U14–2W	×	×	×	×	×						
2R5	×	×	×	×				×	×	×	×
2R4	×	×	×						×	×	×
2R3	×	×								×	×
2R2	×										×
2R1	×										×
AC2–5						×	×	×	×	×	×
AC2–6	×	×	×	×	×	×					
AC2–7						×					

(b) 小车凸轮控制器触头分合表

AC3

	向后						向前				
	5	4	3	2	1	0	1	2	3	4	5
V12–3W,4U							×	×	×	×	×
V12–3U,4W	×	×	×	×	×						
U12–3U,4W							×	×	×	×	×
U12–3W,4U	×	×	×	×	×						
3R5	×	×	×	×				×	×	×	×
3R4	×	×	×						×	×	×
3R3	×	×								×	×
3R2	×										×
3R1	×										×
4R5	×	×	×	×				×	×	×	×
4R4	×	×	×						×	×	×
4R3	×	×								×	×
4R2	×										×
4R1	×										×
AC3–5						×	×	×	×	×	×
AC3–6	×	×	×	×	×	×					
AC3–7						×					

(c) 大车凸轮控制器触头分合表

AC4

		下降							上升					
		强力			制动									
		5	4	3	2	1	J	0	1	2	3	4	5	6
	S1							×						
	S2	×	×	×										
	S3				×	×	×		×	×	×	×	×	×
KM3	S4	×	×	×	×	×			×	×	×	×	×	×
KM1	S5	×	×	×										
KM2	S6				×	×	×		×	×	×	×	×	×
KM4	S7	×	×	×		×	×		×	×	×	×	×	×
KM5	S8	×	×	×			×			×	×	×	×	×
KM6	S9	×	×								×	×	×	×
KM7	S10	×										×	×	×
KM8	S11	×											×	×
KM9	S12	×	0	0										×

(d) 主令控制器触头分合表

×—表示触头闭合　0—表示触头转向0位时闭合

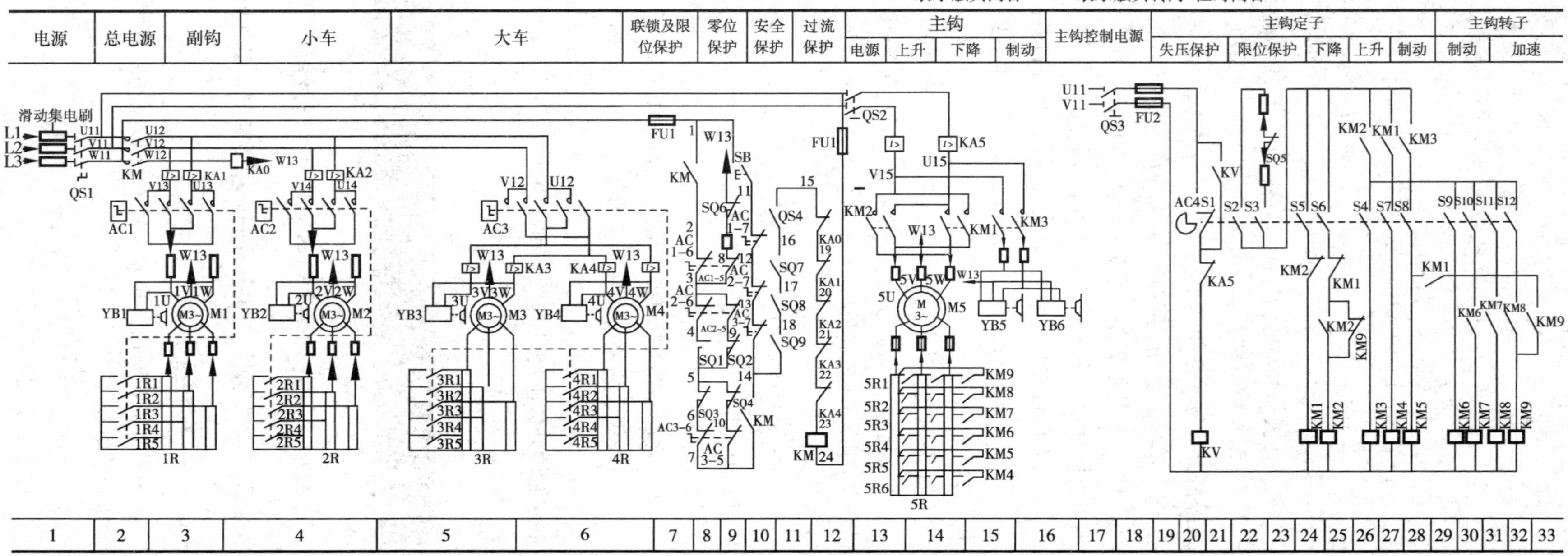

(e) 电气控制原理图

图 5.67　20/5t 桥式起重机电气控制原理图和分合表

交流起重机电源由公共交流电网供电。由于起重机工作时经常移动，因此其与电源之间不能采用固定连接方式。对于小型起重机，供电方式为软电缆供电，随着大车或小车的移动，供电电缆随之伸展和叠卷。一般桥式起重机常用滑线和电刷供电。三相交流电源接到沿车间长度方向架设的三根主滑线上，再通过电刷引到起重机的电气设备上，首先进入驾驶室中保护盘上的总电源开关，然后向起重机各电气设备供电。

20/5t 桥式起重机在桥架的一侧装设了 21 根辅助滑触线，它们的作用如下。

1）用于主钩部分 10 根。3 根（13、14 区）连接主钩电动机 M5 的定子绕组（5U、5V、5W）接线端；3 根（13、14 区）连接转子绕组与转子附加电阻器 5*R*；2 根（15、16 区）用于主钩电磁制动器 YB5、YB6 与交流磁力控制屏的连接；2 根（21 区）用于主钩上升行程开关 SQ5 与交流磁力控制屏及主令控制器 AC4 的连接。

2）用于副钩部分 6 根。3 根（3 区）连接副钩电动机 M1 的转子绕组与转子附加电阻器 1*R*；2 根（3 区）连接定子绕组（1U、1W）接线端与凸轮控制器 AC1；1 根（8 区）将副钩上升行程开关 SQ6 接到交流保护柜上。

3）用于小车部分 5 根。3 根（4 区）连接小车电动机 M2 的转子绕组与附加电阻器 2*R*；2 根（4 区）连接 M2 定子绕组（2U、2W）接线端与凸轮控制器 AC2。

起重机的导轨及金属桥架应可靠接地。

起重机的控制和保护由交流保护柜（装在驾驶室内）和交流磁力控制屏（装在大车桥架上）控制。总电源由隔离开关 QS1 控制，由过电流继电器 KA0 实现过流保护。KA0 的线圈串联在公用相中，其整定值不应超过全部电动机额定电流总和的 1.5 倍，而过流继电器 KA1～KA5 的整定值一般整定为被保护电动机额定电流的 2.25～2.5 倍。各控制电路由熔断器 FU1、FU2 实现短路保护。

运行准备阶段：起重机设置了零位联锁保护，只有当所有的控制器的手柄都处于零位时，起重机才能起动运行。此时零位连锁触头 AC1-7、AC2-7、AC3-7（9 区）闭合。为了保障维修人员的安全，在驾驶室舱门上装有安全开关 SQ7（10 区）；在横梁两侧栏杆门上分别装有安全开关 SQ8、SQ9（10 区）；在保护柜上还装有一只单刀单掷的紧急开关 QS4（10 区）。由于上述开关均为串联，当驾驶室舱门或横梁栏杆门开启时，主接触器 KM 不能得电，起重机的所有电动机都不能起动运行。20/5t桥式起重机中共有 5 台电动机，其控制和保护电器见表 5.8。

表 5.8　20/5t 桥式起重机中电动机及其控制和保护电器

名称及代号	控制电器	过流和过载保护电器	终端限位保护电器	电磁制动器
大车电动机 M3、M4	凸轮控制器 AC3	KA3、KA4	SQ3、SQ4	YB3、YB4
小车电动机 M2	凸轮控制器 AC2	KA2	SQ1、SQ2	YB2
副钩升降电动机 M1	凸轮控制器 AC1	KA1	SQ6（提升限位）	YB1
主钩升降电动机 M5	主令控制器 AC4	KA5	SQ5（提升限位）	YB5、YB6

起动运行阶段：合上电源开关 QS1，按下起动按钮 SB，主接触器 KM 得电吸合，KM 主触头闭合，使两相电源（U12、V12）引入各凸轮控制器。同时，KM 的两副辅助常开触头（7 区和 9 区）闭合自锁，主接触器 KM 的线圈得电。

2. 大车、小车及副钩控制

20/5t 桥式起重机的大车、小车及副钩电动机的容量都较小，一般采用凸轮控制器控制。大车、小车及副钩的控制过程基本相同，下面以副钩为例说明控制过程。

副钩凸轮控制器 AC1 的手轮共有 11 个位置，中间位置是零位，左、右两边各有 5 个位置，用来控制电动机 M1 在不同转速下的正、反转，即副钩的升降。

在主接触器 KM 得电吸合、总电源接通的情况下，转动凸轮控制器 AC1 的手轮至向上位置任一挡时，AC1 的主触头 V13-1W 和 U13-1U 闭合，电动机接通三相电源正转，副钩上升。反之将手轮扳至向下位置的任一挡时，AC1 的主触头 V13-1U 和 U13-1W 闭合，M1 反转，带动副钩下降。

当将 AC1 的手柄扳到“1”挡时，AC1 的 5 对辅助常开触头 1R1～1R5 均断开，副钩电动机 M1 的转子回路串入全部电阻器起动，M1 以最低转速带动副钩运动。依次扳到“2”～“5”挡时，5 对辅助常开触头 1R5～1R1 逐个闭合，依次短接电阻器 1R5～1R1，电动机 M1 的转速逐步升高，直至达到预定转速。

当断电或将手轮转至零位时，电动机 M1 断电，同时电磁制动器 YB1 也断电，M1 被迅速制动停转。当副钩带有重负载时，考虑到负载的重力作用，在下降负载时，应先把手轮逐级扳到“下降”的最后一挡，然后根据速度要求逐级退回升速，以免因下降过快造成事故。

3. 主钩电动机的控制

主钩电动机是桥式起重机容量最大的一台电动机，一般采用主令控制器配合磁力控制屏进行控制，即用主令控制器控制接触器，再由接触器控制电动机。为提高主钩电动机运行的稳定性，在切除转子附加电阻器时，采取三相平衡切除，使三相转子电流平衡。

主钩运行有升降两个方向，主钩上升控制与凸轮控制器的工作过程基本相似，区别在于主钩上升是通过接触器控制的。

主钩下降与凸轮控制器的动作过程有较明显的差异。首先是准备阶段：合上开关 QS1（1 区）、QS2（12 区）、QS3（16 区）接通主电路和控制电路电源，主令控制器手柄置于零位，触头 S1（18 区）处于闭合状态，电压继电器 KV（18 区）线圈得电动作，其常开触头 KV（19 区）闭合自锁，为主钩电动机 M5 起动控制做准备。主钩下降分 6 挡位置：“J”挡、“1”挡、“2”挡为制动下降位置，防止在重载下降时速度过快，电动机处于反接制动运行状态；“3”挡、“4”挡、“5”挡为强力下降位置，主要用于轻负载时快速强力下降。主令控制器在下降位置时，6 个挡位的工作情况见表 5.9。

表5.9　6个挡位的工作情况

AC4手柄位置	AC4闭合触头	得电动作的接触器	主钩的工作状态
制动下降位置“J”挡	S3、S6、S7、S8	KM2、KM4、KM5	电动机M5按正序电压产生提升方向的电磁转矩，但由于YB5、YB6线圈未得电而仍处于制动状态，在制动器和载重的重力作用下，M5不能起动旋转。此时，M5转子电路接入四段电阻器，为起动做准备
制动下降位置“1”挡	S3、S4、S6、S7	KM2、KM3、KM4	电动机M5仍接正序电压，但由于KM3得电动作，YB5、YB6失电松开，M5能自由旋转，由于KM5断电释放，转子回路接入五段电阻器，M5产生的提升转矩减小，此时若重物产生的负载倒拉力矩大于M5的电磁转矩，M5运转在倒拉反接制动状态，低速下放重物；反之，重物被提升，此时必须将AC4的手柄迅速扳到下一挡
制动下降位置“2”挡	S3、S4、S6	KM2、KM3	电动机M5仍接正序电压，但S7断开，KM4断电释放，附加电阻器全部串入转子回路，M5产生的电磁转矩减小，重负载的下降速度比“1”挡时加快
强力下降位置“3”挡	S2、S4、S5、S7、S8	KM1、KM3、KM4、KM5	KM1得电吸合，电动机M5接负序电压，产生下降方向的电磁转矩；KM4、KM5吸合，转子回路切除两级电阻器5R6和5R5；KM3吸合，YB5、YB6制动器松开，此时若负载较轻，M5处于反转电动状态，强力下降重物；若负载较重，电动机的转速超过其同步转速，M5将进入再生发电制动状态，限制下降速度
强力下降位置“4”挡	S2、S4、S5、S7、S8、S9	KM1、KM3、KM4、KM5、KM6	KM6得电吸合，转子附加电阻器5R4被切除，M5进一步加速，轻负载下降速度加快。另外，KM6的辅助常开触头（30区）闭合，为KM7得电做准备
强力下降位置“5”挡	S2、S4、S5、S7～S12	KM1、KM3、KM4～KM9	AC4闭合的触头较“4”挡增加了S10、S11、S12，KM7～KM9依次得电吸合，转子附加电阻器5R3、5R2、5R1依次逐级切除，以避免过大的冲击电流；M5旋转速度逐渐增加，最后以最高速度运转，负载以最快速度下降。此时若负载较重，实际下降速度超过电动机的同步转速，电动机将进入再生发电制动状态，电磁转矩变成制动力矩，限制负载下降速度的继续增加

桥式起重机在实际运行中，操作人员要根据具体情况选择不同的运行位置和挡位。如主令控制器手柄在强力下降位置“5”挡时，因负载重力作用太大，下降速度过快，虽有发电制动控制，但高速下降仍很危险。此时，就需要把主令控制器手柄扳回到制动下降位置“2”挡或“1”挡，进行反接制动控制下降速度。为了避免在转换过程中可能发生过高的下降速度，在接触器KM9电路中常用辅助常开触头KM9（33区）自锁。同时，为了不影响提升的调速，在该支路中再串联一个辅助常开触头KM1（28区）。这样可以保证主令控制器手柄由强力下降位置向制动下降位置转换时，接触器KM9线圈始终有电，只有手柄扳至制动下降位置后，接触器KM9线圈才断电。在图5.67（d）所示主令控制器触头分合表中可以看到，强力下降位置“4”挡和“3”挡上有“0”的符号表示，当手柄由“5”挡向零位回转时，触头S12接通。如果没有以上联锁装置，在手柄由强力下降位置向制动下降位置转换时，若操作人员不小心，误把手柄停在了“4”挡或“3”挡上，那么正在高速下降的负载速度不但不会得到控制，反而会增加，可能造成恶性事故。

另外，串接在接触器KM2支路中的常开触头KM2（23区）与常闭触头KM9（24区）并联。当接触器KM1线圈断电释放后，只有在接触器KM9线圈断电释放的情况下，接触器KM2线圈才允许得电并自锁，这就保证了只有在转子电路中保持一定的附加电阻器，才能进行反接制动，以防止反接制动时造成直接起动而产生过大的冲击电流。

20/5t 桥式起重机主要元件明细表见表 5.10。

表 5.10　20/5t 桥式起重机主要元件明细表

名　称	代　号	型　号	数　量	备　注
主钩电动机	M5	YZR-315M-10、75kW	1 台	
副钩电动机	M1	YZR-200L-8、15kW	1 台	
小车电动机	M2	YZR-132MB-6、3.7kW	1 台	
大车电动机	M3、M4	YZR-160MB-6、7.5kW	2 台	
副钩凸轮控制器	AC1	KTJ1-50/1	1 个	控制副钩电动机
小车凸轮控制器	AC2	KTJ1-50/1	1 个	控制小车电动机
大车凸轮控制器	AC3	KTJ1-50/5	1 个	控制大车电动机
主钩主令控制器	AC4	LK1-12/90	1 个	控制主钩电动机
副钩电磁制动器	YB1	MZD1-300	1 个	制动副钩
小车电磁制动器	YB2	MZD1-100	1 个	制动小车
大车电磁制动器	YB3、YB4	MZD1-200	2 个	制动大车
主钩电磁制动器	YB5、YB6	MZS1-45H	2 个	制动主钩
副钩电阻器	1*R*	2K1-41-8/2	1 个	副钩电动机起动调速
小车电阻器	2*R*	2K1-12-6/1	1 个	小车电动机起动调速
大车电阻器	3*R*、4*R*	4K1-22-6/1	2 个	大车电动机起动调速
主钩电阻器	5*R*	4P5-63-10/9	1 个	主钩电动机起动调速
总电源开关	QS1	HD-9-400/3	1 个	接通总电源
主钩电源开关	QS2	HD11-200/2	1 个	接通主钩电源
主钩控制电源开关	QS3	DZ5-50	1 个	接通主钩电动机控制
紧急开关	QS4	A-3161	1 个	电源发生紧急情况
起动按钮	SB	LA19-11	1 个	断开起动主接触器
主接触器	KM	CJ2-300/3	1 个	
总过电流继电器	KA0	JL4-150/1	1 个	接通大车、小车及副钩
过电流继电器	KA1～KA3	JL4-15	3 个	过流保护电源
过电流继电器	KA4	JL4-40	1 个	总过流保护
主钩过电流继电器	KA5	JL4-150	1 个	过流保护
控制保护电源熔断器	FU1	RL1-15	1 个	短路保护
主钩升降接触器	KM1、KM2	CJ2-250	2 个	控制主钩电动机旋转
主钩制动接触器	KM3	CJ2-75/2	1 个	控制主钩制动电磁铁
主钩加速级接触器	KM6～KM9	CJ2-75/3	4 个	控制主钩附加电阻器
欠电压继电器	KV	JT4-10P	1 个	欠压保护
主钩上升行程开关	SQ5	LK4-31	1 个	限位保护
副钩上升行程开关	SQ6	LK4-31	1 个	限位保护
大、小车行程开关	SQ1～SQ4	LK4-11	4 个	限位保护
舱门安全开关	SQ7	LX2-11H	1 个	舱门安全保护
横梁安全开关	SQ8、SQ9	LX2-111	2 个	横梁栏杆门安全保护
主钩预备级接触器	KM4、KM5	CJ2-75/3	2 个	控制主钩附加电阻器

任务5 X62W万能铣床控制线路调试及故障处理

场景描述

X62W万能铣床主要是通过多种铣刀对各类工件进行平面、斜面、螺旋面等表面加工，也可以加装配套机床附件进而扩大加工范围，实现多用途。

X62W万能铣床主要由床身、主轴、刀杆、悬梁、工作台、回转盘、横溜板、升降台、底座等几部分构成。

X62W万能铣床外形如图5.68～图5.70所示，外形结构如图5.71所示，电器位置如图5.72所示，左、右电箱内布置图如图5.73所示。

图5.68　X62W万能铣床左侧面

图5.69　X62W万能铣床右侧面——生产操作者在正面操作

图 5.70　X62W 万能铣床左后侧

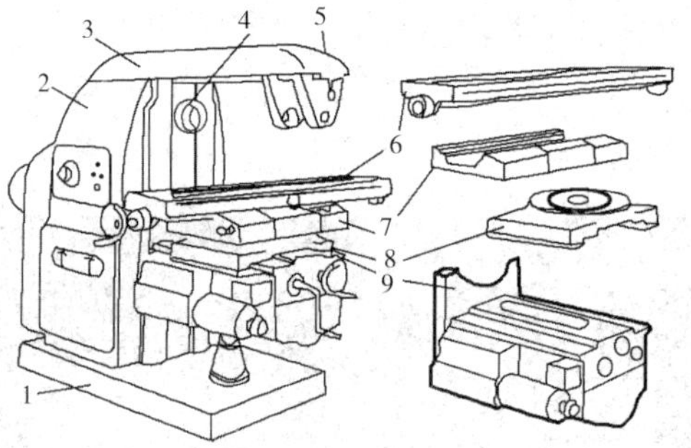

1—底座；2—床身；3—悬梁刀杆；4—主轴；5—支架；
6—工作台；7—回转盘；8—床鞍；9—升降台。

图 5.71　X62W 万能铣床外形结构

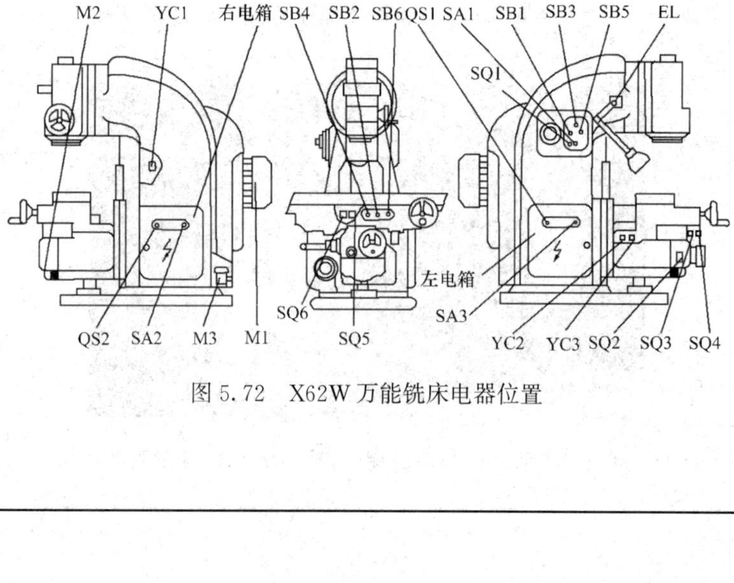

图 5.72　X62W 万能铣床电器位置

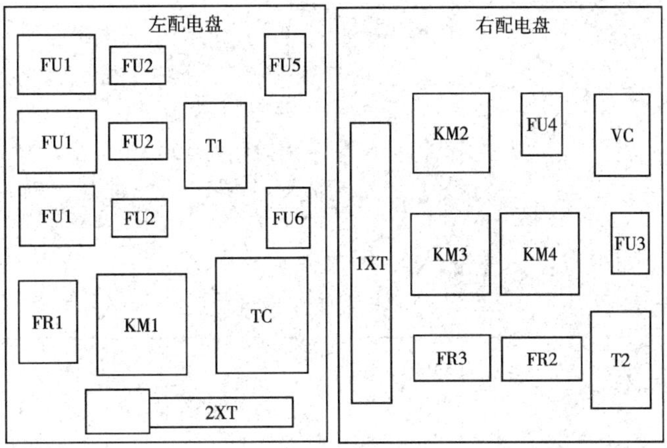

图 5.73　X62W 万能铣床左、右电箱内布置图

床身的顶部装有水平导轨，导轨的另一端为装有刀杆支架的悬梁。铣刀水平安放，由主轴带动做旋转运动，对逐渐抵近的工件做铣削主运动。升降台可沿床身垂直导轨上下移动，溜板可在升降台的水平导轨上左右移动，溜板上有可转动的回转盘，工作台在回转盘上可左右移动。工作台固定着工件，依托着回转盘、溜板和升降台可做前后、左右、上下及倾斜方向的进给运动。

X62W 万能铣床使用了 3 台异步电动机，分别是主轴电动机 M1（可通过对转换开关 SA3 的操作，实现正、反转及停止的控制）、进给电动机 M2（可通过对 KM3、KM4 的操作，实现正、反转的控制，可通过不同功能的两个手柄操作，使不同的丝杠与 M2 的传动链搭合，实现工作台前后、左右、上下方向进给运动）及冷却泵电动机 M3。上述操控关系见表 5.11。

表 5.11　X62W 万能铣床电动机操控关系

符号	名称	操作方法	功能
M1	主轴电动机	通过操作 SA3	实现主轴正、反转及停止控制
M2	进给电动机	通过对 KM3、KM4 的操作，实现正、反转控制，并各由左右进给手柄、上下与前后进给手柄操作，将相应的丝杠与 M2 的传动链搭合或分离	实现工作台左右、上下与前后 6 个方向的进给控制及进给停止控制
M3	冷却泵电动机	通过操作 QS2	实现冷却泵开、停

任务目标

技能点：1. 在通电试运行中用万用表的交流电压挡测量主电路和控制电路中有关点的对应电压，直流电压挡测电磁离合器电压，并准确读数。
2. 对照电气原理图中标注，比较读数，对故障现象进行分析，确定故障范围，逐一排查，确定故障点。
3. 检测判定元件好坏及线路问题。

知识点：1. 了解 X62W 万能铣床主要运动形式及特点。
2. 掌握 X62W 万能铣床电气控制原理及其与机械的配合方式。

工作任务

本任务流程如图 5.74 所示。

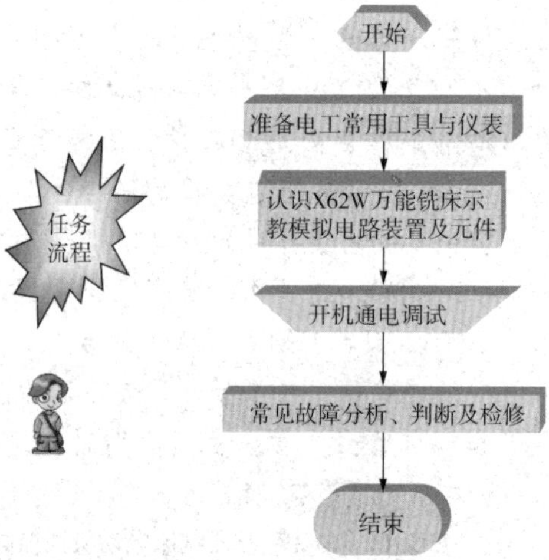

图 5.74　工作任务流程图

实践操作

活动 1　准备电工常用工具与仪表

电工常用工具与仪表见表 5.12。

表 5.12　电工常用工具与仪表

工具	螺钉旋具、试电笔、尖嘴钳、剥线钳、斜口钳、电工刀、套筒扳手
仪表	兆欧表（500V、0～500MΩ）、钳形电流表、万用表、示波器

活动 2　认识 X62W 万能铣床示教模拟电路装置及元件

X62W 万能铣床示教模拟电路装置及元件如图 5.75～图 5.80 所示。

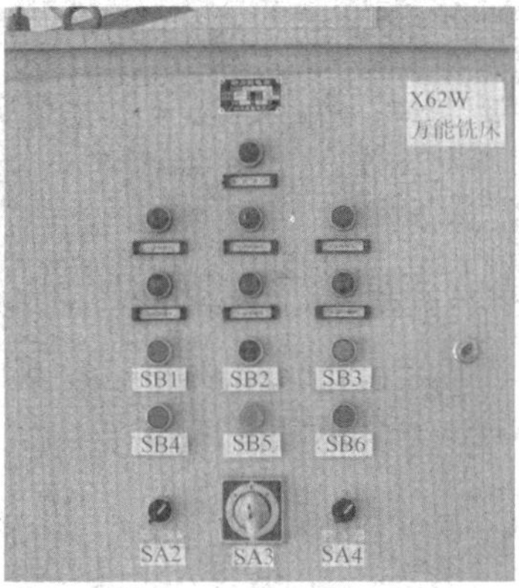

图 5.75　X62W 万能铣床示教模拟电路装置（控制柜）

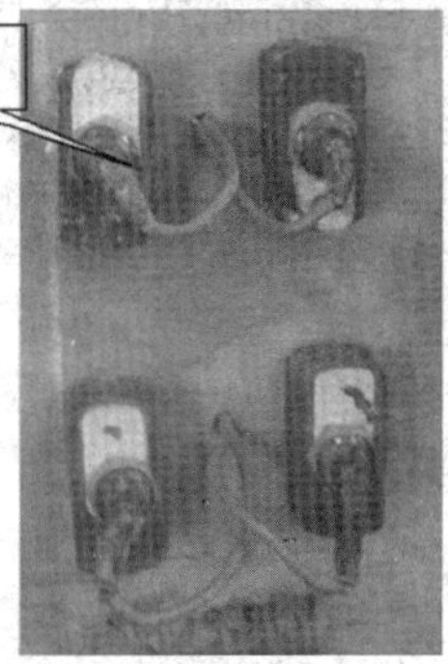

图 5.76　X62W 万能铣床整流器装置图

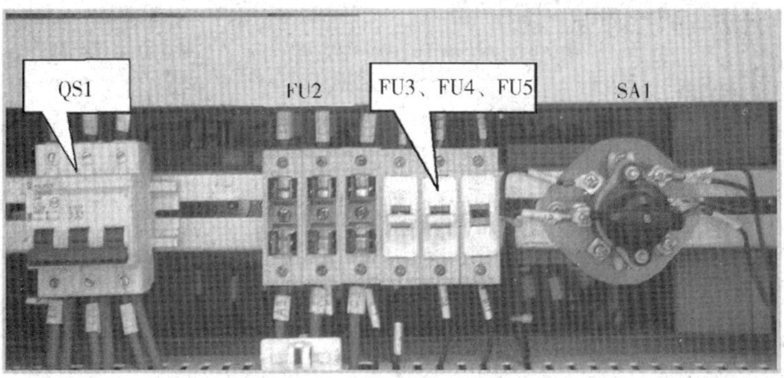

图 5.77　X62W 万能铣床示教模拟电路装置（部分元件 1）

图 5.78　X62W 万能铣床示教模拟电路装置（部分元件 2）

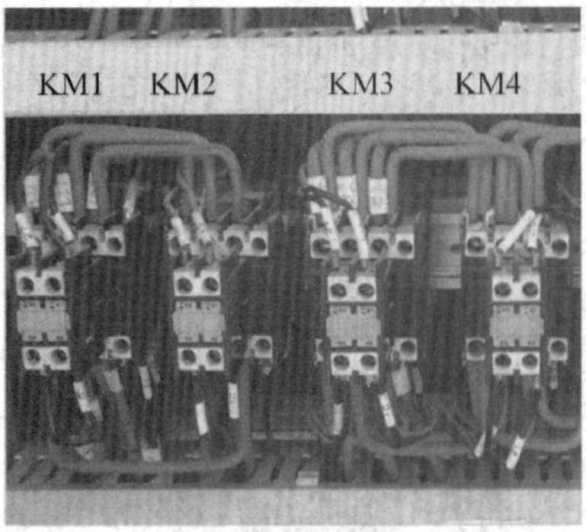

图 5.79　X62W 万能铣床示教模拟电路装置（部分元件 3）

图 5.80　X62W 万能铣床示教模拟电路装置（部分元件 4）

由于采用模拟设备，因此熟悉现场不在真实的设备现场中。熟悉过程包括熟悉模拟设备周边环境、操作按钮、手柄、相应执行机构、指示灯等位置，以便操作和观察现象。另外，切记安全操作规程和用电安全等注意事项，做好个人安全防护。

活动 3　开机通电调试

1. 检测相关电源

合上 QS1 后：

1）检测 U12—V12—W12 间三相交流电压值（380V）→合上 SA4，照明灯（EL）亮。

2）检测 104—105 间直流电压值（36V）。

3）检测 0—5 间交流电压值（110V）。

4）检测 200—202 间交流电压值（24V）。

2. 主轴运行调试

扳 SA3（左、中、右 3 个位置）→按 SB1 或 SB2→主轴电动机 M1 起动运行（正转、停转、反转）→按 SB5 或 SB6→M1 停止运行；M1 运行后，合上 QS2→冷却泵电动机 M3 起动运行，分开 QS2 则 M3 停止。

3. 主轴制动调试

按 SB1 或 SB2→扳 SA3→M1 正（或反）转→扳 SA1→M1 停止运行、YC1 通电→M1 制动。

4. 主轴变速（冲动控制）调试

变速前，扳压并拉动变速手柄→转动变速盘选定转速→将变速手柄复位→压合 SQ1→KM1 得电→M1 起动，瞬时冲动实现变速运行。

5. 工作台快速移动（点动）调试

操作左右或上下与前后进给手柄→按下 SB3 或 SB4→KM2 线圈得电→YC2 失电、YC3 得电、KM3 或 KM4 得电→M2 起动运行；松开 SB3 或 SB4→M2 停止运行（注：按要求，快速移动只能在主轴电动机 M1 运行时才可以进行，快速移动应能在左右、上下与前后 6 个方向进行，但不能同时进行）。

6. 进给调试

1）主轴电动机 M1 未起动（KM1 未通电）→进给手柄压合 SQ5 或 SQ6、SQ3 或 SQ4→KM3 或 KM4 线圈应未通电→进给电动机 M2 应不转动。

2）主轴电动机 M1 运行后

→扳左右进给操作手柄（左、右位置）→左右进给丝杠

　　搭合 M2 传动链、压合 SQ5→KM3 得电→M2 正转实现左进给

　　搭合 M2 传动链、压合 SQ6→KM4 得电→M2 反转实现右进给

→扳上下与前后进给操作手柄（上、下、前、后位置）→上下、前后进给丝杠

　　搭合 M2 传动链、压合 SQ4→KM4 得电→M2 反转实现上进给

　　搭合 M2 传动链、压合 SQ3→KM3 得电→M2 正转实现下进给

　　搭合 M2 传动链、压合 SQ3→KM3 得电→M2 正转实现前进给

　　搭合 M2 传动链、压合 SQ4→KM4 得电→M2 反转实现后进给

→各操作手柄置于中间的位置时，M2 停止进给运行

→按 SB5 或 SB6 → M2 停止运行。

7. 进给变速调试

将进给操作手柄置于中间位置→M2 停止→拉出进给变速盘→转动变速盘选定进给速度 → 推回变速盘 → 压 SQ2

　　→KM3 得电 → M2 起动

　　→变速盘复位→SQ2 复位→KM3 断电→M2 停止

→M2 实现瞬时点动→扳动进给操作手柄进入待变速进给位置，M2 起动即完成变速调试。

8. 圆形工作台旋转进给调试

圆形工作台是铣床的附件，需要时安装在铣床的工作台上。

扳动 SA2 为接通→KM3 得电→M2 起动→圆形工作台旋转；

扳动 SA2 为断开→KM3 失电→M2 停止→圆形工作台停转。

活动 4　常见故障分析、判断及检修

1. 故障现象一：主轴电动机 M1 不能起动

对示教模拟电路应区分两种情况来进行考虑：一是刚安装完毕，开机通电调试所遇到的问题；二是已经正常运行过的电路以后出现的故障。

若是第一种情况，应综合考虑如下 3 方面。一是主回路、控制回路安装是否正确。接错线、回路未接通是发生在学生操作中的常见现象，应严格安装工艺，每条导线须与电气原理图一一对应，每安装一条导线必须两端套编码管，写上同电气原理图一致的编码，而且旋紧接线头不能压胶。二是相关元件选用是否正确，如 KM1 线圈额定电压与控制电压必须一致；元件是否完好、处于正确状态，如 FR1 动作过后应按复位按钮，使控制回路得以形成，不然的话，主轴电动机 M1 是不能起动的。三是电源电压是否正常。

若是第二种情况，应先确定 KM1 是否已经动作。若已动作则说明控制回路正常，采用电压测量的方法进行排查。将万用表的转换开关旋到交流电压 500V 的挡位上，两支表笔点触 FR1 的三相进线端（即 KM1 的三相出线端）U13、V13、W13，测量三相电压情况，如缺相或无电压，再测 FU1 输入、输出端，以确定故障区域范围。若 U12、V12、W12 电压正常，说明 KM1 主触头有问题，应对其进行修理；U13、V13、W13 电压正常，则测 U14、V14、W14 或 1U、1V、1W 的电压，可以确定是哪一段电路或电气问题。常见元件问题还有 FR1 因电动机 M1 过载保护动作断路、SA3 触头故障、M1 三相定子绕组断路或转子机械卡死导致电动机 M1 绕组烧毁。如果 KM1 没有动作，应先测量控制变压器 TC 输出、输入电压，0—4、0—5 间电压都应为 110V 交流电压，U12—V12 间应为 380V 交流电压。如果这些点的电压正常，则应用电压分段测量法检测判定 KM1 线圈两端 3—6 间有没有 110V 交流电压，从 0、1、2、3、4、5、6、7、8、9 各点的 110V 交流电压的有无情况就可确定是哪一段控制电路、哪一个元件的问题。如果 3—6 间有 110V 交流电压，那么问题应在 KM1 线圈或其连接上，出现了断路的情况。SQ1 作为主轴变速冲动位置开关，受到的冲击频繁，受损及触头接触不良的情况常出现，SB1、SB2 作为异地起动按钮也可能出现故障。

X62W 万能铣床故障现象一分析处理流程如图 5.81 所示。

2. 故障现象二：固定工件的工作台没有进给运动

固定工件的工作台没有进给运动，工件就得不到铣削，这与主轴运动无关。首先应确定是没有左右进给运动、前后进给运动和上下进给运动这 3 类进给运动中的哪一类。如果没有左右进给运动，问题应出在工作台的控制运行上，检查考虑实际操作中手柄有无压到位置开关 SQ5 或 SQ6，从而接通 KM3 或 KM4，使进给电动机 M2 正、反转；如果没有前后进给运动，问题应出在溜板的控制运行上，检查考虑实际操作中手柄有无压到位置开关 SQ3 或 SQ4，从而接通 KM3 或 KM4，使进给电动机 M2 正、反转；如果没有上下进给运动，问题应出在升降台的控制运行上，检查考虑实际操作中手柄有无压到位置开关 SQ3 或 SQ4，从而接通 KM3 或 KM4，使进给电动机 M2 正、反转。在这里要清楚，工作台左右进给运动的操作手柄是单独的，而前后、上下进给运动的操作手柄是合一的，操作手柄扳向不同的位置，机械机构将进给电动机 M2 的传动链与左右进给丝杠或前后进给丝杠或上下进给丝杠搭合或脱离。

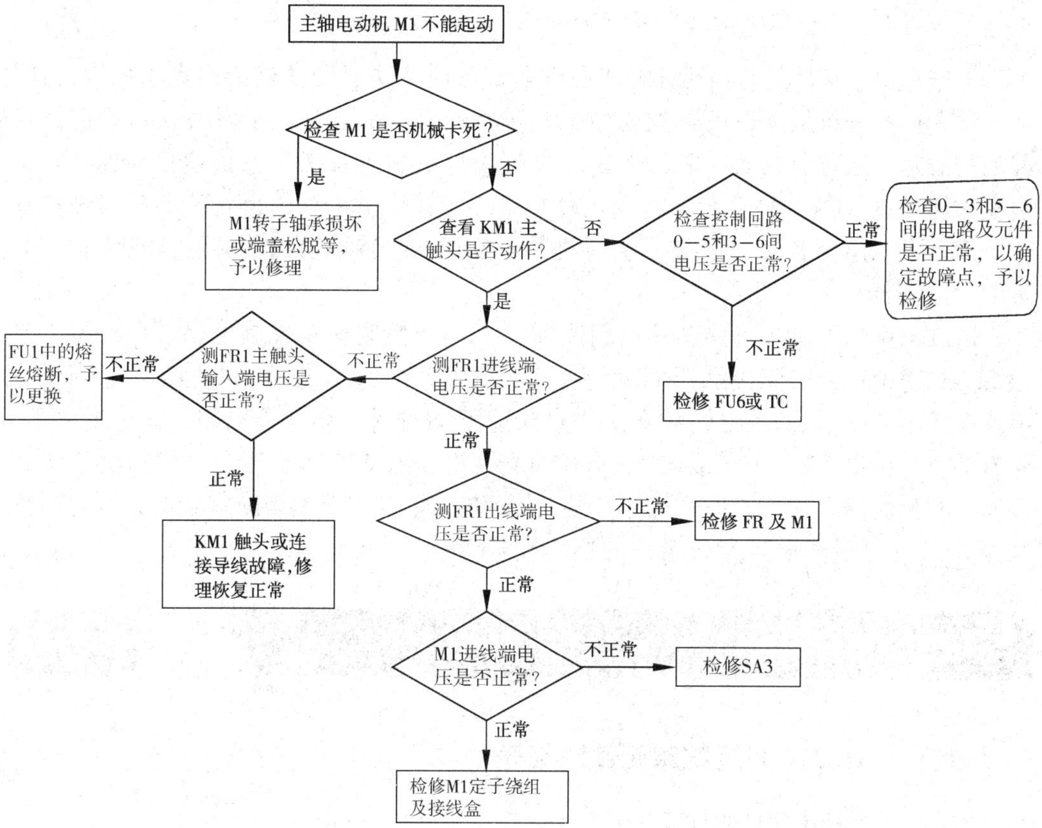

图 5.81　X62W 万能铣床故障现象—分析处理流程

由于各方向上进给运动的控制有赖于操作手柄、位置开关、挡铁和接触器的准确配合，因而进给运动的故障多数发生在配合上，出现这类故障，须分清进给方向，而后仔细调校。由于机床进给运动是经常性运动，位置开关触头接触不良造成回路断路的情况也时有发生，可用回路测量的方法确定故障回路及故障点。例如，断开电源开关 QS1，将万用表转换开关旋到欧姆挡，表笔检测 10—12 两点，将 SA2 扳到断开位置，此时触头 SA2-1、SA2-3（17 区）闭合，触头 SA2-3（18 区）断开，扳动位置开关 SQ5，触头 SQ5-1 闭合，触头 SQ5-2 断开，10—13—14—15—16—17—18—12 回路应导通，若不导通，则应将一支表笔点触在 10 点或 12 点，另一支表笔点触该回路的一半位置点，如 15 这个点上，以便尽快缩小范围，判断断路点的位置。

其次，除了进给运动的控制环节会产生影响进给运动的故障，进给运动的执行环节也存在常见的故障，如短路、过载等故障都可通过检测的方法发现及确定故障点，并排除。例如，控制回路正常，进给电动机 M2 不动作，用万用表交流电压 500V 挡先测 U16、V16、W16 点的电压。若电压不正常，则检查热继电器 FR3 及熔断器 FU2：FR3 的常见问题是因过载而动作，FU2 的常见问题是因短路或过载而烧熔丝；若电压正常，则检查交流接触器 KM3 或 KM4 是否接触不良，进给电动机 M2 绕组是否断路。

3. 故障现象三：工作台不能快速移动

工作台快速移动是指当机床不进行铣削加工时，快速调整进给的点动控制运动。在这里我们只分析机床在进行铣削加工时正常，而在不进行铣削时工作台不能快速移动的故障。通过研究 X62W 万能铣床电气原理图和了解工作台快速移动原理，知道电磁离合器 YC2 失电，会将进给电动机 M2 转轴输出传动的齿轮传动链与进给丝杠分离；电磁离合器 YC3 得电，会将进给电动机 M2 转轴输出传动的齿轮传动链与进给丝杠搭合。

造成工作台不能快速移动的原因主要在工作台快速移动控制电路方面。按下按钮 SB3 或 SB4，看交流接触器 KM2 有无动作。若无动作，检测 11—12 两点间交流电压有无 110V，从而判定问题在工作台快速移动控制的哪部分电路、哪个元件上。若有动作，检测 104—107 或 104—108 间直流电压有无 36V。若无，则往前逐级查电源，常见故障有整流二极管烧坏、熔断器 FU3 或 FU4 熔丝熔断；若有，则电磁离合器 YC2 或电磁离合器 YC3 的线圈烧坏或断路。

相关理论知识

知识 1　X62W 万能铣床元件明细表

X62W 万能铣床元件明细表见表 5.13。

表 5.13　X62W 万能铣床元件明细表

名　称	代　号	型　号	规　格	数　量
主轴电动机	M1	Y132M-4-B3	7.5kW、380V	1 台
进给电动机	M2	Y90L-4	1.5kW、380V	1 台
冷却泵电动机	M3	JCB-22	125W、380V	1 台
开关	QS1	HZ10-60/3J	60A、380V	1 个
开关	QS2	HZ10-10/3J	10A、380V	1 个
开关	SA1	LS2-3A		1 个
开关	SA2	HZ10-10/3J	10A、380V	1 个
开关	SA3	HZ3-133	10A、500V	1 个
熔断器	FU1	RL1-60	60A、熔体 50A	3 个
熔断器	FU2	RL1-151	5A、熔体 10A	3 个
熔断器	FU2、FU6	RL1-15	15A、熔体 4A	2 个

续表

名 称	代 号	型 号	规 格	数 量
熔断器	FU4、FU5	RL1-15	15A、熔体 2A	2 个
热继电器	FR1	JR0-40	整定电流 16A	1 个
热继电器	FR2	JR10-10	整定电流 0.43A	1 个
热继电器	FR3	JR10-10	整定电流 3.4A	1 个
照明变压器	T1	BK-50	50VA、380/24V	1 个
变压器	T2	BK-100	100VA、380/36V	1 个
变压器	TC	BK-150	150VA、380/110V	1 个
整流器	VC	2CZ×4	5A、50V	1 个
接触器	KM1	CJ0-20	20A、线圈电压 110V	1 个
接触器	KM2	CJ0-10	10A、线圈电压 110V	1 个
接触器	KM3	CJ0-10	10A、线圈电压 110V	1 个
接触器	KM4	CJ0-10	10A、线圈电压 110V	1 个
按钮	SB1、SB2	LA2	绿色	2 个
按钮	SB3、SB4	LA2	黑色	2 个
按钮	SB5、SB6	LA2	红色	2 个
电磁离合器	YC1	BIDL-Ⅲ		1 个
电磁离合器	YC2	BIDL-Ⅱ		1 个
电磁离合器	YC3	BIDL-Ⅱ		1 个
主轴冲动位置开关	SQ1	LX3-11K	开启式	1 个
进给冲动位置开关	SQ2	LX3-11K	开启式	1 个
工作台前、上进给位置开关	SQ3	LX3-131	单轮自动复位	1 个
工作台后、下进给位置开关	SQ4	LX3-131	单轮自动复位	1 个
工作台左进给位置开关	SQ5	LX3-11K	开启式	1 个
工作台右进给位置开关	SQ6	LX3-11K	开启式	1 个

知识 2　熟读 X62W 万能铣床电气原理图，了解其控制过程及原理

X62W 万能铣床电气原理图如图 5.82 所示。

知识 3　X62W 万能铣床电气控制分析

1）了解该铣床的主要结构、电器位置分布。

2）熟悉主要运动形式及拖动控制。主轴带动铣刀的旋转运动是主运动，由主轴电动机 M1 拖动，由 SA3 转换控制正转、反转和停止 3 种工作状态。主轴变速由变速盘、变速操作手柄与 SQ1 的配合实现变速冲动控制。

工作台的前后（横向）、左右（纵向）和上下（垂直）6 个方向的运动以及圆形工作台的旋转运动是进给运动，由进给电动机 M2 拖动，M2 由 KM3、KM4 控制正反转。工作台的前后和上下进给运动由同一个手柄与 SQ3（或 SQ4）配合控制使前后或上下进给丝杠与 M2 传动链搭合或脱离实现。工作台的左右进给运动由另一个手柄与 SQ5（或 SQ6）配合控制使左右进给丝杠与 M2 传动链搭合或脱离实现。圆形工作台的旋转运动由 SA2 与 KM3 配合控制使 M2 拖动工作台做旋转运动。

工作台在 6 个方向的快速移动是辅助运动。当机床需调整进给方向或其他需要时，铣削应停止，此时可以操作相应进给手柄，点动 SB3 或 SB4，可使工作台快速移动。

3）电磁离合器 YC1 用于主轴电动机 M1 制动，电磁离合器 YC2、YC3 配合 KM2、KM3 或 KM4 的控制，在扳动选定进给手柄后，使 M2 的传动链与丝杠搭合或分离，或使 M2 正反转，从而实现工作台的快速移动控制。

4）输入主电源：交流 380V。电磁离合器线圈工作电压：直流 36V。控制电压：交流 110V。

5）该铣床具有下述电气联锁的要求：

① 主轴旋转后才允许有进给运动和进给方向的快速运动。

② 只能进给先停、主轴后停或同时停，不允许主轴先停。

③ 6 个方向的进给运动只可分别进行，采用机械操纵手柄和位置开关配合的方式来实现 6 个方向的联锁。

④ 无论主轴运动还是进给运动均采用变速盘选择变速，为保证变速齿轮的啮合状态，2 种运动都要求变速后做瞬时点动。

⑤ 当主轴电动机或冷却泵电动机过载时，进给运动必须立即停止。

6）参见开机通电调试流程。

7）参见电气原理图。

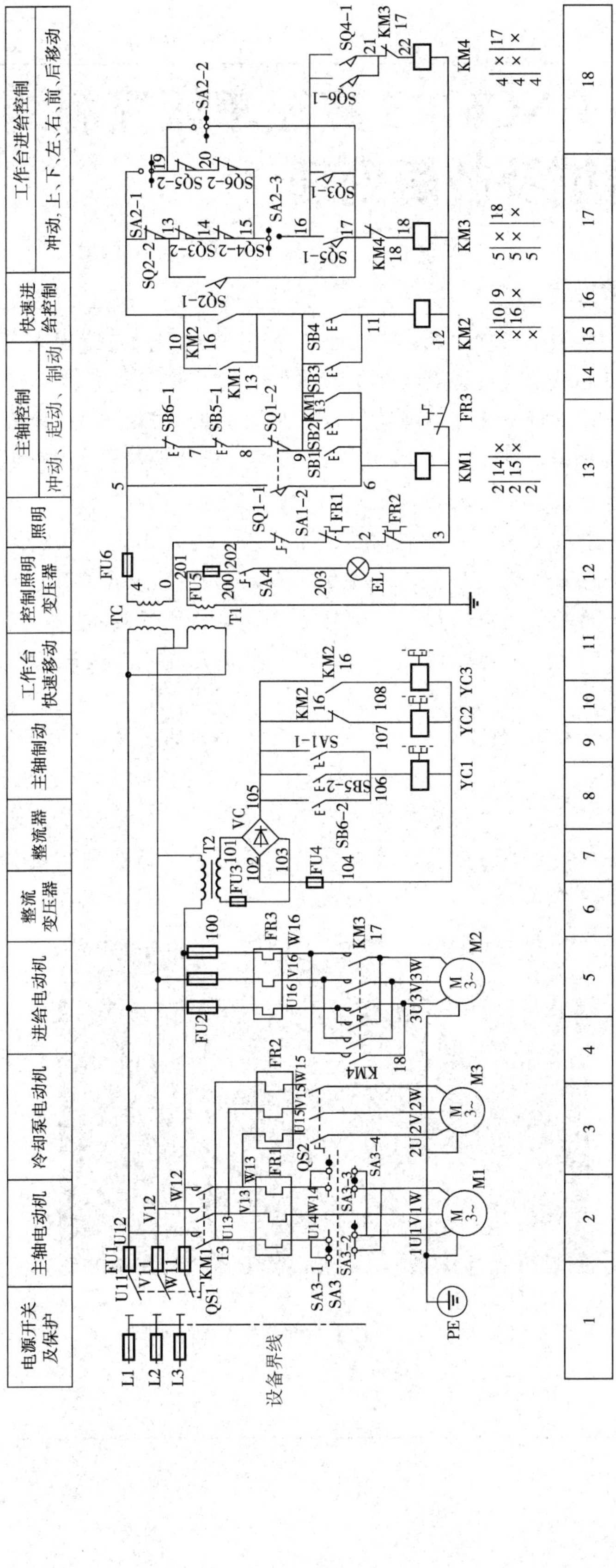

图 5.82　X62W 万能铣床电气原理图

任务6 G-CNC6135数控车床控制线路调试及故障处理

场景描述

数控车床（图5.83～图5.86）从普通车床演变而来，其根本性的变化就是运用了计算机和数控技术，这在很大程度上改变了手工操作车床的情况（装夹及取卸工件等还需人工操作），输入加工及控制程序，车床就可以实现自动加工，大大提高了生产效率和加工质量。

数控车床的主轴转动、刀架进给、冷却、润滑系统等由计算机程序系统控制。数控车床在加工时，刀架纵向（Z轴）和横向（X轴）进给运动及二维合成进给运动以非常精确连续运动的方式控制进行，完成各种回转体工件加工，特别是二维合成进给运动的加工工艺难度有很大程度的提高；各个物理参量，如转速、角度、尺寸等进行模数-数模转换，与所设定的标准量相比较，不断校正加工控制量，从而实现加工目标。数控车床电气控制自动化的程度提高了，调试运行及故障排除的技术水平也提高了，虽然应用了计算机及数控技术，但是继电器、接触器这些基础控制仍然存在，本任务仅介绍部分内容。

图5.83　G-CNC6135数控车床整机外形
（待包装出厂的机床）

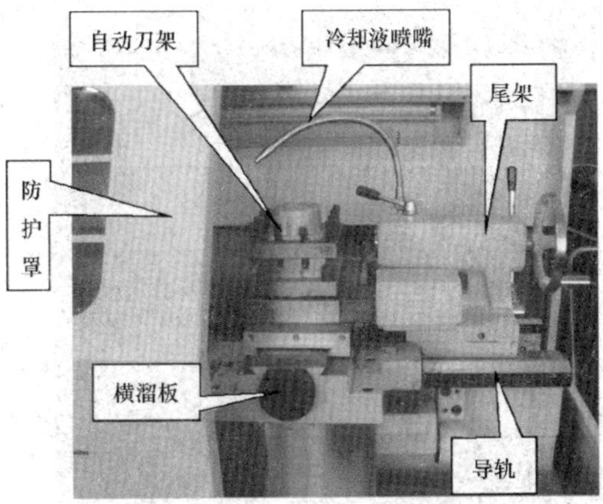

图 5.84　数控车床部件 1

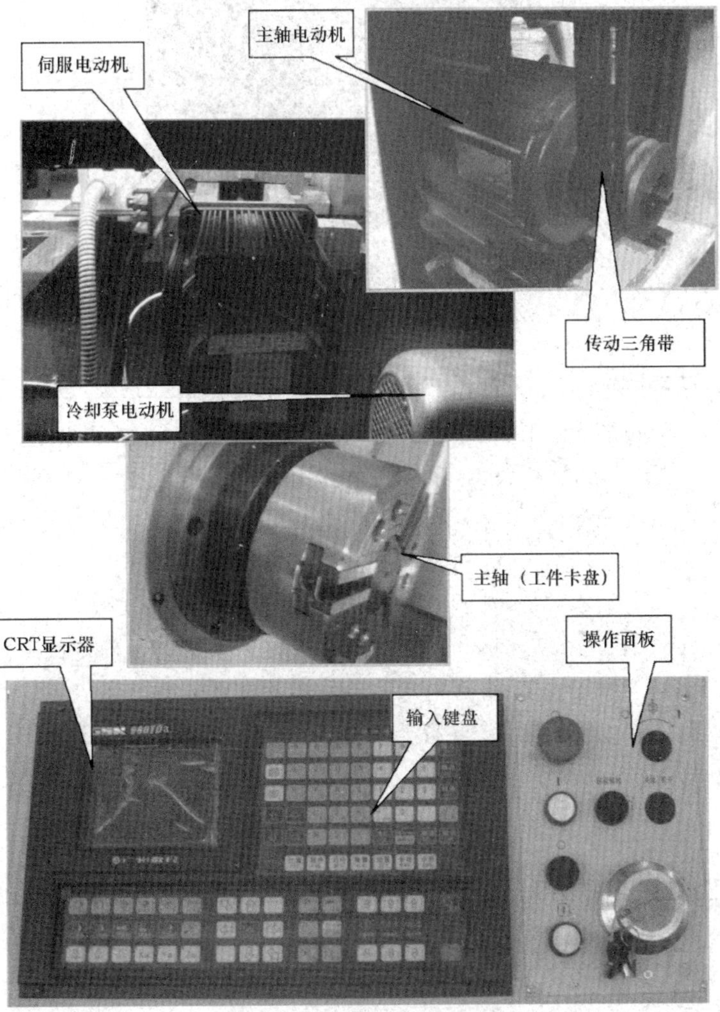

图 5.85　数控车床部件 2

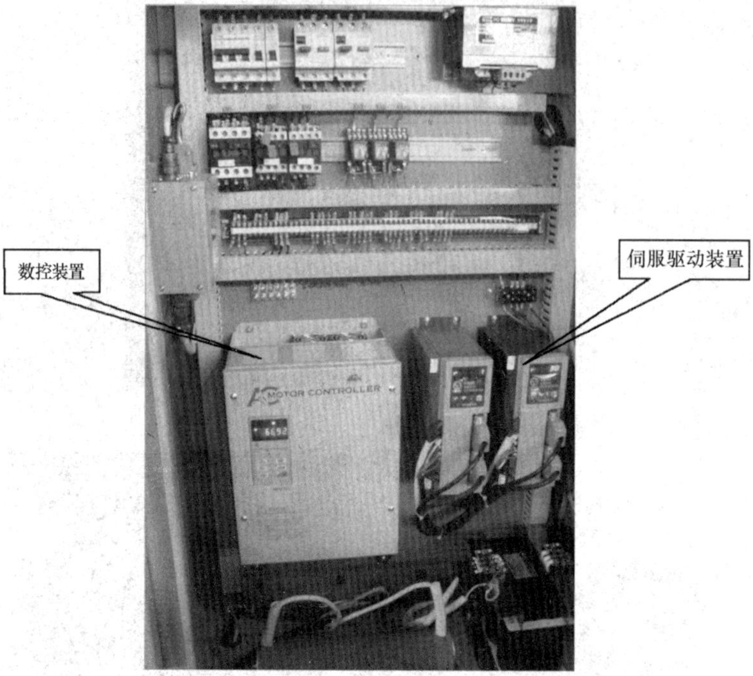

图 5.86　数控车床部件 3（电气控制柜内部）

任务目标

技能点：1. 在通电试运行中用示波器检测电源相序、频率及电压，用万用表的交流电压挡测量主电路和控制电路有关点的相应电压，直流电压挡测信号电路有关点的相应电压，并准确读数。

2. 对照电气原理图中标注，比较读数，从故障现象分析，确定故障范围，逐一排查，确定故障点。

3. 检测判定元件好坏及线路通断。

知识点：1. 掌握数控车床的结构、主要运动形式、电气控制原理。

2. 了解数控车床的装置及功能。

3. 了解数控车床主要元件及功能。

工作任务

本任务流程如图 5.87 所示。

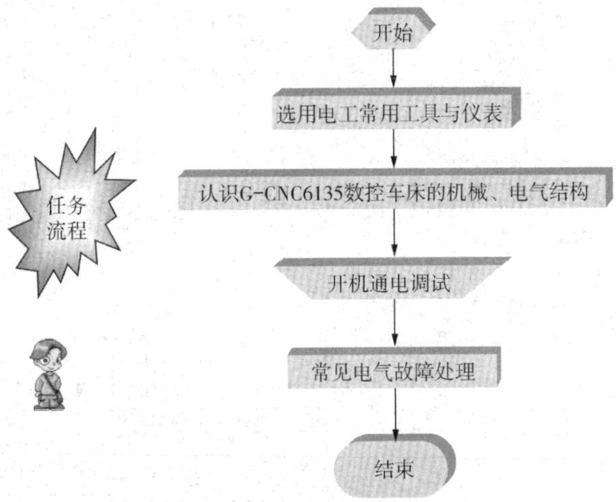

图 5.87　工作任务流程图

实践操作

活动 1　选用电工常用工具与仪表

电工常用工具与仪表见表 5.14。

表 5.14　电工常用工具与仪表

工具	螺钉旋具、试电笔、尖嘴钳、剥线钳、斜口钳、电工刀、套筒扳手、电烙铁
仪表	兆欧表（500V、0～500MΩ）、钳形电流表、万用表、示波器、转速表

活动 2　认识 G-CNC6135 数控车床的机械、电气结构

G-CNC6135 数控车床示教模拟装置电气原理图如图 5.88～图 5.90 所示，机械结构组成如图 5.91～图 5.95 所示。

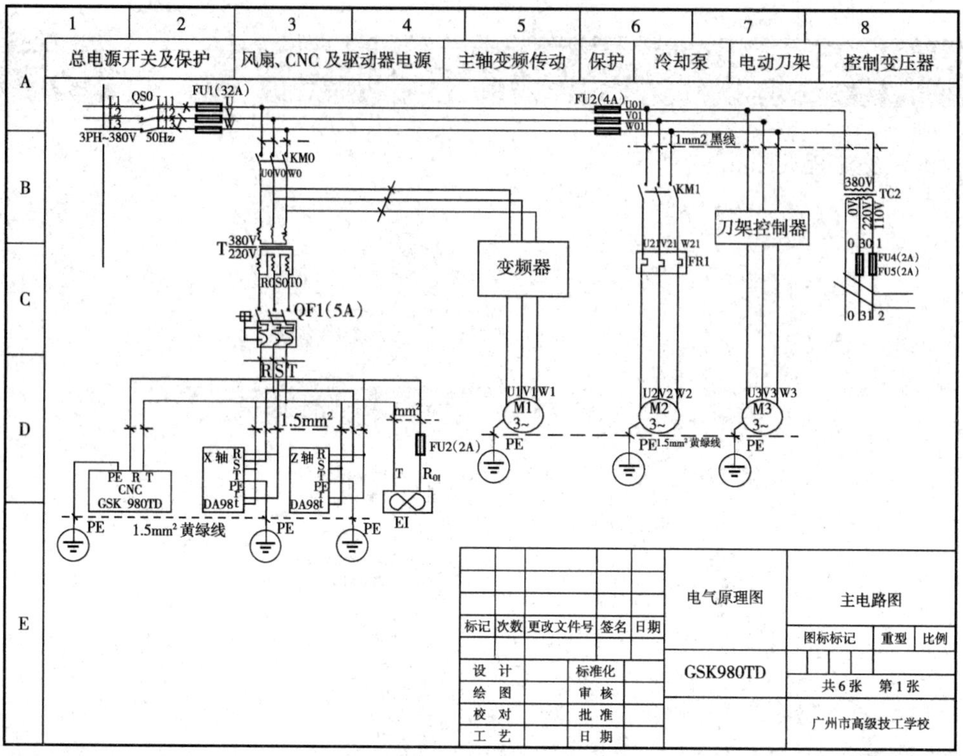

图 5.88　G-CNC6135 数控车床示教模拟装置电气原理图一

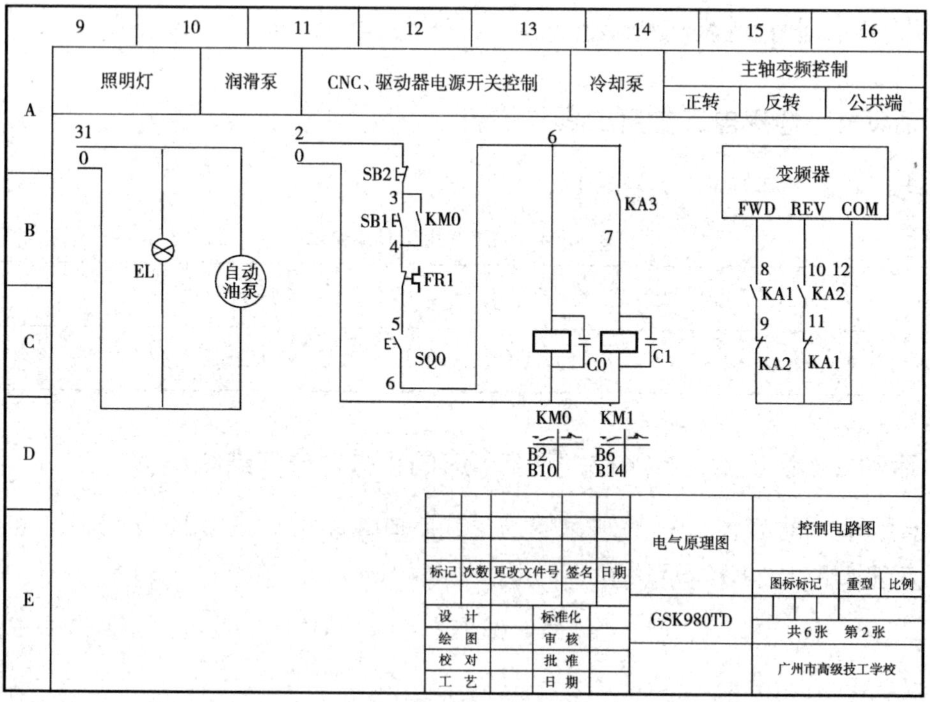

图 5.89　G-CNC6135 数控车床示教模拟装置电气原理图二

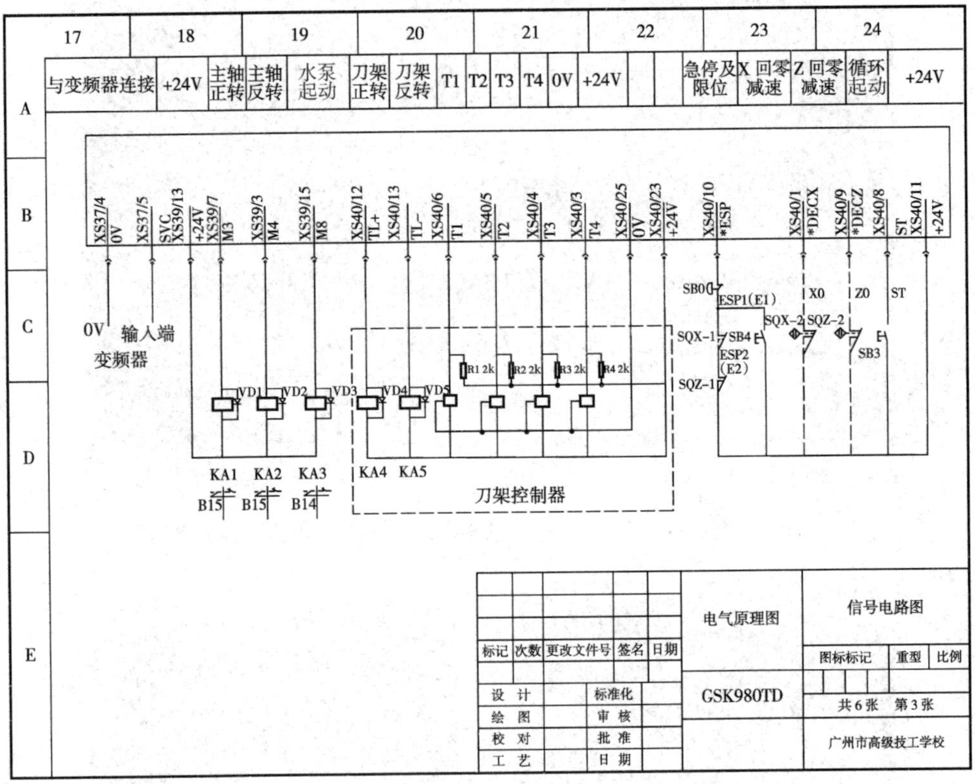

图 5.90　G-CNC6135 数控车床示教模拟装置电气原理图三

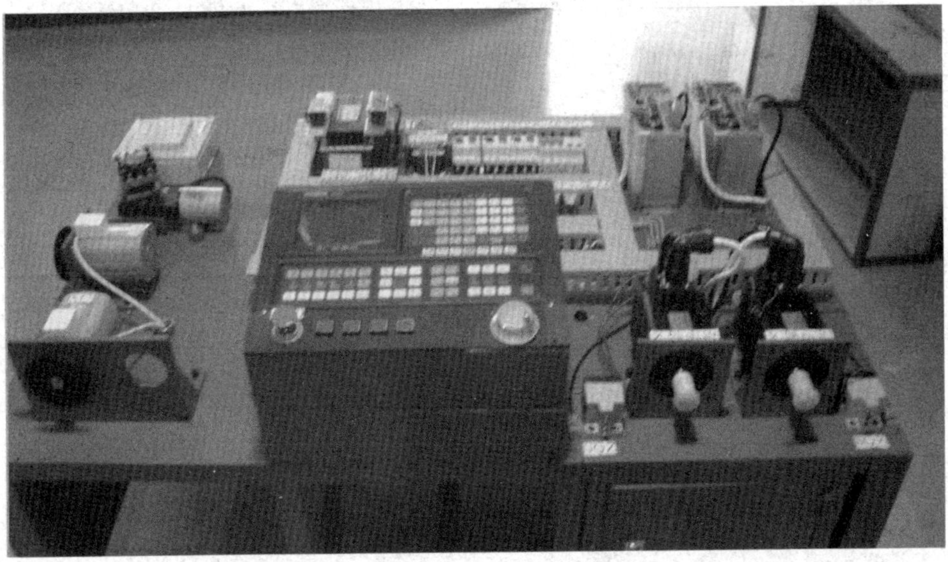

图 5.91　数控车床示教模拟电路装置（GSK980TD 数控系统置于伺服电动机下的铁柜内）

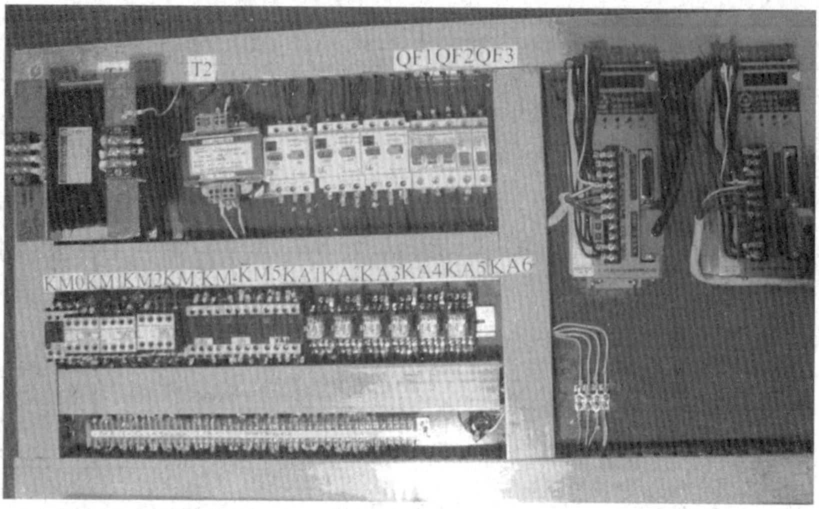

图 5.92　变压器、断路器、自动开关、交流接触器、中间继电器、伺服驱动器等部件

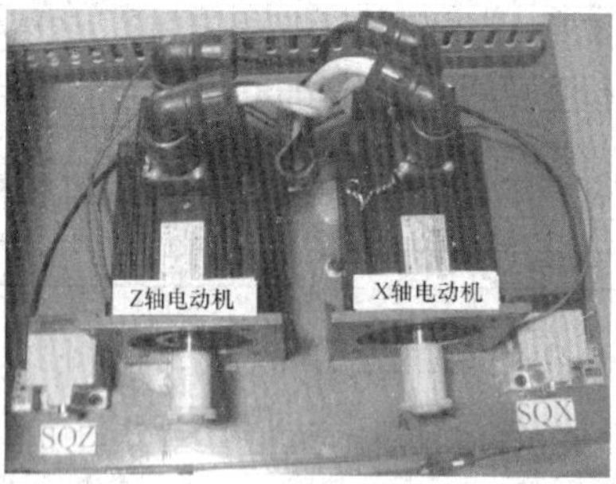

图 5.93　伺服电动机

图 5.94　显示屏、输入键盘及操作面板

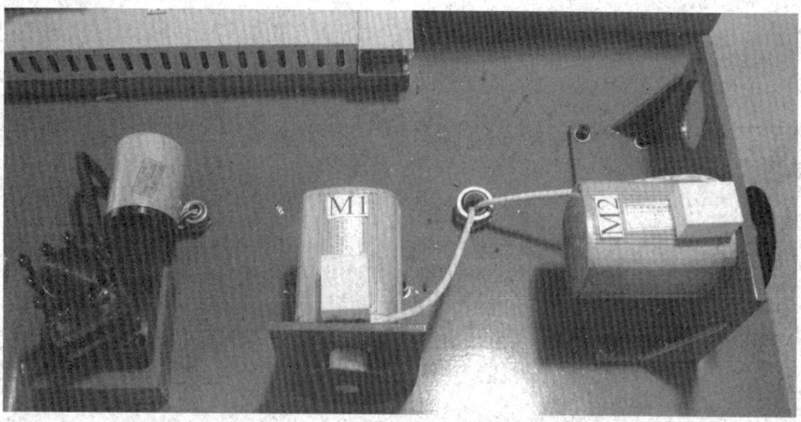

图 5.95　电动刀架、主轴电动机、冷却泵电动机

活动 3　开机通电调试

在 G-CNC6135 数控车床示教模拟电路装置上进行开机通电调试，已删略了原机床

的主轴变频、电卡盘、润滑系统、液压系统等电路元件。

G-CNC6135 数控车床示教模拟电路装置主要元件（未包含主轴变频、电卡盘、刀架控制、润滑系统、液压系统等电路元件）如表 5.15 所示。具体调试步骤如下。

表 5.15　数控车床示教模拟电路装置主要元件

名　称	代　号	数　量
机床数控系统	GSK980TD	1 套
交流伺服驱动器 CNC	DA98A（X 轴、Z 轴）	2 套
三相隔离变压器 BS-120	TC1	1 台
控制变压器	TC2	1 台
主轴电动机	M1	1 台
冷却泵电动机	M2	1 台
刀架电动机	M3	2 台
三相断路器	QF1	1 个
单相断路器	QF2、QF3	2 个
交流接触器	KM0～KM6	7 个
中间继电器	KA1～KA6	6 个
电源开关	QS0	1 个
按钮开关	SB1～SB4	4 个
行程开关	SQX、SQZ	2 个
电容器、电阻器、二极管		若干
机床计算机操作 CNC、输入、显示系统		1 套

1）用示波器检验电源电压 380V、频率 50Hz 及相序，应与电气原理图及说明相符，检查冷却液和润滑油系统。

2）合上 QS0，输入三相交流电，同时也要做好按下按钮 SB0 的急停准备，以便紧急切断电源，这是考虑到如果 X 轴、Z 轴两台伺服电动机的反馈线接反或断线，都会发生机床“暴走”的现象，需紧急停电检查而设置。若发生此种情况，按下 SB0，调整反馈线接线，直至正常。

3）按下 SB1，TC1 及 TC2 均已受电，检测 TC1、TC2 输出电压，与标注值对比是否正常。

4）合上 QF1，CNC 系统、PC 受电及风扇开启，整个机床电气按输入程序运行，正常完好的系统应无报警。

5）数控装置具有自诊断功能，在检测到故障时会立即在屏幕上报警显示或在操作面板上有报警指示灯显现，操作者可根据报警信号和报警指示灯明确故障现象并找到故障点。

6）照明灯、冷却泵、润滑泵、主轴电动机、X 轴伺服电动机、Z 轴伺服电动机这些电气装置都能正常工作，则通电调试完毕，可按照顺序关、停机。

注意：从上述通电调试的各个步骤来看，开机前做好准备，熟悉机床元件及位置，清楚机床电气工作原理，这些都是非常重要的。

活动 4　常见电气故障处理

根据中职教育的情况特点，仅对该机床（模拟示教电路装置）常见电气故障现象进行检查、分析和排除。

1. 故障现象一：合上 QS0→按下 SB1→合上 QF1 后，数控系统无通电反应，电源不通，电源指示灯不亮

分析：首先应确定是采用了正确的开机步骤，有了电源后才开机的。如果是这样，故障现象一应是该机床电气故障，应在电源的引入端到进入数控系统的这段线路上找原因。先检查其中间段的电压，根据情况判断故障原因在前段还是后段，是在主回路还是在控制回路，这样可尽快缩小检查范围，是一种简便的方法。若无电源送入机床，则要解决电源的问题。

将万用表调到交流电压 500V 挡，检测 TC1 输入端（U0—V0—W0）、输出端（R0—S0—T0）电压，TC2 输入端（U—W）、输出端（101—0—1）电压。若输入端无电压或电压不正常，则需检查 FU1、FU2 或 QS0 及 L1、L2、L3 三相交流电源，找出其中的问题并解决。常见故障原因有 FU1、FU2 熔丝熔断，TC1、TC2 绕组烧坏，线路连接松脱等。

2. 故障现象二：系统通电，但不能自锁

应该肯定 SB1 的自锁存在问题，检查与 SB1 并接的 KM0 常开辅助触头(3-4）是否能闭合处于良好状态，其接线是否有断路问题。

3. 故障现象三：显示屏幕不显示，无电

检查与显示屏相关联的电缆、插头插件的连接。

4. 故障现象四：显示屏幕有电，不显示视频信号

故障有可能在主控板或接口线路板部分。本书对于该故障现象的分析只要求至此。

5. 故障现象五：刀架电动机 M3 无动作

在 0—7 间电压 110V 有保证的前提下，主要检查 CNC 输出连接点 XS39/13 接口的系统输出＋24V 电源有无断路。若控制电路电压正常，再用万用表测量 M3 有无电压。若无，则检查修理刀架控制器电源输出部分；若有，用兆欧表摇测绕组间及绕组对机壳绝缘电阻值就可确定 M3 是否已烧坏。

6. 故障现象六：刀架不能正转

检查 KA4 线圈是否断路、有无受电，检查 CNC 输出连接点 XS40/12 的 TL＋接口。CNC 系统正常的前提下，故障现象都是由这些原因引起的。

7. 故障现象七：刀架无反转紧锁

检查 CNC 输出连接点 XS40/13 的 TL－及其输出连接 KA5 线圈线路，前提是 CNC 系统正常。

8. 故障现象八：刀架任一刀位一直转动

CNC 输出连接点 XS40/25 的输出 0V 接口或输出线路断路故障。

9. 故障现象九：T3 或 T4 找不到刀位

CNC 控制输出连接点 XS40/4 的 T3 输出或 XS40/3 的 T4 输出信号线发生短路故障，将发生短路的部位找到并排除，故障问题即可解决。

10. 故障现象十：主轴不能正转或反转

首先检查正转或反转有无指示：若无指示，则检查 GSK980TD CNC 系统有无输入电源；若有指示，则检查 KM1 或 KM2 是否动作。KM1 或 KM2 有动作，故障应在主电路部分；若无动作，故障应在控制电路部分，进一步测量 0—7 间电压是否为正常的 110V。0—7 间电压不正常，则查 0—1 一直到 0—6 各点间电压，即可确定故障点，予以检修排除；0—7 间电压正常，则分别测 0—10、0—9、0—8 各点间电压是否为 110V，可以确定断路点，予以排除。故障现象及分析与处理流程图如图 5.96 所示。

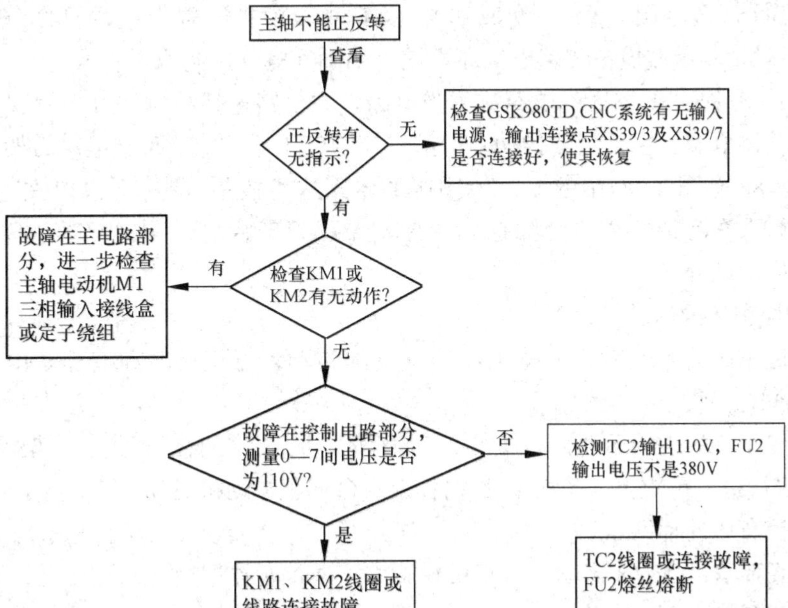

图 5.96　故障现象及分析与处理流程图

相关理论知识

知识 1　数控装置的方框图

数控装置方框图如图 5.97 所示。

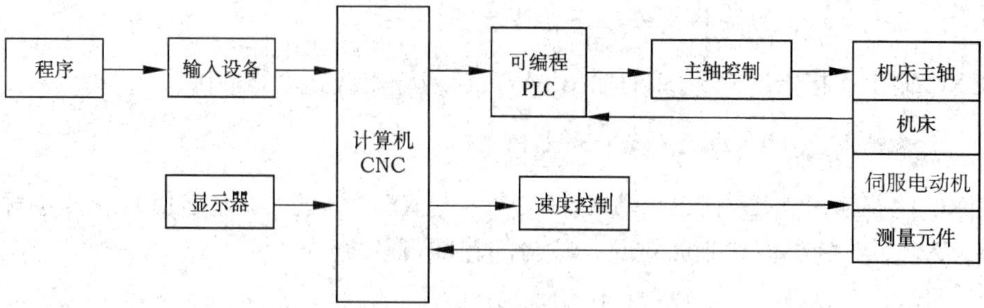

图 5.97　数控装置的方框图

知识 2　G-CNC6135 数控车床的电气控制及运动形式

1）数控车床电气控制原理。

数控车床是由计算机数控装置控制的，整个数控车床电气控制系统除了计算机数控系统，还有电源、电源保护、继电器、接触器控制等与其相配合，见 G-CNC6135 数控车床电气原理图（图 5.98～图 5.100）及其示教模拟装置电气原理图（图 5.88～图 5.90）。对于其示教模拟装置电气原理图，明确其电气控制原理。

将图 5.88 中 1～8 图区的电路称为主电路。主电路包括总电源开关及保护、风扇、CNC 及驱动器电源、主轴变频传动、保护、控制变压器、冷却泵、电动刀架部分。

将图 5.89 和图 5.90 中的 9～24 图区的电路称为控制电路。控制电路包括 CNC、驱动器电源开关控制、主轴变频控制、冷却泵、刀架控制、＋24V 等 GSK980TD CNC 系统控制部分。

2）数控车床的运动。

① 数控车床的主运动：夹持工件的卡盘的转动，可正反转和变速，由 M1 拖动，也称为主轴的运动。

② 数控车床的进给运动：刀架沿 X 轴直线行进或 Z 轴直线行进、刀架沿 X 轴和 Z 轴合成曲线行进，可进退，X 轴和 Z 轴各由一台伺服电动机驱动。

③ 数控车床的辅助运动：

a. 刀架转动，由 M3 拖动，可正反转，由刀架控制器控制。

b. 冷却泵，由 M2 拖动。

c. 润滑泵。

d. 风扇。

④ 数控车床的照明：由照明灯照明。

数控车床的运动都是由数控系统按照程序控制运行的。

3）数控车床的急停和限位保护。

4）各种信号指示和显示反映在屏幕（CRT）或操作面板上，其中包括故障报警显示。

5）CNC 及驱动电源变压器 TC1、控制电源变压器 TC2。

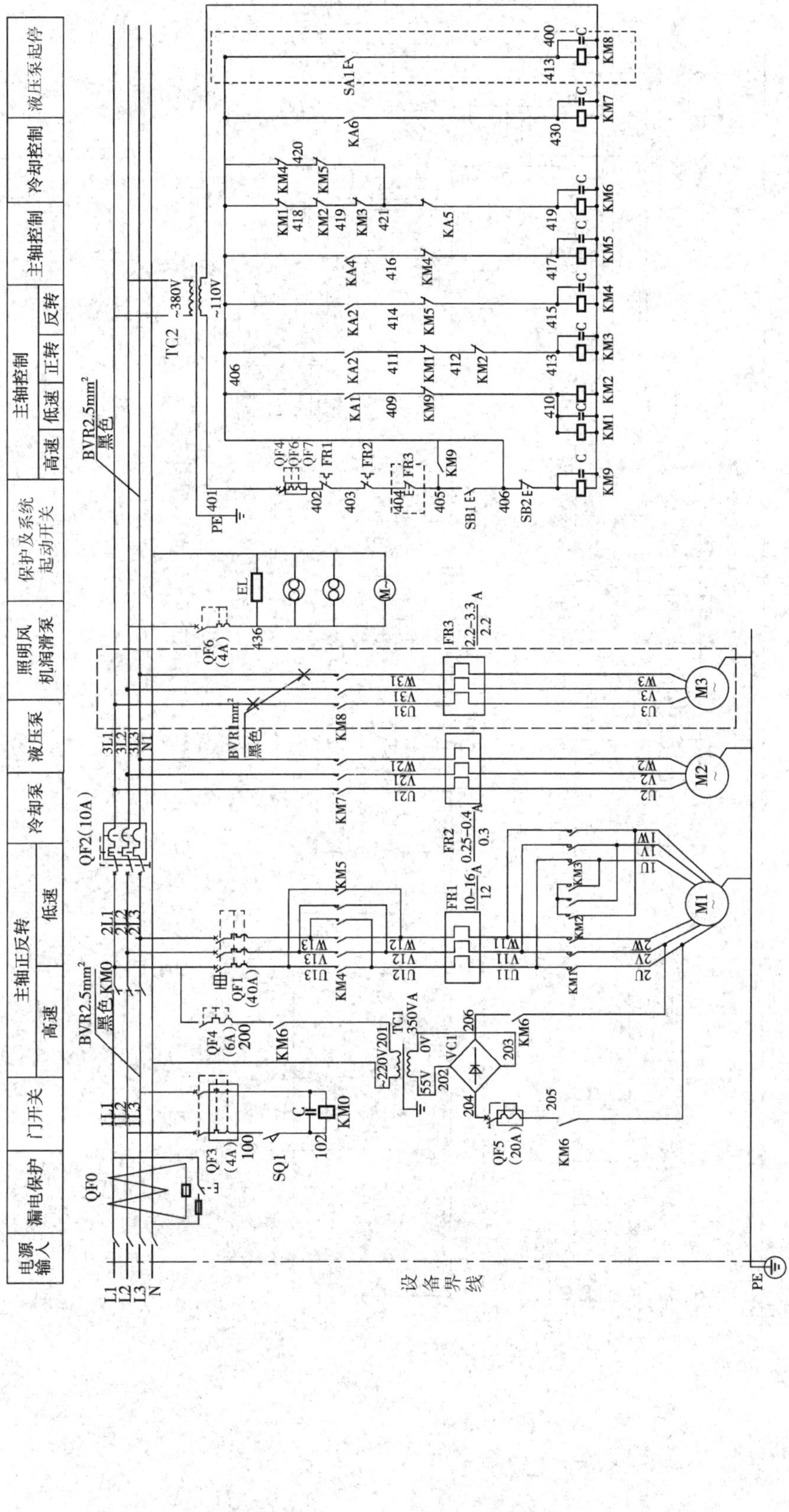

图 5.98　G-CNC6135 数控车床电气原理图一

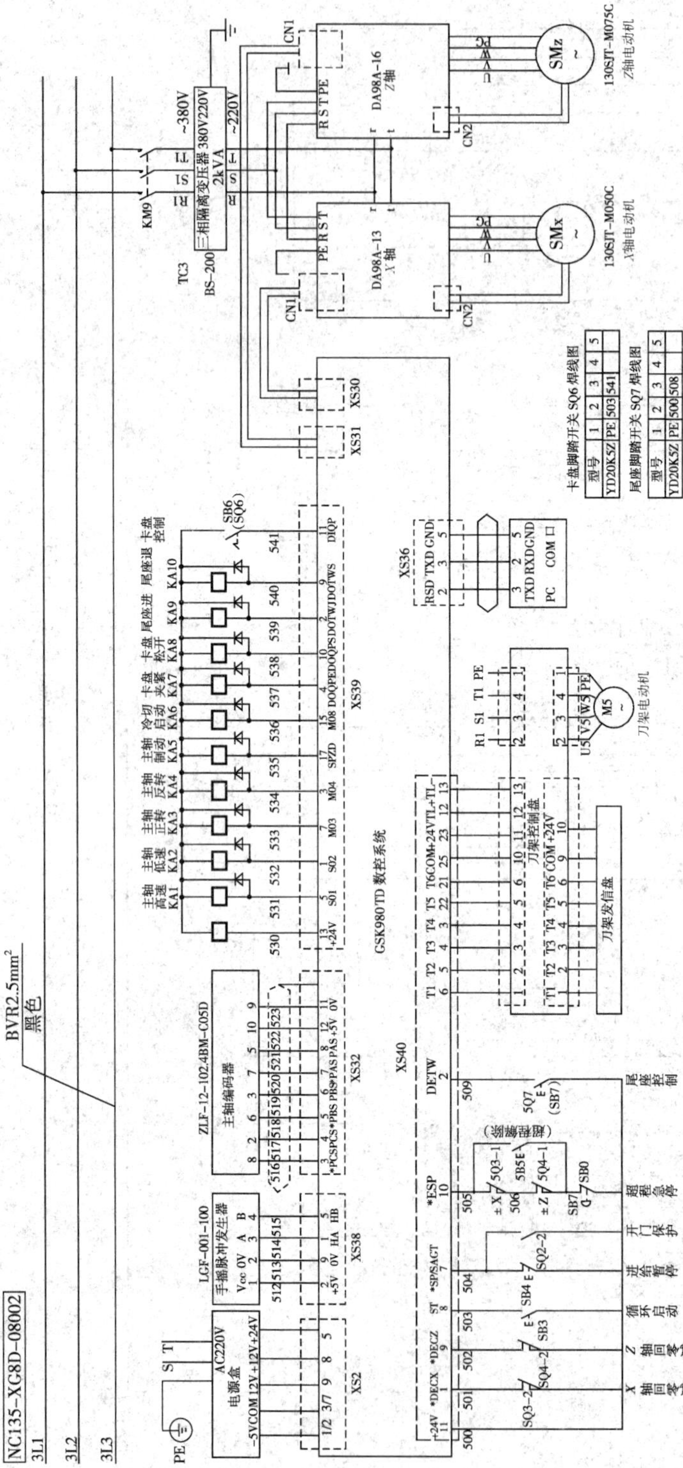

卡盘脚踏开关 SQ6 焊线图

型号	1	2	3	4	5
YD20K5Z	PE	503	541		

尾座脚踏开关 SQ7 焊线图

型号	1	2	3	4	5
YD20K5Z	PE	500	508		

图 5.99　G-CNC6135 数控车床电气原理图二

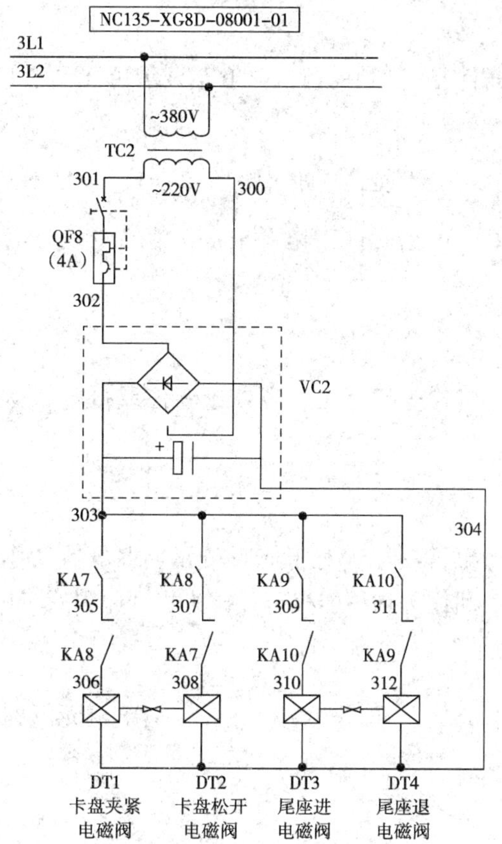

液压阀航空插头焊线图

型号	1	2	3	4	5	6	7
YD20K7Z	PE	304	306	308	310	312	

图 5.100　G-CNC6135 数控车床电气原理图三

知识 3　数控装置各部分的功能与作用

输入设备：通过一定方式输入（人工键盘输入、纸带阅读输入、上位计算机输入）程序、补偿数据、控制参数，以及机床反馈的各种信息。

显示器：LED、CRT 显示程序、参数、刀具位置、机床状态、各类报警。

计算机：数控装置的核心，主要运用其强大的运算功能进行数据处理和逻辑判断。

知识 4　数控装置的常见故障及处理

1. 电源不通

表现为开机无电到，检查机床电源开关前后级电的情况来处理解决。

2. CRT 不显示

检查连接电缆及接插件是否插好到位，CRT 显示单元是否良好，如无视频信号，故障可能在主控板。

3. 返回基准点时机床停止位置与基准点位置不一致

机械基准位未调校好，电路元件工作不正常，信号电缆与电源电缆位置不当，信号受干扰。

4. 机床没有动作

通电后机床不动作，应检查机床是否还处于锁住或报警状态，逐一找到原因后再排除。

5. 过热报警

数控系统设置的软件报警功能，对于伺服单元热继电器动作、伺服电动机热动开关动作、变压器热动开关动作等均可能报警，排查找到原因后予以检修解决处理。

6. 过流报警

进给伺服驱动装置损坏，如驱动电动机烧坏、伺服单元电路板短路或损坏，更换或修理后就可以解除。

7. 欠压报警

检查输入电源是否为额定值，若正常，则检查伺服变压器与伺服单元的连接及伺服单元电路板，发现问题后检修处理。

巩固训练

CA6140 车床的常见电气故障分析和处理。

1. 技能训练要求

1）会识读 CA6140 车床电气原理图（图 5.101）。

2）会简单操作 CA6140 车床，熟悉该车床元件的实际位置和线路的布置情况。

3）熟练应用常用故障检测方法（电阻法、电压法）进行常见故障的检测和处理。

2. 实训准备

1）电工常用工具（尖嘴钳、螺钉旋具、活扳手、试电笔等）1 套，万用表 1 块，钳形电流表 1 块。

2）CA6140 车床的电气原理图（图 5.101）。

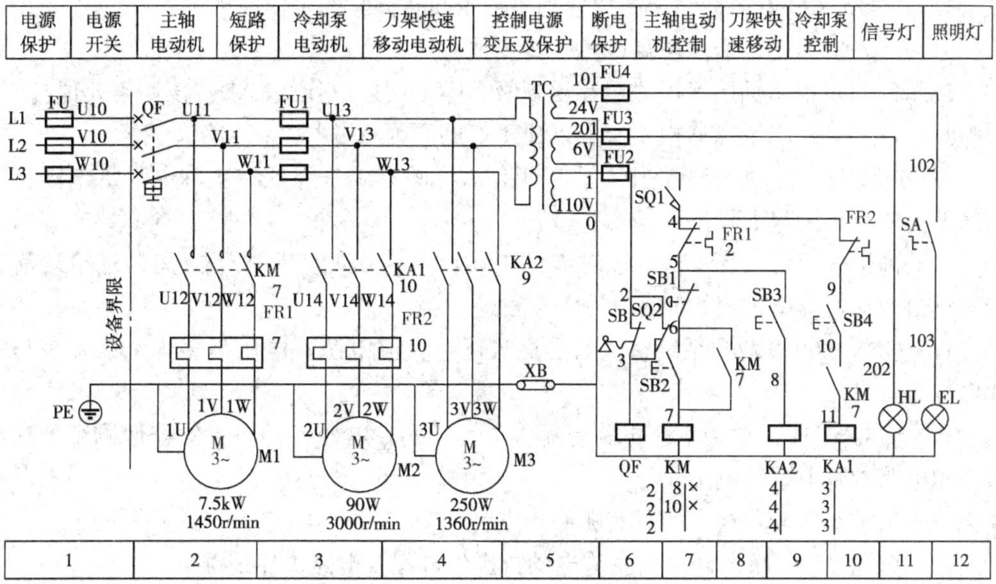

图 5.101　CA6140 车床电气原理图

3. 实训步骤

1）在教师或车床操作人员的指引下对该型号车床进行简单操作，熟悉车床的机械、电气结构和运动形式。

2）对照 CA6140 车床的电气原理图，了解和熟悉车床元件的实际位置和线路的布局，必要时可以考虑通过实际测量的方式了解线路的具体走向，并能与电气原理图对应。

3）教师在本机床上设置 1 或 2 个自然故障点，指导学生如何从故障现象着手，结合电气原理图来分析、判断故障的范围，以及如何使用电工常用工具和仪表进行故障点的准确判断和故障处理。

4. 评分细则

评分细则参见表 5.16。

思考与练习

1）为什么 Z3050 摇臂钻床中液压泵电动机 M3 需要设置过载保护？

2）Z3050 摇臂钻床摇臂上升和下降的控制电路中采用了什么措施以确保电路安全工作？

3）Z3050 摇臂钻床的立柱和主轴箱的松开与夹紧为什么采用点动控制？

4）结合 Z3050 摇臂钻床的电气原理图试分析摇臂下降控制过程。

5）试分析 Z3050 摇臂钻床的立柱和主轴箱同时夹紧的工作原理。

6）MY7132A 平面磨床电磁吸盘夹持工件有什么特点？

7）MY7132A 平面磨床电磁吸盘出现吸力不足会造成什么后果？该如何处理？

8）MY7132A 平面磨床电磁吸盘退磁不好的原因有哪些？该如何处理？

9）在 MY7132A 磨床电路中，采取了什么样的措施来保证在主轴电动机未停止的情况下不使磨头快速下降？

10）进给电动机只有 1 台，该铣床的工作台为什么能实现 6 个方向的进给运动和旋转进给运动？具体过程如何。

11）GSK980TD 数控系统输入的是交流还是直流电源？电压是多少？该系统与哪些电气装置有联系？

12）G-CNC6135 数控车床电路有哪些电源类别，电压各是多少？如何测得？在示教模拟电路装置上进行测量。

13）数控车床较普通车床具有哪些优点？

14）试述 20/5t 桥式起重机主钩电动机操作过程及电路工作情况。

15）分析 20/5t 桥式起重机在强力下降位置“4”挡时的控制过程。

16）制动电磁铁线圈过热的原因有哪些？

17）说明在工作之前要做好哪些准备起重机才能起动运行。

18）试述 T68 镗床主轴电动机高速起动时操作过程及电路工作情况。

19）分析 T68 镗床主轴变速和进给变速控制过程。

20）T68 镗床为防止两个方向同时进给而出现事故采取什么措施？

21）说明 T68 镗床快速进给的控制过程。

学习检测

实训考核标准见表 5.16。

表 5.16　典型机床线路调试及故障处理技能自我评分表

项　目	技术要求	配　分	评分细则	评分记录
故障分析	故障分析、排除故障思路正确	30 分	不正确，扣 5～10 分	
	能标出最小故障范围		不能，每个扣 15 分	
排除故障	断电要验电	60 分	不验电，扣 5 分	
	工具及仪表使用得当		不得当，每次扣 5 分	
	检查故障的方法正确		不正确，扣 20 分	
	排除故障的方法正确		不正确，扣 20 分	
	能排除故障点		不能，每个扣 30 分	
	未扩大故障范围或产生新的故障点		若有，每个扣 40 分	
	未损坏元件		损坏，每只扣 20～40 分	

续表

项　目	技术要求		配　分	评分细则	评分记录
安全文明生产	没有违反安全文明生产规定		10 分	违反，扣 10 分	
定额时间	1h，训练不允许超时，在修复故障过程中才允许超时			每超时 1min 扣 5 分	
实训起止时间	开始时间：	结束时间：		本次成绩：	

知识拓展与链接

1. 如何阅读机床电气原理图

机床电气原理图是用来表明机床电气的工作原理及各元件的作用、相互之间关系的一种表示方式。掌握了阅读电气原理图的方法和技巧，对于分析电气线路，排除机床电路故障十分有益。机床线路电气原理图一般由主电路、控制电路、保护、配电电路等几部分组成。阅读方法如下。

（1）主电路的阅读

阅读主电路时，应首先了解主电路中有哪些用电设备，各起什么作用，受哪些电器的控制，工作过程及工作特点是什么（如电动机的起动、制动方式、调速方式等）。然后根据生产工艺的要求了解各用电设备之间的联系，在充分了解主电路的控制要求及工作特点的基础上，再阅读控制电路图（如各电动机起动、停止的顺序要求，联锁控制及动作顺序控制的要求等）。

（2）控制电路的阅读

控制电路一般是由开关、按钮、接触器、继电器的线圈和各种辅助触头构成，无论简单或复杂的控制电路，一般是由各种典型电路（如延时电路、联锁电路、顺控电路等）组合而成的，用来控制主电路中受控设备的起动、运行、停止，使主电路中的设备按设计工艺的要求正常工作。对于简单的控制电路，只要依据主电路要实现的功能，结合生产工艺要求及设备动作的先、后顺序仔细阅读，依次分析，就可以理解控制电路的内容。对于复杂的控制电路，要按各部分所完成的功能，将其分割成若干个局部控制电路，然后与典型电路相对照，找出相同之处，本着先简后繁、先易后难的原则逐个理解每个局部环节；再找到各环节的相互关系，综合起来从整体上全面地分析，就可以将控制电路所表达的内容读懂。

（3）保护、配电电路的阅读

保护电路的构成与控制电路基本相同，主要是根据电气原理图要达到的工艺要求，为避免设备出现故障时可能造成的损伤事故所设的各种保护功能。阅读时在图纸上找到相应的保护措施，找出它与控制电路的联系，这样就能掌握电路的各种保护功能。

最后再阅读配电电路的信号指示、工作照明、信号检测等方面的电路。

对于某些机械、电气、液压配合较紧密的机床设备，只靠电气原理图是不可能全部理解其控制过程的，还应充分了解有关机械传动、液压传动及各种操纵手柄的作用，才可以清楚全部的工作过程。此外，只有在阅读了一定量的机床线路图的基础上才能熟练、准确地分析电气原理图。

2. 机床电气控制电路故障的一般分析方法

（1）检修前进行调查

1）问。询问机床操作人员故障发生前、后的情况，有利于根据电气设备的工作原理来判断发生故障的部位，分析出故障的原因。

2）看。观察熔断器内的熔体是否熔断；其他元件是否有烧毁、线头脱落，导线连接螺钉是否松动，触头是否氧化、积尘等。要特别注意高电压、大电流的地方，活动机会多的部位，容易受潮的接插件等。

3）听。电动机、变压器、接触器等装置在正常运行时的声音和发生故障时的声音是有区别的，听声音是否正常可以帮助寻找故障的范围、部位。但前提条件是线路还能正常运行，且通电试车后不扩大故障范围。

4）摸。电动机、电磁线圈、变压器等发生故障时，温度会显著上升，可在切断电源，确保无伤害的情况下，用手背去触摸感知判断元件是否发生过热。

（2）从机床电气原理图进行分析

确定产生故障的可能范围，机床电气设备发生故障后，为了能根据情况迅速找到故障的位置并予以排除，就必须熟悉机床的电气线路。机床的电气线路是根据机床的用途和工艺要求而定的，因此了解机床的基本工作原理、加工范围和操作程序对掌握机床控制线路和各环节的作用具有一定的意义。任何一台机床的电气线路总是由主电路和控制电路两大部分组成，控制电路又可分为若干个控制环节。分析电路时，通常先从主电路开始，了解机床各运动部件和辅助机构采用了几台电动机拖动，从每台电动机主电路中使用接触器的主触头连接方式，大致可以看出电动机是否有正反转控制，是否采用了减压起动，是否有制动等，然后分析控制电路的控制方式，结合故障现象和线路的工作原理进行分析，便可迅速判断出故障发生的可能范围。

（3）进行外表检查

判断故障可能产生的范围后，可在此范围内对有关元件进行外表检查。例如，熔断器熔断或松动、接线头脱落、线圈烧毁、开关失灵等，都能明显地显示故障所在。

（4）试验控制电路的动作顺序

此方法尽可能切断电动机主电路电源，只在控制电路带电的情况下进行检查。具体做法是：操作某一只按钮时，线路中有关的接触器、继电器将按规定的动作顺序进行工作。若依次动作至某一元件发现动作不符，则说明此元件或相关电路有问题。再在此电路中逐项分析检查，一般可发现故障。

（5）利用仪表检查

利用万用表、钳形电流表、兆欧表测量电阻值、电流值、电压值等参数，判断三相是否平衡，导线是否开路、短路，从而找到故障点。

3. 机床电路在缺乏电气原理图时故障的分析方法

在不通电的情况下，以该电动机的接线盒为起点开始查找，顺着电源线找到相应的控制接触器。以此接触器为核心：一方面，从主触头开始，继续查到三相电源，查清主电路；另一方面，从接触器线圈的两个接线端子开始向外延伸，经过什么元件，查清控制电路。必要的时候，边查找边画出草图。需拆卸时，要记录拆卸的顺序及电气结构等，再采取排除故障的措施。

4. 在检修机床电气故障时应注意的问题

1）检修前应将机床清理干净。

2）将机床电源断开。

3）电动机不能转动，要从电动机有无通电、控制电动机的接触器是否吸合入手，决不能立即拆修电动机。通电检查时，一定要先排除短路故障，在确认无短路故障后方可通电；否则，会造成更大的事故。

4）当需要更换熔断器的熔体时，必须选择与原熔体型号相同的熔体，不得随意扩大，以免造成意外的事故或留下更大的隐患。因为熔体的熔断，说明电路存在较大的冲击电流，如短路、严重过载、电压波动很大等。

5）热继电器烧毁，要求先查明过载原因，否则，故障会复发。修复后一定要按技术要求重新整定保护值，并进行可靠性试验，以避免发生失控。

6）用万用表电阻挡测量触头、导线通断时，量程置于“×1Ω”挡。

7）如果用兆欧表检测电路的绝缘电阻值，则应断开被测支路与其他支路的联系，避免影响测量结果。

8）在拆卸元件及端子连线时，特别是对不熟悉的机床，一定要仔细观察，理清控制电路，及时做好记录、标号，避免在安装时发生错误，方便复原。螺钉、垫片等放在盒子里，被拆下的线头要做好绝缘包扎，以免造成人为的事故。

9）试车前先检测电路是否存在短路现象。在正常的情况下进行试车，应当注意人身及设备安全。

10）机床故障排除后，一切要恢复到原来的样子。

5. 起重设备的分类介绍

起重设备按结构分为履带式、缆索式、门座式、门式、塔式、桅杆式、桥式等多种（图5.102），不同结构的起重设备分别应用于不同的场合。生产车间内使用的是桥式起重机，常见的有5t、10t单钩和15/3t、20/5t双钩等。

(a) 履带式　(b) 缆索式　(c) 门座设

(d) 门式　(e) 塔式

(f) 桅杆式　(g) 桥式

图 5.102　起重设备分类

6. 起重机的安全操作规程

(1) 设备操作前一般要求及准备工作

1）接班前应提前 15min 到达现场，进行接班准备工作，全面观察车上及周围情况，并应对控制设备进行检查。如发生控制器、限位器、制动器、紧急开关、电铃等主要机件失灵，钢绳跳槽及达报废标准，未经处理，不得开动。检查完毕，鸣铃警告两次以上，再手合闸送电。

2）合闸后进行试车，检查闸瓦及张合情况防止单闸工作。若有隐患，及时处理，反馈信息，待设备处理好后，方可投入吊运作业。防止设备带病工作，发生安全及设备事故。

3）开车前应把各控制手柄都放到零位，在得到指挥信号后方能进行操作。起动前应发出警告信号，确认安全后，方能开车。

4）起重机工作时，任何人都不准停留在车上（观察和检查起重机设备情况者例外，此时驾驶员须听从在车上的检修人员的指挥）。

(2) 设备运转中应注意的事项

1）当起重机运行时，禁止打开起动装置（如起动电阻器、配电盘等）进行检视，禁止在任何部件进行润滑。对电气设备进行检查时，电气设备应该断电。

2）起重机吊运重物和液态金属时，应当先吊起0.5m左右的高度试闸，试验起升机构制动性能（如果只有单边制动器则不能吊液态金属）。起升机构吊有负荷时，严禁对制动器进行调整。

3）起重机驾驶员必须听从领行员的指挥；若发现任何人发出的紧急停车信号，均应立即停车，了解清楚后方可开车。操作时若遇到地面信号不明、指挥杂乱、视线不清时，应暂停吊运。

4）在正常使用中不得撞车，两车相近时应互相照应，需推车时应经双方同意，方可缓慢推车，防止猛撞受震。

5）起重机吊运液体金属或物件时，打铃让地面人员避让，应尽量绕过重要设备或潮湿区域；如果必须通过，则应高度集中精力，缓慢运行，防止造成事故。

6）凡出现铁、钢水穿包等事故时，起重机驾驶员要沉着冷静，不得将钢包吊得太高，应绕过有水和潮湿的地方，不可在人员或重要设备上越过。

7）在运行中，发现起重机有异常现象，必须立即停车检查，排除故障，未找出故障原因前不能开车。

8）工作前检查或操作过程中发现有问题、隐患时必须及时处理并进行反馈和报告。

9）下降操作规程：重物的长距离下放，只允许用第三挡；第一、二两挡仅供短距离重载低速调整用。第一挡必须是重量大于约70%额定负荷时，才能应用；若重物很轻，会产生上升现象。第二挡应在负载为40%～60%范围内使用，轻了会产生上升现象，重了会有超速的危险。无论负载是多少，此二挡都不允许长距离下放重物，否则易使起动电阻器过热烧坏。由于电动机容量选择较富裕，在此二挡重物有可能无法下降。第三挡具有过渡特性，特别是重载时，手柄要很快滑过去，这样可以保证在电动机到达同步转速之前完成操作，避免了超速的危险。如果是很轻的负载（小于30%额定值），需要低速调整，则可应用第三挡进行点动操作。

副起升机构控制、电气原理和操作规程过程都与主起升机构相同，故不再详述。

(3) 设备正常停车操作程序及注意事项

1）工作完毕，吊具钳必须放回地面规定位置，吊钩升至安全位置，小车停放在大梁中央，切断电源，停车等待，防止起重机设备因制动系统失灵而造成溜钩事件，伤及人员或损坏地面设施。

2）在正常操作过程中不能依靠限位开关停车，以免限位开关失效，发生事故。

3）工作完毕后，离开驾驶室，必须拉下电源总闸刀，将各控制开关置于零位，主副钩升到安全位置。

4）必须在起重机停稳后才能上下车，任何人上下车必须与操作人员联系好，严禁从一台车跨越到另一台车。

(4) 设备紧急停车（或事故停车）的操作程序及注意事项

1）紧急停车（或事故停车）时，如发现停不下来或控制失灵，可先拉下紧急开关

（或操作开关），再拉下空气断路器，切断电源，待处理好事故后再恢复运转状态。

2）停车操作时，遇突然停电，应拉下总闸刀，将各操作手柄推到零位，通电后再按开车步骤开车。

3）当发生紧急情况时，可切断起重机总电源，立即停车。当吊运液钢时，因制动失效，钢包在重力作用下会自动下降，故绝不能扳动紧急开关，切断总电源，应该用控制器（开到下降最后一挡），使钢包依靠电动机下降。下降时要在安全地方下降，如找不到安全地点，应下降到一定高度后，拉到制动挡再上升，反复上下运行，直到找到安全地方放下为止。

（5）设备安全及严禁事项

1）驾驶员在开车时，必须集中精力，认真操作，上班前和班中禁止喝酒。

2）起重机吊物（特别是吊运液体金属）时严禁从人和主要设备上方经过，严禁利用起重机设备与地面人员开玩笑。

3）在同一轨道上有数台起重机运行时，必须注意彼此距离，当两台起重机靠近时，应鸣铃通知，以免撞车。如果需推车，则应缓慢推动，严禁快速冲击，发现问题应立即停车。

4）运行中若发现钢丝绳跳出卷筒或出槽应立即停车处理，以免拉断。

5）在多层起重机同时作业的区域，必须注意上下层起重机的位置，以免发生碰撞。

6）严禁用龙门主钩单边钩吊任何物件，双钩必须在平衡条件下起吊。

7. 凸轮控制器

凸轮控制器是一种大型手动控制电器，用以直接操作与控制电动机的正反转、调速、起动与停止，被广泛用于中、小型起重机的平移机构和小型起重机提升机构。

由于凸轮控制器直接控制电动机工作，因此触头容量大并有灭弧装置。凸轮控制器结构如图 5.103 所示，主要由触头、绝缘方轴、凸轮、杠杆、弹簧、滚子等组成。当绝缘方轴转动时，固定在轴上的凸轮同轴一起转动，当凸轮的凸起部位与杠杆上的滚子接触时，便将动、静触头分开：当凸起部位与滚子相对时，触头复位，实现了触头的接通与断开。

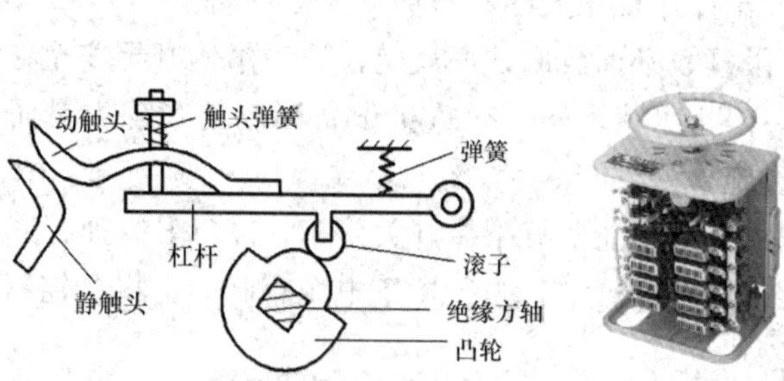

图 5.103 凸轮控制器结构

在方轴上可以叠装不同形状的凸轮块，以使一系列动静触头按预先安排的顺序接通与断开。将这些触头接到电动机电路中，便可实现控制电动机的目的。

常用的凸轮控制器有KT10、KT14型，额定电流有25A、60A。

凸轮控制器的常用技术数据有额定电流、工作位置数、触头数等。按重复短时工作制设计，通电持续率为25%。用于间断长期工作时，其发热电流不应大于额定电流。

控制器的图形符号如图5.104所示。竖虚线为工作位置，横线为触头位置，在横竖两条线交点处有“•”，表示该位置这一对触头是闭合接通的；若无“•”，表示该触头在这一位置是断开的。图5.104中有4对触头，前后共4个操作位置，“0”表示手柄处在中间位置。

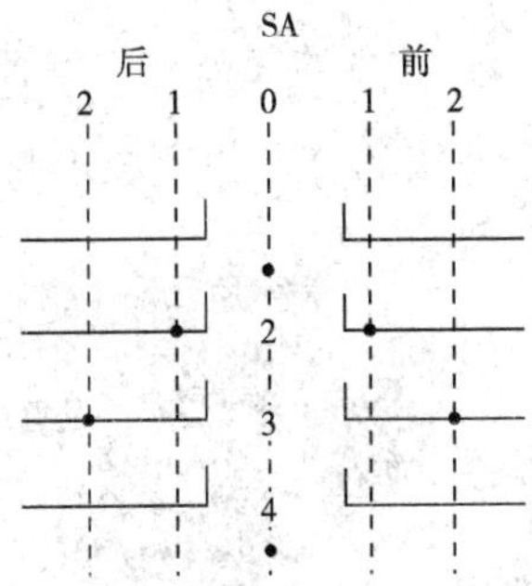

图5.104　控制器的图形符号

8. 主令控制器

凸轮控制器控制电路具有结构简单、维修方便、经济等优点，但用来控制电动机主电路时，所需触头多，导致控制器体积增大、操作不便，且不能低速下放重物。为此，当电动机容量较大、工作繁重、操作频繁、调速性能要求较高时往往采用主令控制器。由主令控制器的触头来控制接触器，再由接触器来控制电动机。这样，控制器的触头量可大大减少，操作起来更加轻便。同时，通过接触器来控制电动机可获得较好的调速性能，更好地满足起重机的控制要求。

主令控制器是用来频繁切换复杂的多个控制电路的主令电器，主要用于起重机、轧钢机及其他生产机械磁力控制盘的远距离控制。

主令控制器的结构（图5.105）与工作原理和凸轮控制器基本相同，也是利用凸轮来控制触头的断合。在方形转轴上安装一串不同形状的凸轮，当手柄在不同位置时，就可获得同一触头接通或断开的效果。再由这些触头去控制接触器，就可以获得按一定要求动作的电路了。主令控制器的图形符号与凸轮控制器相同。

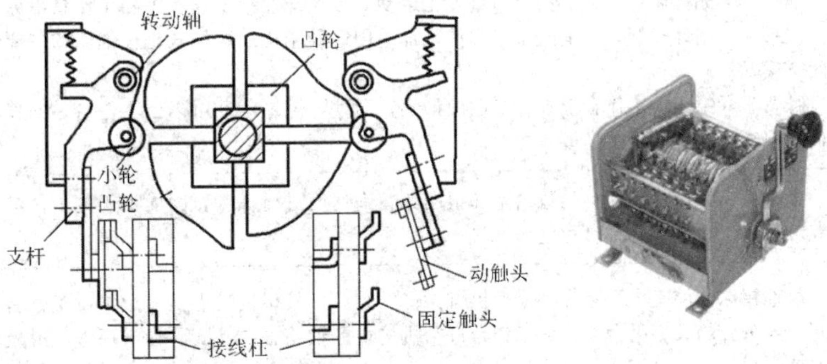

图5.105　主令控制器结构

目前生产和使用的主令控制器主要有LK14、LK15、LK16型，其主要技术性能为：额定电压为交流380V以下及直流220V以下；额定操作频率为1200次/h。

9. 镗床的类型

镗床的分类如图 5.106 所示，常见镗床类型及特点见表 5.17。

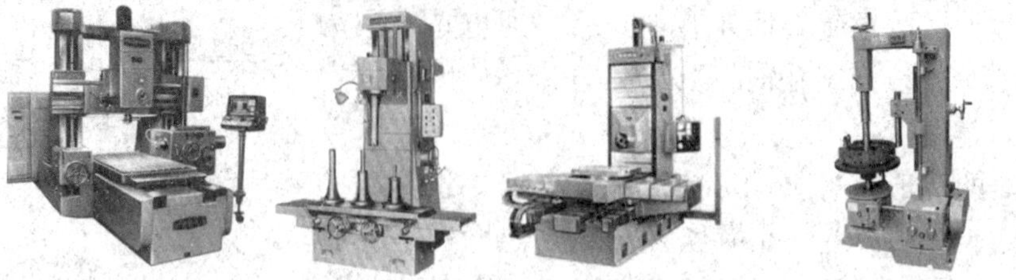

（a）双柱式坐标镗床　（b）立式镗床　（c）数控坐标镗床　（d）制动鼓镗床

（e）抱轴瓦镗床　（f）深孔镗床　（g）卧式镗床　（h）金刚镗床

图 5.106　镗床分类

表 5.17　常见镗床类型及特点

镗床类型	特　点
卧式镗床	卧式镗床是镗床中应用最广泛的一种。它主要加工孔，镗孔公差等级可达 IT7，表面粗糙度为 1.6～0.8μm。卧式镗床的主要参数为主轴直径
坐标镗床	坐标镗床是高精度机床的一种。它的结构特点是有坐标位置的精密测量装置。坐标镗床可分为单柱式坐标镗床、双柱式坐标镗床和卧式坐标镗床。 单柱式坐标镗床：主轴带动刀具做旋转主运动，主轴套筒沿轴向做进给运动。特点是结构简单、操作方便，特别适宜加工板状零件的精密孔，但它的刚性较差，所以这种结构只适用于中小型坐标镗床。 双柱式坐标镗床：主轴上安装刀具做主运动，工件安装在工作台上随工作台沿床身导轨做纵向直线移动，刚性较好，目前大型坐标镗床都采用这种结构。双柱式坐标镗床的主要参数为工作台面宽度。 卧式坐标镗床：工作台能在水平面内做旋转运动，进给运动可以由工作台纵向移动或主轴轴向移动来实现。它的加工精度较高
金刚镗床	金刚镗床特点是以很小的进给量和很高的切削速度进行加工，因而加工的工件具有较高的公差等级（IT6），表面粗糙度可达到 0.2μm
落地镗床	落地镗床是加工大型零件和重型机械构件的镗床。其结构特点是一般不设工作台，工件装夹在同机床分开的大型平台上，无工作台进给机构；主轴箱、立柱安装在滑板上，滑板可沿床身导轨移动

参 考 文 献

季顺宁，2007. 电工电路设计与制作［M］. 北京：电子工业出版社.

王小祥，2011. 维修电工基本技能训练［M］. 北京：中国劳动社会保障出版社.

谢京军，2021. 电力拖动控制线路与技能训练［M］. 6版. 北京：中国劳动社会保障出版社.

徐建俊，史宜巧，2012. 设备电气控制与维修［M］. 2版. 北京：电子工业出版社.